职业教育"十四五"规划系列教材　农业·食品类

U0166006

家兔养殖技术

主　编　邝年军　雷　娜　王华平
副主编　谷达任　江　欢　沈代福

华中科技大学出版社

中国·武汉

图书在版编目(CIP)数据

家兔养殖技术/邝年军,雷娜,王华平主编.—武汉:华中科技大学出版社,2023.9
ISBN 978-7-5680-9570-9

Ⅰ.①家… Ⅱ.①邝… ②雷… ③王… Ⅲ.①兔-饲养管理 Ⅳ.①S829.1

中国国家版本馆 CIP 数据核字(2023)第 117259 号

家兔养殖技术
Jiatu Yangzhi Jishu

邝年军　雷　娜　王华平　主编

策划编辑:胡天金
责任编辑:陈　骏
封面设计:旗语书装
责任校对:李　弋
责任监印:朱　玢
出版发行:华中科技大学出版社(中国·武汉)　　电话:(027)81321913
　　　　　武汉市东湖新技术开发区华工科技园　　邮编:430223
录　　排:华中科技大学惠友文印中心
印　　刷:武汉科源印刷设计有限公司
开　　本:889mm×1194mm　1/16
印　　张:11
字　　数:348千字
版　　次:2023 年 9 月第 1 版第 1 次印刷
定　　价:49.80 元

前　　言

　　本书依据教育部 2001 年颁发的《中等职业学校畜牧兽医专业教学指导方案》，以《中等职业学校畜禽生产技术专业人才培养方案》为目标，针对家兔养殖技术中涉及家兔生活特性、品种、营养、繁育、饲养管理、疾病防治的知识及如何建造圈舍、加工产品、兔场经营等内容进行了介绍。本书既可作为中等职业学校畜禽生产技术专业的专业教材，也可作为家兔养殖技术人员的参考书籍。

　　本书突出了中等职业教育的特点，理论联系实际，注重基本理论、基本技能的培养与训练，采取项目任务式，通过学习知识并完成一定的任务，达成相应的目标，提高素质，增强职业适应能力和继续学习的能力。

　　本书由重庆市农业学校邝年军、雷娜、王华平任主编，重庆市农业学校谷达任、江欢、沈代福任副主编。项目 1 由谢红、邝年军编写，项目 2 由王革编写，项目 3 由雷娜、蔡玲玲编写，项目 4 由蒋勇、江欢编写，项目 5 由王华平、李帅军编写，项目 6 由周伟胜编写，项目 7 由邝年军编写，项目 8 由徐爱平编写，项目 9 由周科、谷达任编写，项目 10 由谢红、沈代福编写。西南大学王永才对全书进行了审校并提出许多修改建议，在此表示衷心的感谢！书中部分插图来源于网络。

　　由于编者水平有限，错误之处在所难免，恳切希望读者提出宝贵意见。

编者

2023 年 3 月

目　　录

《家兔养殖技术》
课件 PPT

项目 1　养兔的生产概况

◇　**项目导入**

　　一个江苏的亲戚来重庆旅游,请他吃本地特色的兔肉时,他惊讶于重庆有这么多兔肉的烹饪方式。在四川、重庆等地,兔肉消费非常普遍,但国内其他省份还缺乏兔肉消费习惯,对兔肉的营养价值不够了解。相较于其他畜禽肉,兔肉有其独特的优势,兔皮、兔毛等也有其价值。本项目从兔产品种类及特点来讲述养兔生产的特点和意义,并通过介绍国内养兔业的生产现状,了解该行业的发展趋势和对策。

　　本项目主要学习以下内容:(1)养兔生产的特点及意义;(2)我国养兔业的现状及发展对策。

任务 1.1　养兔生产的特点及意义

◇　**任务目标**

知识目标:
1.熟悉兔产品种类及其价值优势。
2.了解家兔生产能力及家兔养殖的优势及制约因素。
技能目标:
能运用所学知识阐述养兔生产的特点。

养兔生产的
特点及意义

◇　**任务准备**

一、兔产品

1.兔肉

　　兔肉与其他畜禽肉相比,其营养成分已经明确具有"三高三低"的特点:高蛋白、高赖氨酸、高磷脂、低脂肪、低胆固醇、低热量。研究发现,兔肉富含烟酸、钙、维生素 E(见图 1-1)。

　　兔肉的蛋白质含量达 22.3%,比猪肉高 23.7%;赖氨酸含量达 9.6%,比猪肉高 14.3%;脂肪含量为 8%,明显低于猪肉(26.7%);胆固醇含量为 0.65 毫克/克,比猪肉低 94%;钙、铁元素含量比猪肉高 1.5 倍以上。兔肉肉质细嫩,易于消化吸收。兔肉适合大多数人食用,尤其对于老年人、动脉粥样硬化患者及高血压患者更为适宜；儿童常食兔肉，有利于补钙、补血，促进脑组织发育。兔肉中的烟酸具有美容功效。因此，兔肉也被人们誉为"保健肉""益智肉""美容肉"。

2.兔毛

兔毛是纯天然的特种毛纤维，也是目前所使用的较细的动物纤维，具有独特的理化、纺织性能（见图1-2）。兔毛的主要特点是洁白、细软，吸湿性强（吸湿能力为$52\%\sim60\%$，是羊毛的2倍），吸湿速度快、调湿能力高、保暖性好（比羊毛高出31.7%）、摩擦系数小，与皮肤接触时有柔软滑爽的舒适感。兔毛是高档毛纺原料，其织品轻盈、保暖、轻薄柔软、舒适、美观。随着毛纺技术与工艺的进步，兔毛织品"掉毛、起球、缩水变形"的国际性难题已被攻克，这大大提高了兔毛的使用价值。

图1-1　兔肉

图1-2　兔毛

3.獭兔裘皮

獭兔裘皮的毛绒细密、短而平整，板皮轻盈柔软，保暖性好，被毛颜色多样、光泽适宜，因此，其制品美观优雅（见图1-3）。兔板皮纤维细致，制革后比较柔软，弹性及透气性好，可鞣制平纹革、皱纹革、绒面革及高档的油鞣革（用于高档精密光学仪器的擦拭、航空汽油的过滤等）。用鞣制好的獭兔皮制作的高档裘皮服饰雍容华贵，轻柔细腻，深受消费者青睐。

4.家兔的其他功能

家兔体形娇小，性情温顺且嗜睡，耳朵大且血管清晰，采血容易，是医学、生物工程科学不可缺少的理想实验动物（见图1-4）。

图1-3　獭兔裘皮

图1-4　家兔

5.兔肉加工副产品

兔头、兔脚、内脏等可以加工成动物饲料，兔脑、肝脏、脾脏等可作为生化制品的原料（见图1-5）。

6.兔粪

兔粪是优质有机肥，其中氮、磷、钾等含量均高于其他畜禽粪（见图1-6）。

二、家兔的生产能力

家兔是多胎动物，孕期短，繁殖力强，生长快。在较好的饲养管理条件下，母兔一年可产4～5胎，繁殖能

图 1-5　兔肉加工

图 1-6　兔粪

力强的可达 8～10 胎,每胎产仔 6～8 只(见图 1-7)。母兔年提供胴体量是其自身体重的 20 倍以上,而牛仅为其体重的 35%;长毛兔年产净毛量是其体重的 20%～25%,而绵羊仅为其体重的 5%～7%。

图 1-7　兔的生产能力

肉兔每千克增重所需的消化能为 685 兆焦,约为肉牛的 53%。

长毛兔每生产 1 千克净毛所需的消化能为 40 兆焦,约为绵羊的 28%。

与其他畜禽相比,家兔能更有效地利用饲草中的蛋白质,是投入产出率较高的动物。以产肉能力为例,每公顷草地家兔可转化生产蛋白质 180 千克,高于其他所有畜禽(猪为 50 千克,肉牛为 27 千克)。

三、养兔业的优势及限制因素

家兔是食草小动物,日粮以青粗饲料为主。它不与人争粮,不与粮争地,不像牛、羊需要大片草地,也不需要准备大量过冬的干草、秸秆和青贮料。家兔养殖对资源配置要求不高,在农区或丘陵山区可以充分利用零星草地、干草和作物秸秆、蔬菜以及少量的粮食及其加工副产品。

家兔饲养管理比较容易,不需要占用强劳动力,老弱妇孺皆可饲养。饲养规模可大可小,可以大规模集约化生产,也可千家万户分散粗放饲养。饲养方式多种多样,可以副业形式饲养,也可专业饲养。在农村养殖业中,养兔的效益较高,与养牛、养羊相比,它具有投资少、见效快的特点,在受资金制约型的畜牧业中优势突出,有利于农村脱贫致富。

但我国养兔业发展并不如人所愿,存在产业知名度不高和消费市场尚未形成的问题。

在兔产品消费方面,一是缺乏消费习惯,二是存在消费心理障碍。我国除少数地区(如四川、重庆、福建等地)外,大部分地区由于受习俗偏见及兔肉有土腥味的影响而没有消费兔肉的习惯。过去我国的兔肉绝大部分出口,极少部分内销上市,影响了兔肉的消费。对于兔毛制品,由于兔毛本身粘合力差,单根纤维的强度低、静电大,并受纺织工艺技术水平的限制,使其局限于粗纺,因而难以形成有规模的消费市场。

在养兔生产方面，一是存在着发挥优势与挖掘潜力的矛盾，二是存在着规模效益问题。家兔饲养可有效地利用饲草中的蛋白质。养兔主要是利用其他畜禽所不能利用的青粗饲料资源，这既是养兔业的优势，但同时是影响家兔发挥生产潜能的不利因素。因为要利用当地的青粗饲料资源，就难以应用某些先进技术（如颗粒饲料等），从而影响生产水平。与其他养殖业相比，养兔需要投入的劳动力相对较多（如采集青饲料、采毛等），饲养规模受到一定限制，特别是长毛兔，剪（拔）毛比较费时费工；以家庭副业形式饲养，其规模限于百只以内，难以产生规模效益。

◇ **任务实施**

组织学生调查家兔产品在社会的接受程度。

1. 人员准备

组织学生按5～6人为一小组，对人群进行随机采访。

2. 操作步骤

每组学生由组长带队，深入周边区县城镇收集意见。通过反馈建立数据库进行分析汇总，得出结论，最后形成调查报告。

◇ **任务反思**

（1）家兔产品有哪些优势？

（2）简述如何发挥家兔生产的优势和克服其规模效益不高的劣势。

◇ **学习评价**

评价内容	教师评价	学生自评	总评
团队合作情况			
数据收集量			
调查报告完成情况			
报告总结分析			
总计			

注：评分标准为10分制，10分为优，7分为良，5分为有待提高。

任务1.2 我国养兔业的现状及发展对策

◇ **任务目标**

知识目标：

1. 了解我国家兔养殖现状。

2. 了解制约养兔业发展的因素。

技能目标：

1. 学会对养兔业现状分析的方法。

2. 充分理解当地发展养殖业的政策。

我国养兔业的
现状及发展对策

◇ **任务准备**

一、我国养兔业的现状

1. 养兔区域化特点明显

近年来,我国的养兔业得到了长足的发展,养兔已成为振兴农村经济、帮助农民脱贫致富的有效途径之一。我国养兔业 80％以上的饲养量集中在华北、华东和西南地区。华北地区主要分布在山西、河北、山东和河南;华东地区主要分布江苏、浙江、安徽、福建;西南地区主要分布在四川、重庆。主产省兔存栏一般在 200万只以上,出栏在 400 万只以上,兔肉产量在 5 万吨以上。各地饲养的品种有所差异,黑龙江、吉林、辽宁、内蒙古、山西和山东等地主要以饲养獭兔为主;四川、重庆以饲养肉兔为主;浙江、江苏和安徽以养殖长毛兔为主,兼养獭兔。

2020 年,中国家兔出栏量达 31944.3 万只,家兔存栏量为 13142.5 万只。四川、山东两省家兔出栏量最高,四川达 23490.4 万只,山东达 6772.1 万只,两省占了全国总量的 56.36％。

2. 养殖模式与产业格局

随着畜牧业产业化和规模化的迅速推进,养兔业的生产模式发生了较大变化。中国养兔业从小户散养发展到集约化规模生产,从产品初级生产到精深加工,从内销市场到外贸出口,无论是数量还是质量都有了显著提升。养兔业由原来的副业逐步转变为主产区畜牧的支柱产业,为农民增收、农村经济、农业发展作出了重要贡献。

目前中国养兔业生产模式有三种类型。

一是集约化规模生产模式(见图 1-8)。一般采用全封闭自动饲喂、自动清粪方式,饲养基础为母兔 1000只以上,年出栏商品兔数万余只。如 2021 年重庆市渝北区统景镇长堰村肉兔养殖场,安装有三栋双排欧式兔笼,每栋有 1600 多个基础母兔笼位。这种模式通常前期投入较高,效率高,人工成本较低。

二是合作组织生产模式。在农村以乡或村为单位,成立养兔合作社或养兔协会等组织,建立兔源生产基地,提高生产组织化程度,如"企业＋园区＋农户""协会＋企业＋农户""企业＋农村专业合作社＋农户"等多种形式。通过统一供应良种、统一供应饲料、统一技术指导、统一疫病防治、统一销售产品,带动千万农户向集中连片大规模发展,实现农户与大市场对接,提高抵御市场风险能力,使养殖效益最大化。这类合作组织生产模式在河南省占 30％～40％。

三是农户庭院生产模式(见图 1-9)。主要根据当地市场需求和兔产品的销量等情况,利用自家的庭院和房前屋后空地建造兔舍,一般饲养基础为母兔 10 只左右。在不占用主要劳动力情况下实现"兔—肥—菜—草"等循环养殖模式,这对生态环境保护、提高养殖经济效益起到良好的示范推动作用。

图 1-8　集约化规模生产　　　　　　　　图 1-9　农户庭院生产

3. 肉兔、獭兔、毛兔生产协同发展

中国作为世界养兔大国,肉兔、毛兔和獭兔饲养量很大。据国家兔产业技术体系抽样调查结果,2012 年中国肉兔、獭兔、毛兔的饲养比例保持在 6：3：1。在四川、重庆和福建,肉兔占主导地位,而江苏、浙江的獭兔、毛兔所占比例高于肉兔。

国外主要养兔大国中,意大利、法国、西班牙、埃及等以饲养肉兔为主,几乎不饲养毛兔和獭兔。毛兔主要以粗毛型长毛兔为主,偏重科研和育种。獭兔饲养以专门化品系为主,主要供应特定客户。

4. 兔产品外贸出口仍占重要地位

我国养兔数量及兔产品产量均居世界前列,兔毛出口量占国际贸易量的90%以上,兔肉出口量占国际贸易量的60%左右。早在20世纪70年代,中国兔肉产量的80%用于出口,兔毛和獭兔皮产量的90%以上都是出口。近几年来随着经济形势的变化,肉兔的出口逐年下降,兔毛和獭兔皮产量的50%用于出口,所以,国际市场兔产品的需求量对我国养兔形势有着重大影响。

5. 养兔业的优势

我国养兔业的优势反映在下列几方面。

(1)适度规模饲养的比重增大,专业化、区域化趋势更加明显。

(2)适应市场经济的生产体系逐步形成,兔业生产者及经营者抵御市场风险的能力有所增强。

(3)造就了一支有较高素质的教学、科研、技术推广和管理队伍,并且在兔种培育、兔病防治等方面取得了新的突破。

6. 养兔业的劣势

我国的养兔业虽然有了较大的发展,但与其他畜牧产业相比,尚未形成经济技术优势,生产比较脆弱,发展过程中还存在着一些问题。

(1)生产几经起落,波动过于频繁。

(2)市场开发不够。

(3)养兔业技术水平不高,综合开发能力较低,兔产品缺乏市场竞争力。

(4)缺乏必要的引导,产供销脱节,社会化服务体系不健全,尚未形成一体化经营。

二、养兔业的发展对策

1. 以市场为导向,产加销配套,形成区域优势,重视环境排放问题

由于养兔业尚未形成经济技术优势,生产比较脆弱,对市场变化的适应能力及承受力较差,缺乏必要的弹性,因而对市场的依赖性极大。因此,发展养兔业必须以市场为导向,并注意市场开发,这样才能避免盲目发展。养兔生产、兔产品加工及销售的配套是稳定养兔业的重要方面。规划、发展饲养新区时,必须首先考虑这一问题;对饲养老区而言,应充分发挥兔毛市场、肉兔集散地、毛纺企业、冷冻加工厂及外贸经营单位等的作用,形成"农户—兔毛市场"或"肉兔集散地—兔毛纺织厂"或"兔肉加工厂—兔产品消费市场"的产加销一条龙体系。实行产加销配套,既解除了生产者的后顾之忧,又保证了经营者有稳定的货源。我国养兔业自身的特点决定了它适合千家万户分散经营,但并不意味着越分散越好。因地制宜、通过多种形式形成各具特色的区域优势,对提高养兔业的经济效益十分重要,同时也有利于兔产品的规模开发。以兔毛市场、冷冻加工厂及肉兔集散地为中心,向四周辐射建立生产基地,是发展生产的好模式。

随着人们对健康的重视,居住和生活环境同样受到越来越密切的关注。必须谨慎面对家兔养殖和加工过程中的粪尿排放和废弃物,尽可能采取环境友好对策。在综合规划设计阶段,不仅要考虑兔场或生产本身的环境要求设置相应的处理措施,还应该从长远的角度考虑当地经济的发展和人文的要求,从而减少重复建设。

2. 继续巩固国际市场,大力开发国内市场

我国的兔产品以出口为主,对国际市场的依赖性较大,生产的发展常常受制于人,过于频繁的大幅起落,严重挫伤了广大农户的饲养积极性,影响了生产的稳定发展。因此,开发国内市场已成为当务之急,不开发国内市场,不逐步扭转过分依赖国际市场的局面,必将长期制约我国兔业的发展。从近年来我国社会经济发展情况和一些地方(如四川、福建)开发内销市场的实践看,国内兔产品消费市场潜力很大。2019年我国目前人均年占有兔肉量仅0.63千克,消费量则更低,只要稍微提高一下兔肉在肉类中的比重,就将是一个极大的市场。通过几年乃至十几年的努力,逐步建立起以国内市场为依托、国际市场为补充的发展模式。

生产发展需要消费刺激,消费的发展则需要宣传和引导。开发国内市场尤其要注意加强宣传、正确引导,增强人们对养兔业及兔产品的全面认识和认同。

3. 加强兔产品开发,提高经济效益

现阶段兔产品开发,一是应以发挥兔产品自身优势为前提,开发适销对路的特色产品。如:①细毛型兔毛宜加工成精纺织品,而粗毛型兔毛则宜加工制作外观效果极好的粗纺外衣;②兔肉方面,在国内大多数地区尚未形成大众消费市场的情况下,应更多地考虑加工成老年保健食品、儿童益智食品、小包装旅游食品;③兔裘皮宜制手套、玩具等小件饰品,革皮轻、薄、软,适宜制作童装、童鞋、女性用品等。二是产品开发逐步多样化、系列化。三是主副产品同步开发,综合利用。四是注意产品质量,以免在人们心理上再次形成消费障碍。

4. 发展兔业科技研究,增强发展后劲,提高效益和效率

加强兔业科技研究,应围绕提高家兔生产水平和商品率、降低发病死亡率、提高养兔经济效益这些目标,重点在育种、饲料、管理、防病及产品开发几方面开展工作。养兔场应巩固和推广全价颗粒和人工授精技术。有条件的地区尽量使用标准化养兔设施,并增加环境卫生控制设备。

5. 健全行业组织,加强行业管理

建立和健全行业组织,以加强管理、协调和服务为导向。加强管理,重点是配合畜牧行政主管部门,依据《种畜禽管理条例》进行种兔管理,制止倒种。协调,主要是发挥协会的桥梁和纽带作用,协调政府与农户、部门与部门之间的关系,并配合出口管理部门协调兔产品出口价格及数量等。服务主要体现在提供信息服务和技术服务,包括建设信息网络、开展技术咨询、进行技术培训、普及科学养兔知识、推广先进技术、实现"无抗"养殖等。

◇ **任务实施**

组织学生对养兔业发展状况进行调查。

1. 人员准备

10 人一组设立组长和副组长,由学校开介绍信。

2. 操作步骤

各组分散到附近当地政府相关部门和养殖场咨询及调查,了解养兔相关企业及养兔户的多少、生产水平、规模大小,到实地养殖场了解实际养兔生产情况,形成报告。

◇ **任务反思**

(1)简述我国养兔业发展现状。
(2)目前我国发展养兔业的相关政策有哪些?

◇ **学习评价**

评价内容	教师评价	学生自评	总评
团队合作情况			
数据收集完善度			
调查报告完成情况			
报告总结分析			
总计			

注:评分标准为 10 分制,10 分为优,7 分为良,5 分为有待提高。

项目 2 家兔的生物学特性

◇ 项目导入

暑假带孩子们去朋友的养兔场参观,孩子们见到雪白的兔子很可爱,便拿出了随身携带的零食喂兔子,然而参观结束后,兔子就出现了腹泻等症状。面对这样的问题,孩子们百思不得其解,直到请教了饲养人员才知道,原来是因为兔子的消化特性决定了兔子与其他动物的差异,它不能大量采食淀粉类食物,所以导致了腹泻。从这里可以得知,兔子的生物学特性有别于其他物种。所以在实际生产过程中要结合其生物学特性进行饲养。

本项目主要学习 3 个任务:(1)家兔的生活习性;(2)家兔的消化特性;(3)家兔的繁殖特性。

任务 2.1 家兔的生活习性

◇ 任务目标

知识目标:
1.了解家兔的起源及驯化过程。
2.掌握家兔的生活习性特点。
技能目标:
能根据家兔的生活习性,指出不当的饲养管理方式。

家兔的生活习性

◇ 任务准备

一、家兔的起源与分类

1.家兔的起源

家兔起源于野生穴兔。穴兔分布广,在家养条件下易于繁殖,从这一点看,家兔驯化的历史要比能得到的文字记载早得多。据记载,约公元 1000 多年以前,穴兔就被驯化为家兔,而真正成为家养动物至今只有 500 余年的历史。欧洲最早于 16 世纪开始驯化穴兔。但中国兔的驯化历史远比欧洲早,而且驯化的过程也不相同。据记载,我国早在先秦时代即已养兔,至今已有两千多年的历史,当时中国兔作为宫廷玩赏的动物,还不是经济动物。野兔、家兔、宠物兔如图 2-1～图 2-3 所示。

图 2-1　野兔

（图片来源：苏增华，中国畜牧业，2014）

图 2-2　家兔

关于中国兔的起源说法不一，一种认为是通过丝绸之路从欧洲输入的，另一种则是根据中国出土的文物得知其起源于中国穴兔。但可以肯定的是，我国的野兔不是家兔的祖先，而是兔科的另一个属（图 2-4）。野兔在圈养条件下很难成活和繁殖，且体型小，生活在旷野中，不打洞，仔兔生后就睁着眼，有毛，很快就能跑跳，母兔的妊娠期及哺乳期都与家兔不同。

2. 家兔在动物学分类上的地位

家兔在动物学上的分类地位如图 2-4 所示。

图 2-3　宠物兔

动物界
　脊索动物门
　　脊椎动物亚门
　　　哺乳纲
　　　　兔形目
　　　　　兔科
　　　　　　兔亚科
　　　　　　　穴兔属
　　　　　　　　穴兔种
　　　　　　　　　家兔变种

图 2-4　家兔在动物学分类上的地位

二、家兔的生活习性

家兔在不断适应生存环境的漫长过程中，逐步形成了一些特有的习性，并在长期自然选择下得到加强和巩固。在人类的驯化过程中，家兔仍保留了野兔的许多生物学特性。这些特性与家兔的繁殖、饲养管理、兔舍建筑以及兔产品的利用等有密切关系。认识和了解家兔的生物学特性，对于科学饲养家兔、充分发挥家兔的生产性能具有重要意义。

1. 夜行性和嗜睡性

在大自然中，野生穴兔是弱者，它们生活在深山里、大树下或灌木丛中，打洞穴居。为了躲避鹰、鹫、狼、狐等禽兽的袭击，常常是白天静伏洞中，夜间出洞活动和觅食。在人工饲养条件下，家兔仍保留着这种生活习性，家兔白天很少活动，除采食外，常闭目养神，而夜间很活跃，采食、饮水频繁，占全天采食量的 70% 左右。为了养好家兔，应根据家兔这一习性，白天应尽量保持兔舍安静，每天最后一次喂料时间宜稍迟，数量稍多，即所谓"添夜草"，并备足饮水。

家兔白天在某种条件下很容易进入困倦和睡眠状态，在此期间除听觉外，其他刺激不易引起兴奋，如视觉消失，痛觉降低。家兔的这种特性称作嗜睡性。家兔的嗜睡性与它野生状态的昼伏夜行有关。利用这一特性，可以顺利进行投药注射或简单手术，而且不需要做任何事先的训练。进行催眠的方法是：把家兔翻转，背部向下放在 V 形器具上，并加以简单固定。然后顺毛方向抚摸其胸、腹部，同时用食指和拇指按摩其头部的太阳穴（耳朵与眼睛之间的凹陷）部位，家兔很快进入完全的睡眠状态。在做手术的过程中，若催眠的家兔苏醒,可以照上述方法再进行催眠,等待兔子进入睡眠状态,继续进行手术。手术完毕后,将家兔恢复成正常站立姿势,家兔即完全苏醒。家兔进入睡眠状态的标志如下:一是两眼半闭半斜视;二是全身肌肉松弛,头后仰;三是出现均匀的深呼吸。

2.胆小怕惊

家兔的祖先野生穴兔是一种弱小的动物,对于其他任何动物均没有侵袭能力,常常是人类和野兽、猛禽捕猎的对象。在弱肉强食的大自然条件下之所以能够保存下来,一方面由于其强大的繁殖能力、打洞穴居的本领和昼伏夜行的习性,另一方面就是依靠其发达的听觉器官和迅速逃逸的能力,逃避野兽和猛禽的追捕。家兔天性胆小,耳长而大,耳朵能转动并竖起,听觉十分敏锐,任何一种杂音都能使其受惊,一旦发现异常情况便会精神高度紧张,用后足拍击地面向同伴报警,并迅速躲避。家兔遇有异常响声或狗猫闯入时,常常惊慌不安,或乱蹦乱跳,或发出很响的跺足声发出警示。受惊吓的妊娠母兔容易流产;正在分娩的母兔受惊吓会咬死初生仔兔;哺乳母兔受惊吓会拒绝仔兔吃奶;家兔受惊吓往往停止采食。因此,保持兔舍和环境安静十分重要。为了保持安静,兔舍不要与厂房建在一起;平时在兔舍内动作要轻,避免发出容易使兔群惊恐的声响,不要大声喧哗,尽量少让陌生人参观,不要让狗、猫等动物进入兔舍。

3.喜干燥怕潮湿

家兔喜欢清洁、干燥、通风的生活环境,因而其排粪、排尿都有固定的地方,家兔对疾病的抵抗能力较差,容易染病。潮湿和污秽的环境有利于病原微生物及寄生虫的滋生繁衍,舍内一旦潮湿,家兔易罹患疾病,特别是疥癣病和幼兔的球虫病,死亡率高。此外,家兔易患脚皮炎,这除了与家兔的品种(大型品种易发此病)、笼底板质量等有关外,笼具潮湿是主要的诱发因素之一。因此,在兔场设计和日常管理工作中,我们应当遵循干燥、清洁的原则,要尽可能为家兔创造清洁而干燥的环境。

4.群居性差

群居性是一种社会表现,家兔的群居性很差。家兔群养经常发生争斗。因此,一般来说,种兔和妊娠、哺乳母兔宜单笼饲养;商品生产兔(3月龄以内)可以群养,但群体不宜过大,每群3～5只,最多不超过8只。对新分群的兔要注意防范,以免发生争斗造成不必要的损失。长毛兔一般不宜群养,以免影响兔毛质量。

5.穴居性

家兔仍然保留穴居打洞的本能,家兔一接触土地,打洞的习性立即恢复,尤以妊娠后期的母兔为甚,并在洞内理巢产仔。我们在建造兔舍时必须考虑到家兔的这一习性,避免家兔在兔舍乱打洞穴。在母兔产仔时提供保暖的产仔箱(仿照洞穴环境)有利于繁殖,其他情况应防止其打洞筑巢,否则影响毛皮质量,也给管理带来不便。

家兔的穴居性说明家兔是最容易受野兽危害的动物。家兔的天敌主要有猫、狗、鼬、鼠、蛇、鹰等。人工养殖环境下要注意防御天敌。兔舍的窗户应设有纱窗或小孔铅丝网。室外笼养兔更注意防范,最下层的兔笼与地面的距离宜高于一米。

6.啮齿性(喜啃硬物)

家兔大门齿是恒齿,出生时就有,不会出现换齿现象。恒齿经常在生长,家兔在采食时不断磨灭。家兔需要磨牙和啃咬硬物以保持适当的齿长使上下齿面吻合,通常称为啮齿行为。这一习性经常造成笼具或其他设备损坏,因此在管理上要采取措施加以防范。为防止这种情况,可以经常给兔笼内投放一些树枝供家兔磨牙。在兔笼设计方面,应做到笼内平整,不留棱角;建造兔笼时最好是砖铁结构,笼子用砖,笼门用铁丝,不宜用木头或竹片。此外,使用颗粒饲料也能达到帮兔子磨牙的效果。

7.耐寒冷,忌高温

家兔缺乏汗腺,怕热不怕冷,很难通过出汗来调节体温,加上被毛浓密,更使体表热量不易散发,这是家兔怕热的主要原因。家兔生活环境的温度不能超过32 ℃,故夏天要注意防暑。成年家兔被毛浓密,具有较强的抗寒能力,但刚出生的仔兔无被毛,抗寒能力较弱,对环境温度依赖性强,当温度降至18～21 ℃,便会冻死,所以仔兔要注意保温,初生时窝温一般要求在30～32 ℃。

一般来说,在兔舍建筑设计或日常管理中,防暑比防寒更为重要,在炎热季节要做好防暑降温工作。这也是克服"公兔夏季不育、母兔秋季不妊"、发挥家兔繁殖优势的重要措施。家兔的生活环境温度宜为 15～25 ℃。

8."三敏一迟钝"

家兔嗅觉、味觉、听觉发达,但视觉迟钝。家兔鼻腔分布大量的嗅觉感受器,可分辨不同的气味,辨别同类的性别和栖息领域,对于采食、识别敌友和繁殖配种起到重要作用。比如,母兔在发情时释放出一种特殊气味,可刺激公兔产生性欲。发情母兔与一只公兔交配后就会带其气味,再将母兔放到另一只公兔笼子里时,母兔会受到攻击(被误认为是公兔进入领地)。母兔通过嗅觉来识别仔兔,人们利用这种特性,在仔兔并窝或寄养时,采用混淆气味的方法使其辨认不清从而使寄养或并窝获得成功。家兔在配种时应该将母兔捉至公兔笼,可使公兔省去以嗅觉熟悉新环境的过程,交配易获得成功。

家兔的味觉发达,在舌头上有数以千计的味蕾,区域分布,感受不同的味道,喜欢甜、微酸、微辣的植物,对胡萝卜、甜萝卜等饲料非常喜爱,所谓家兔有"甜牙",实际是味觉的作用。

家兔的听觉也很灵敏,非常微弱的声音便会引起家兔的反应,这也是导致兔子易受惊吓的生理原因,因其外耳非常发达,可频频摆动,且可高举或向发声处转动,以收集四周声音。

家兔视觉迟钝。家兔的眼球位于头的两侧,视野很广,但双眼间的距离太大,在鼻端下方有盲区,采食要进行触、嗅;双眼视区只有 10°～35°,单眼视区可达 190°,基本属于单眼视物,没有立体感,不能准确判断距离。虽然不转头可以看到两侧和脑后,但视物不清,要靠左右移动才能看清物体,对光和颜色分辨能力较差。

◇ **任务实施**

实地观察当地兔场家兔的生活习性。

1.观察内容

参观当地家兔场,记录兔的生活习性。

2.人员准备

5 人组成一个学习小组,每组选出一位组长;由组长分配组员的任务,去当地养殖场中进行调查,并填好调查表(见表 2-1)。通过数据收集建立数据库进行分析汇总,得出结论,最后形成调查报告。

表 2-1　当地养殖场家兔生活习性记录表

养殖场名称	生活习性 1	生活习性 2	生活习性 3	生活习性 4	生活习性 5

3.操作步骤

结合任务实施内容,观察当地家兔场中所饲养家兔的生活习性并记录和讨论。

◇ **任务反思**

(1)家兔的生活习性有哪些?
(2)家兔的生活习性在饲养中有哪些应用?

◇ **学习评价**

评价内容	教师评价	学生自评	总评
团队合作情况			
数据收集完善度			

评价内容	教师评价	学生自评	总评
调查报告完成情况			
报告总结分析			
总计			

注:评分标准为 10 分制,10 分为优,7 分为良,5 分为有待提高。

任务 2.2　家兔的消化特性

◇　**任务目标**

知识目标:
1.了解家兔消化系统的解剖特点、食性和摄食行为。
2.掌握家兔饲料的特点。
技能目标:
根据家兔的消化特性,能进行家兔饲料原料的选择与配比。

家兔的兔的
消化特性

◇　**任务准备**

一、消化系统解剖特点

1.特殊的口腔

家兔上唇和正中有一纵裂,形成奇特的豁唇,使门齿易于露出,便于采食地面的短草和啃咬树皮等(见图 2-5)。成年兔具有发达的门齿,便于切断饲草。家兔口腔内有 4 对唾液腺,相比其他动物多一对特有的眶下腺,唾液腺分泌的唾液分别经导管进入口腔,以便湿润、咀嚼和吞咽食物,并可使食物在口腔中进行初步消化。

图 2-5　兔唇

2.发达的肠胃

家兔胃为单室胃,容积较大,约为消化道总容积的 36%,可容纳采食的糊状饲草料 60～80 克。正常情况下,进入胃的食物基本不被混合。胃中内容物的排出主要靠采食来推动,2 天不给食的家兔,胃中内容物只减少了 50%。

家兔的肠管比较长,约为体长的 10 倍,容积也比较大,特别是盲肠,长约 50 厘米,平均直径 3～4 厘米,一般可容纳 100～120 克的糊状草料,其容积约为消化道总容积的 42%。盲肠在消化过程中,尤其对粗纤维的消化起重要作用。

与成年兔不同,幼兔的消化道在发生炎症情况下,具有可通透性,消化道内的有害物质容易被吸收。所以幼兔患肠炎时,症状比较严重,死亡率也很高。

3.特有的圆小囊

在回肠与盲肠相接处的膨大部位有一厚壁圆囊,称为圆小囊,是家兔特有的结构。圆小囊具有发达的肌肉组织和丰富的淋巴滤泡,也称淋巴球囊。具有分泌碱性液体中和盲肠中因微生物发酵而产生的过量有机酸,维持盲肠中适宜的酸碱度,保证盲肠消化粗纤维过程正常进行;由于囊壁较厚,因而具有机械压榨作用,有助于粗纤维的消化;淋巴球囊产生大量淋巴细胞,还具有防护作用。家兔的消化系统如图 2-6 所示。

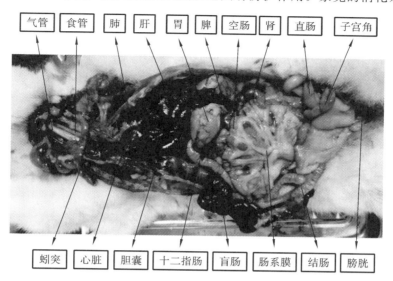

图 2-6　家兔的消化系统

二、饲料利用特点

1. 能够有效利用低质高纤维饲料

兔依靠盲肠中的微生物和圆小囊的协同作用,对粗纤维进行消化,但是其分解粗纤维的酶活性比反刍动物低,因而兔对粗纤维的消化率比反刍动物低,甚至还不如猪,但是粗纤维对家兔的生长必不可少。

适量的粗纤维对家兔的消化起重要作用,一方面粗纤维有助于形成硬粪,并在正常的消化运转过程中起着一种物理作用;另一方面家兔盲肠中的蛋白酶活性远远高于牛瘤胃蛋白酶活性,能有效地利用饲草中的蛋白质。所以说家兔对低质饲草中的蛋白质也有较强的利用能力。虽然家兔对粗纤维消化能力较低,但纤维性饲料通过消化道速度较快,在通过消化道的过程中非纤维成分被消化吸收,以此来补偿粗饲料的低营养价值。

粗纤维在饲料中应占有一定比例。当其低于 5% 时,胃内容物通过消化道速度加快,为正常速度的两倍,营养物质消化率降低,引起兔消化紊乱,采食量下降,导致腹泻。如粗纤维含量过高(大于 20% 时),日粮中所有营养成分的消化率都下降。饲料中粗纤维的含量适宜比例为 10%～14%。

2. 能充分利用粗饲料中的蛋白质

家兔盲肠有蛋白酶,对青粗饲料中的蛋白质有较高的消化率,因而家兔能够充分利用饲料中的蛋白质,对于低质量高纤维粗饲料的蛋白质利用能力高于其他家畜。以苜蓿为例,家兔能消化苜蓿中 75% 的蛋白质。

3. 淀粉的消化

家兔盲肠内淀粉酶活性高,如果饲喂富含淀粉的日粮,小肠难以完全消化,那么在小肠未完全消化的淀粉到达盲肠、结肠,并在此发酵,会产生大量挥发性脂肪酸,被细菌利用,使细菌增殖加快并产生毒素,毒素被吸收后,损害兔神经系统,易引起肠原性毒血症,最终引起家兔腹泻、脱水。

4. 能忍受高钙饲料

家兔对饲料中的钙、磷比例要求不严格。当饲料钙、磷比例高达 12∶1 时(即含有较多的钙,较低的磷时),也不会降低家兔的生长率。因为家兔能将多余的钙通过尿液排出,所以兔的尿液浑浊。但饲料中的磷不能过量,虽然过多的磷可随粪便排出体外,但影响饲料的适口性,家兔会拒绝采食。

三、食性及摄食行为

1. 哺乳行为和吸吮行为

母兔是边产仔边哺乳的,仔兔吃乳并不固定某个乳头,而是一个乳头吃几口后,马上又换另一个乳头。吸吮时发出"喷喷"的响声,且后肢不断运动,以寻找最佳立足点,哺乳时间为 1.5～2 分钟。4 日龄以内仔兔吸饱后,皮肤红润,腹部紧绷。小于 12 日龄的仔兔除吃乳时间外几乎都在睡觉。当母兔跳到窝内时,仔兔苏醒,寻找乳头,并发出轻微叫声。15 日龄以内的仔兔一般每天哺乳一次,多在 0～6 时哺乳;15 日龄以上的仔兔开始有追逐母兔吸乳的要求,但母兔仍然每天固定喂乳一次。母兔为了躲避仔兔的追逐,除哺乳时间外,一般不进入仔兔窝内。

仔兔吸吮时将乳头吸得很紧,当哺乳结束母兔跳出窝时,常会将没吃饱的仔兔带到窝外,俗称"吊乳"。如果发现不及时,仔兔就会冻死、饿死。因此刚产出的仔兔要注意观察。

2. 草食性

家兔以植物性饲料为主,爱吃含纤维素高的饲料。家兔爱吃甜味饲料和多叶的草,特别爱吃苜蓿草,爱吃萝卜、谷物、植物性蛋白;不喜动物性饲料(日粮配比最好低于 5%),喜欢整料的麦粒,不喜欢整粒的玉米,喜欢颗粒料,不喜欢粉料。

3. 食粪性

家兔有两种粪便,白天排出的颗粒状的粪球,称硬粪;夜间会排出暗色呈串的团状粪便,称软粪。软粪来自盲肠,其中包括受细菌作用的食糜、细菌蛋白、维生素,特别是维生素 B12、烟酸、泛酸、核黄素等含量很高。家兔在夜间排出软粪时用嘴直接从肛门处采食,稍加咀嚼便将其全部吞下,使营养物质再消化、再吸收,有时家兔白天也食硬粪,我们称此行为为家兔的食粪性,是一种正常的生理现象。

家兔 3 周龄开始吃软粪,6 周龄前吞食量较少,成年以后每天吞食 50 克左右。一般在最后一次采食饲料后 4 小时开始食软粪。家兔食软粪多在黑暗安静时进行。

4. 采食和饮水行为

吃草时家兔是一根一根拉出先吃叶,后吃茎及根部,对于不喜欢的部分直接用牙切断放弃,对不喜欢的饲料轻则少吃,重则拒吃,甚至用前肢扒食,又称"扒食性"。家兔保留了野兔用前爪挖掘的习惯,在人工喂养的情况下家兔扒食会造成浪费,产生较大的损失。

家兔偏爱经常采食的饲料,改变饲料后,采食量减少,甚至拒食,这是家兔的"惯食行为"。如果饲料突然改变,家兔消化道的分泌系统(特别是盲肠内微生物)不能马上适应,原有的微生物区系被打破,正常菌群失调,消化系统疾病随即而来,因此,改变饲料必须逐渐过渡。

由于家兔的夜行性,夜间饮水量为全天的 70%。家兔通常在采食干饲料后饮水,当青绿饲料供应充足时,饮水量相对较小,采食干料量也随之下降。供水不足或青绿饲料不足会明显影响家兔的泌乳和生长发育,尤其在环境温度较高的情况下更是如此。

5. 解毒能力强

兔的肝脏很大,具有较强的解毒能力。对有些草料中的毒素可以毫无顾忌。

◇ **任务实施**

实地观察家兔的饮食习性。

1. 观察内容

参观兔场,与饲养员交流,并自行观察,记录家兔的饮食习性。

2. 人员准备

以 5 人为单位构成一个学习小组,每组选出一位组长;由组长分配组员的任务,去当地养殖场中进行调查,并填好调查表(见表 2-2)。通过数据收集建立数据库进行分析汇总,得出结论,最后形成调查报告。

表 2-2　当地养殖场家兔饮食习性记录表

养殖场名称	饮食习性 1	饮食习性 2	饮食习性 3	饮食习性 4	饮食习性 5

3. 操作步骤

结合任务实施内容,观察家兔的饮食习性,记录并讨论。

◇　**任务反思**

家兔的饮食习性有哪些优势? 哪些劣势? 如何扬长避短?

◇　**学习评价**

评价内容	教师评价	学生自评	总评
团队合作情况			
数据收集完善度			
调查报告完成情况			
报告总结分析			
总计			

注:评分标准为 10 分制,10 分为优,7 分为良,5 分为有待提高。

任务 2.3　家兔的繁殖特性与生长发育规律

◇　**任务目标**

知识目标:

1. 掌握家兔繁殖特性。

2. 掌握家兔生长发育规律。

技能目标:

1. 根据家兔繁殖的特点,能编制养殖场繁殖计划。

2. 根据家兔生长规律,能正确进行生理指标检查及饲养管理。

家兔的繁殖特性

◇　**任务准备**

一、家兔繁殖特性

1. 繁殖力强

家兔的繁殖力强不仅表现在每窝产仔多(每胎 6~8 只),如图 2-7 所示,怀孕期短(平均 31 天),而且表现为仔兔生长发育快(见图 2-8),性成熟早(3～6 月龄),母兔可常年发情配种,一年多胎(一般年产 4～5 胎,有的多达 8～10 胎),母兔产后不久(产后 1～2 天)即可配种受孕。据报道,一只繁殖母兔一年可提供商品肉兔 55 只。

图 2-7　一窝初生兔

图 2-8　12 日龄的兔子

2. 公兔睾丸位置可变化

公兔睾丸的位置不是固定不变的。胎儿期和初生仔兔的睾丸位于腹腔,1—2 月龄兔的睾丸下降到腹股沟管内,表面未形成阴囊。2.5 月龄以上的公兔已有明显的阴囊。睾丸降入阴囊的时间一般在 3.5 月龄,成年公兔的睾丸基本上在阴囊内。由于腹股沟短而宽,且终生不封闭,因此,成年公兔的睾丸可以自由地缩回腹腔或降入阴囊。在公兔选种时要注意到这种特性,不要把睾丸暂时缩回腹腔的公兔误认为隐睾。所以检查时要将公兔头向上提起,用手轻拍臀部数下,或在腹股沟管处轻轻挤压,避免误判。

3. 公兔夏季不育

夏季,当外界气温上升到 32 ℃以上时公兔精子活力下降,密度降低,死精和畸形精子的比例增高,性欲也减退,这种现象称为公兔的夏季不育。环境温度和光照对兔的繁殖有影响。3 月份公兔射精量和精子密度最高,精子活力最好。这种现象和家兔的繁殖生理不无相关。家兔对环境温度敏感,当外界温度上升到 32 ℃以上时繁殖性能下降,甚至停止繁殖。在重庆市,7、8 月份平均气温为 26～35 ℃,不是繁殖的适宜时期。光照也是一个重要的影响因素,公兔和母兔对光照的要求不甚相同,公兔喜欢较短的光照,而 7 月份光照时数最长。由于气温、光照等的影响造成家兔生理上的一系列变化。公兔睾丸在 7 月份缩小 60%,内分泌系统发生紊乱,性欲降低,食欲减退,消化吸收能力减弱,故公兔会出现夏季不育现象。

4. 双子宫与阴道射精

母兔子宫属双子宫类型,有两个完全独立的子宫,两侧子宫各有一个子宫颈开口于阴道,两侧子宫无子宫角和子宫体之分。由于母兔子宫体的特殊性,因而不会像其他家畜那样,发生受精卵可以从一个子宫向另一个子宫移行的情况。母兔的阴道较长,然而公兔的阴茎较短。这种奇特的生殖器官结构决定了公兔射精的位置在阴道,在自然交配的情况下不会影响双子宫受孕,但在人工输精时往往由于输精管插得过深,可能只插入一侧子宫颈口内,导致出现一侧子宫受孕,另一侧子宫不孕的现象。

5. 母兔是刺激性排卵动物

母兔经过交配刺激,或者其他类似交配刺激的外源刺激后(如采毛、抚摸臀部、刺激阴户、注射激素等),10～12 小时卵子才从卵巢中排出,这种现象称为刺激性排卵或诱发排卵。所以母兔达到性成熟以后,母兔虽每隔一定时间进入发情状态,但并不伴随排卵,只有在公兔交配或相互爬跨才发生排卵。但是,母兔虽是刺激性排卵,也常发生排卵不一定发情的现象,如采用人工授精,母兔输精的理想时间应该在诱发排卵后的 2～8 小时。

6. 母兔有假孕现象

母兔在受性刺激后排卵而未受精,会形成已怀孕的假象,即母兔假孕现象,表现为母兔拒绝配种,不接受公兔交配,到假孕末期,母兔有临产行为(如衔草做窝、拉毛营巢、乳腺发育并分泌少量乳汁)。主要原因是公兔无效交配或母兔间相互追逐爬跨造成的。母兔的这一系列假孕现象产生的内在原因可能是受内分泌系统产生的激素异常影响而引起生殖系统某些器官兴奋造成的。假孕时间为 16～17 天。

二、家兔生理与生长发育特点

1. 家兔生理代谢特点

家兔正常体温一般保持在 $38.5 \sim 39.5 \, ℃$。家兔生长繁殖适宜温度范围为 $15 \sim 25 \, ℃$，临界温度为 $5 \, ℃$ 和 $30 \, ℃$。即超出临界温度范围家兔就不能正常生长繁殖。外界温度在 $32.2 \, ℃$ 就对家兔非常有害，当温度上升到 $35 \, ℃$ 时，如不采取降温措施，就有可能使家兔死亡。家兔怕热而不怕冷（初生仔兔除外）。在某些条件下，成年兔可以忍耐 $0 \, ℃$ 以下的气温而不致死亡。在低温时家兔需要消耗较多的饲料来产生热能以御寒。

家兔呼吸频率平均每分钟 46 次，范围在每分钟 $36 \sim 56$ 次。外界温度升高时，家兔通过增加呼吸次数呼出气体蒸发水分，以达到散热的目的，但由于家兔胸腔较小，肺又不发达，呼吸频率本身相对就较高，依赖其增加呼吸频率散热也是有一定的限度的。

家兔平均心率为每分钟 205 次，范围在每分钟 $123 \sim 304$ 次，在应激情况下很容易引起心动过速、代谢紊乱等问题。

2. 生长发育及换毛

母兔怀孕时，胎儿的生长发育以怀孕后期最快。妊娠后期胚胎生长很快，占初生仔兔重量的 89.18%。胎儿这一阶段的生长速度不受性别的影响，受怀仔数、母兔营养水平和胎儿在子宫内排列位置的影响。一般规律是，多胎的胎儿体重小；母兔营养水平低，胎儿发育慢；近卵巢端的胎儿比远离卵巢端的胎儿重。

仔兔出生时，全身裸露，眼睛紧闭，耳闭塞无孔，趾间相互连接在一起，不能自由活动；$3 \sim 4$ 日龄即开始长毛；$4 \sim 8$ 日龄脚趾分开；$6 \sim 8$ 日龄耳朵根出现小孔与外界相通；$10 \sim 12$ 日龄眼睛睁开，出巢活动；21 日龄左右可正常吃料；30 日龄被毛基本形成。

家兔生长发育迅速，仔兔初生重量为 50 克左右，1 月龄时体重相当于初生时的 10 倍，初生至 3 月龄体重增加几乎呈直线上升，3 月龄后增生相对缓慢。一般规律是生长前期快，生长后期慢，但不同品种的生长速度是不相同的。母兔在性成熟开始时，其生长速度比公兔快。在 8 周龄内并不明显，从 8 周龄到 26 周龄则明显地表现出来，所以成年母兔体重大于公兔体重。家兔性成熟较早，小型品种 $3 \sim 4$ 月龄性成熟，中型品种 $4 \sim 5$ 月龄性成熟，大型品种 $5 \sim 6$ 月龄性成熟。家兔体成熟比性成熟约迟 1 个多月。

正常情况下，由于年龄和季节的原因，兔毛生长到一定时间后会发生自行脱落，并在原处长出新毛，这个过程称为换毛。正常的换毛可分为年龄性换毛和季节性换毛两种。

年龄性换毛：发育正常的仔兔出生后 30 天就可形成被毛。此后在不同的生发育时期共有两次年龄性换毛，第一次在 $30 \sim 100$ 日龄，第二次在 $130 \sim 180$ 日龄。$6.5 \sim 7.5$ 月龄后则和成年兔一样，仅有季节性换毛。

季节性换毛：家兔进入成年后，每年在春季 $3 \sim 4$ 月份和秋季 $9 \sim 10$ 月份各换毛一次。这种季节性换毛与光照、温度、营养以及遗传等因素有关。其饲料条件好，兔体健壮，则换毛期可缩短；反之，就是相对延长。家兔换毛期体质较弱，消化能力降低，对气候变化的适应能力也减弱，容易感冒。因此，换毛期间应加强饲养管理，喂食易消化、蛋白质含量较高的饲料（特别是含硫氨基酸丰富的饲料）。

◇ **任务实施**

实地观察当地兔场家兔的繁殖特性。

1. 观察内容

参观当地家兔场，记录家兔的繁殖规律。

2. 人员准备

以 5 人组成一个学习小组，每组选出一位组长；由组长分配组员的任务，去当地养殖场中进行调查，并填好调查表（见表 2-3）。通过数据收集建立数据库进行分析汇总，得出结论，最后形成调查报告。

表 2-3　当地养殖场家兔繁殖特性记录表

养殖场名称	繁殖特性 1	繁殖特性 2	繁殖特性 3	繁殖特性 4	繁殖特性 5

3. 操作步骤

结合任务实施内容,观察当地家兔场中所饲养家兔的繁殖特性,记录并讨论。

◇ 任务反思

(1)家兔繁殖有哪些特点? 如何扬长避短?
(2)简述家兔体温、呼吸、心跳的生理指标。

◇ 学习评价

评价内容	教师评价	学生自评	总评
团队合作情况			
数据收集完善度			
调查报告完成情况			
报告总结分析			
总计			

注:评分标准为 10 分制,10 分为优,7 分为良,5 分为有待提高。

项目 3　家兔的品种

◇　项目导入

　　如果投资建设一个肉兔场,我们要养什么品种的兔子效益高呢? 经过调查发现,加利福尼亚兔的主要优点是早熟易肥,肌肉丰满,肉质肥嫩,屠宰率高,但是生长速度略低于新西兰兔,断奶前后饲养管理条件要求较高。而新西兰兔的主要优点是产肉量高,肉质良好,适应性和抗病力较强;主要缺点是毛皮品质较差,利用价值低。比利时兔的主要优点是生长发育快,适应性强,泌乳能力强;主要缺点是不适宜于笼养,饲料利用率较低,易患脚癣和脚皮炎等。根据当地具体情况,我们选择了新西兰兔。

　　从这里可以得知,不同品种的家兔各有优缺点。在实际生产过程中要根据实际需要选择合适的品种。

　　本项目主要学习 2 个任务:(1)家兔品种分类;(2)常见品种介绍。

任务 3.1　家兔品种分类

◇　任务目标

　　知识目标:

　　1.了解按体型大小不同的分类方式。

　　2.掌握按被毛类型和生产力种类两种分类方式。

　　技能目标:

　　1.能说出各种家兔常见的分类方式。

　　2.能简述按被毛类型和生产力分类后兔子的种类及代表品种。

◇　任务准备

一、按被毛类型分类

1.标准毛兔

标准毛兔又叫普通毛兔,毛长在 2.5~3.7 cm,粗毛比例高且突出于绒毛之上。属于这种类型的兔品种比较多,主要是肉用兔或皮肉兼用兔,如新西兰兔、青紫蓝兔、比利时兔等。

2. 长毛兔

长毛兔毛长在 5 cm 以上,被毛生长速度快,每年可采毛 4～5 次,属于这种类型的兔是毛用兔,如安哥拉兔。

3. 短毛兔

短毛兔毛长不超过 2.2 cm,主要特点是毛纤维短、密度大、直立。如獭兔(力克斯兔),其被毛长 1.2～1.3 cm,粗毛和细毛长度几乎一样长,被毛平整,粗毛率低,绒毛比例非常高,是目前最好的兔裘皮品种。

二、按体型大小分类

1. 大型兔

成年兔体重在 6 kg 及以上,体格硕大,成熟较晚,增重速度快。如德国花巨兔、比利时兔、哈尔滨白兔等。

2. 中型兔

成年兔体重 4～5 kg,体型中等,结构匀称,体躯发育良好。如新西兰兔、日本大耳白兔等。

3. 小型兔

成年兔体重 2～3 kg。如中国白兔、荷兰兔、安哥拉兔等。

4. 微型兔

成年兔体重在 2 kg 以下,体型微小,多为观赏兔品种资源。如小型荷兰兔等。

三、按生产力种类分类

1. 肉用兔

肉用兔经济特性以产肉为主。肉用品种具备体躯较宽,肌肉丰满,骨细皮薄,肉质鲜美,繁殖力强,早期生长速度快,一般 3 个月可达 2 kg 以上;性成熟早,屠宰率高,全净膛和屠宰率在 50％以上,饲料报酬高。如新西兰兔、比利时兔、法国公羊兔等。

2. 毛用兔

毛用兔经济特性以产毛为主。毛长在 5 cm 以上,毛密度大,产毛量高;毛品质好,毛纤维生长速度快,70天毛长可达 5 cm 以上,每年可采毛 4～5 次;绒毛多,粗毛少,细毛型兔粗毛率在 5％以下,粗毛型兔粗毛率在 15％以下。代表品种为安哥拉长毛兔。

3. 皮用兔

皮用兔经济特性以产裘皮为主。被毛具有短、细、密、平、美、牢等特点,粗毛分布均匀,理想毛长为 1.6 cm(1.3～2.2 cm),被毛平整、光泽鲜艳;皮肤组织致密。代表品种獭兔(力克斯兔)。

4. 皮肉兼用兔

皮肉兼用兔为经济特性具有两种或两种以上利用价值的家兔。如花巨兔既适于皮用也适于肉用;日本大耳白既可肉用也可作皮用,还可作为实验用兔。

5. 实验兔

实验兔被毛白色,耳大且血管明显便于注射、采血用,现在无专门品种。在试验研究中日本大耳白兔最为理想,其次为新西兰白兔。

6. 观赏兔

有些兔子外貌奇特,或毛色珍稀,或体格娇小,适于观赏,如法国公羊兔(垂耳兔)、小型荷兰兔等。

四、按培育程度分类

1. 地方品种

家兔在品种形成过程中,受自然因素影响很大,由此形成的品种虽然生产性能不高,但适应性和抗病力较高,耐粗饲,繁殖力高。如中国白兔等。

2. 培育品种

培育品种又称育成品种,是经过人们有明确目标的选择,创造优良的环境条件,细心培育出的品种,具有专门经济用途,且生产效率较高。如新西兰兔等。

◇ **任务实施**

组织学生调查当地家兔品种,并按照被毛类型和生产力类型进行分类汇总。

1. 人员准备

组织学生按 5～6 人为一小组,分别在当地养殖场进行采访调查。

2. 操作步骤

每组学生由组长带队,深入周边区县城镇养殖场调查,建立数据库进行分析汇总,得出结论,最后形成调查报告。

◇ **任务反思**

(1)为何要按照被毛类型、生产力种类等进行分类?

(2)这样的分类有什么好处?

◇ **学习评价**

评价内容	教师评价	学生自评	总评
团队合作情况			
数据收集量			
调查报告完成情况			
报告总结分析			
总计			

注:评分标准为 10 分制,10 分为优,7 分为良,5 分为有待提高。

任务 3.2　常见品种介绍

◇ **任务目标**

知识目标:

1. 掌握家兔的用途。

2. 了解皮用、毛用品种家兔。

技能目标:

1. 能举例说出按被毛分类的三种兔的类型。

2. 能举例说出按生产力不同分类的家兔种类。

家兔的品种

◇ 任务准备

一、肉用品种

我国饲养数量较多的肉兔品种主要有以下几种。

1. 新西兰兔

新西兰兔原产于美国,是近代最著名的优良肉兔品种之一,世界各地均有饲养。

(1)外貌特征。

新西兰兔有白色、黑色和红棕色 3 个变种。目前饲养量较多的是新西兰白兔,被毛纯白,眼呈粉红色,头宽圆而粗短,耳宽厚而直立,臀部丰满,腰肋部肌肉发达,四肢粗壮有力,具有肉用品种的典型特征(见图 3-1)。

(2)生产性能。

新西兰兔体形中等,最大的特点是早期生长发育较快。在良好的饲养条件下,8 周龄体重可达 1.8 千克,10 周龄体重可达 2.3 千克。成年公兔体重 4～5 千克,成年母兔体重 4.5～5.5 千克。繁殖力强,平均每胎产仔 7～8 只。

(3)主要优缺点。

新西兰兔的主要优点是产肉力高,肉质良好,适应性和抗病力较强。主要缺点是毛皮品质较差,利用价值低。用新西兰白兔与中国白兔、日本大耳白兔、加利福尼亚兔杂交,则能获得较好的杂种优势。

2. 比利时兔

该兔原产于比利时,是由比利时贝韦伦野生穴兔改良而成的大型肉兔品种。

(1)外貌特征。

比利时兔被毛呈黄褐色或栗壳色,毛尖略带黑色,腹部灰白,两眼周围有不规则的白圈,耳尖部有黑色光亮的毛边。眼睛为黑色,耳大而直立,稍倾向于两侧,面颊部突出,脑门宽圆,鼻骨隆起,类似马头,俗称"马兔"(见图 3-2)。

图 3-1　新西兰兔

图 3-2　比利时兔

(2)生产性能。

该兔体形较大,仔兔初生重 60～70 克,最大可达 100 克以上,6 周龄体重 1.2～1.3 千克,3 月龄体重可达 2.3～2.8 千克。成年公兔体重 5.5～6.0 千克,母兔体重 6.0～6.5 千克,最高可达 7～9 千克。繁殖力强,平均每胎产仔 7～8 只,最高可达 16 只。

(3)主要优缺点。

该兔种的主要优点是生长发育快,适应性强,泌乳力高。比利时兔与中国白兔、日本大耳兔杂交,可获得理想的杂种优势。主要缺点是不适宜于笼养,饲料利用率较低,易患脚癣和脚皮炎等。

3. 公羊兔

公羊兔又名垂耳兔,是一个大型肉用品种。公羊兔因其两耳长宽而下垂,头形似公羊而得名。

(1)外貌特征。

被毛颜色以黄色者居多。头粗糙,眼小,颈短,背腰宽,殿圆,骨粗,体质疏松肥大(见图 3-3)。

（2）生产性能。

该品种早期生长发育快，40 天断奶仔兔重可达 1.5 千克，成年兔体重 6～8 千克，最高可达 9～10 千克。

（3）主要优缺点。

我国于 1975 年引入公羊兔。该品种兔耐粗饲，抗病力强，易于饲养。性情温顺，不爱活动，因过于迟钝，故有人称其为"傻瓜兔"，其繁殖性能低，主要表现在受胎率低，哺育仔兔性能差，产仔少。该品种兔与比利时兔杂交，效果较好，二者都属大型兔，被毛颜色比较一致，杂交一代生长发育快，抗病力强，经济效益高。

4. 哈尔滨白兔

该兔品种系中国农业科学院哈尔滨兽医研究所培育的大型肉用品种，由比利时兔、德国花巨兔、加利福尼亚兔、哈尔滨本地白兔、上海大耳白兔等多品种杂交选育而成，于 1988 年通过全国育种委员会鉴定。

哈尔滨白兔全身被毛洁白，毛密柔软，眼睛红色，耳宽长而直立，前后躯发育匀称，上肢强健，体形较大（见图 3-4）。

图 3-3　公羊兔

图 3-4　哈尔滨白兔

该兔种属大型肉兔新品种。该品种头型大小适中，耳大直立，眼大有神，肌肉丰满，被毛洁白，四肢强健，结构匀称，体质结实，耐粗饲，适应性强。成年兔平均体重 6.25 千克。哈白兔繁殖性能良好，一次配种受胎率 71%，胎产 10.5 只，活仔 8.33 只，初生幼仔重 55 克。30 日龄幼仔重 0.67 千克。60 日龄兔重 1.89 千克。90 日龄兔重 2.76 千克。育肥兔饲料报酬为 1：3.5 左右，屠宰率半净膛为 57.5%，全净膛为 53.5%。

5. 伊拉肉用配套系

伊拉肉用配套系是法国欧洲兔业公司在 20 世纪 70 年代末培育成的杂交配套系。它由 9 个原始品种经不同杂交组合和选育筛选出 A、B、C、D 四个系组成，各系独具特点。其配套模式是由 A、B、C、D 四个不同品系杂交组合而成，其模式如下所示。

曾祖代：A♂×A♀　B♂×B♀　C♂×C♀　D♂×D♀

祖代：A♂×B♀　C♂×D♀

父母代：AB♂×CD♀

商品代：ABCD(♂♀)

父系被毛呈"八点黑"特征，母系被毛纯白。商品代兔耳缘、鼻端浅灰或纯白，毛稍长，手感和回弹性好。父系头粗重，嘴钝圆，额宽；两耳中等长，宽厚，略向前倾或直立，耳毛较丰厚，血管不清晰；颈部粗短，颈肩结合良好，颌下肉髯不明显，体躯呈圆筒形，胸宽深，背部平，胸肋肌肉丰满，后躯发达，臀部宽圆。母系头形清秀，耳大直立，形似柳叶，颈部稍细长，有小的肉髯，躯体较长，骨架较大，肌肉不够丰满（见图 3-5）。

伊拉肉用配套系适应性和抗病力强，性情温顺，易于饲养，早期生长发育快，对饲养条件要求较高，不耐粗饲。在低水平营养条件下，它难以发挥其早期生长发育快的优势，在高营养条件下有较大的生产潜力。伊拉肉用配套系管理要求较精细，适于集约化笼养，是工厂化、规模化商品肉兔生产的理想品种，具有饲料报酬高、屠宰率高的特点。

伊拉肉用配套系引进国内后，经过风土驯化、科学饲养，已完全适应我国不同区域的气候、温度、饲草等条件，生产性能得到很大程度的提高。其各个系具有不同的生产性能特点，在生产中可利用各个系的不同性能特点，作为育种素材，用于培育抗病、高繁殖率的品种。

图 3-5　伊拉肉用配套系

6. 伊普吕肉用配套系

伊普吕肉用配套系是由法国克里黔兄弟育种公司培育的(见图 3-6)。该配套系是多品系配套模式,共有 8 个专门化品系。其配套模式繁杂,在生产中应用难度较大。曾祖代引进后,经过几年的适应性选育和配合力测定,目前形成了两种三系配套模式。

图 3-6　伊普吕肉用配套系

(1)模式一。

祖代:GGP59♂×GGP59♀　GGP22×GGP27

父母代:GGP59♂×GGP22-27♀

商品代:GGP59-22-27

(2)模式二。

祖代:GGP119♂×GGP119♀　GGP22×GGP27

父母代:GGP119♂×GGP22-27♀

商品代:GGP119-22-27

伊普吕 GGP59 被毛白色,眼睛红色,耳朵大而厚,体型长,臀部宽厚,为大型兔,具有理想的生长速度和体重,成年兔体重 7～8 kg。GGP119 被毛灰褐色,褐色眼睛,臀部宽厚,为大型兔,具有理想的生长速度和体重,成年体重 8 kg 以上。GGP22 体躯被毛白色,有"八点黑"特征,成年体重 5.5 kg 以上。GGP77 白色被毛,眼睛红色,为中型兔,成年体重 4～5 kg。

伊普吕肉用配套系适应性的抗病力较强,性情温顺,易于饲养,早期生长发育快对饲养条件要求较高,不耐粗饲。在低水平营养条件下,难以发挥其生长发育快的优势,在高营养条件下有较大的生产潜力。管理要求较精细,适于集约化笼养。伊普吕肉用配套系的各个系具有不同的生产性能特点,在生产中可利用各个系的不同性能特点,作为育种素材,培育抗病、高繁品种。目前形成的两种三系配套模式,充分利用了父系生长速度快、屠宰率高的优势和母系繁殖性能优良、母性好的特点,商品代生产性能良好。

7. 齐卡肉兔配套系

齐卡肉兔配套系由德国 Zika 家兔育种中心和慕尼黑大学联合育成,是世界上著名的肉兔配套品系之一。该配套系由 3 个品系组成。

G 系称为德国巨型白兔,N 系为齐卡新西兰白兔,Z 系为专门化品系。生产商品肉兔是用 G 系公兔与 N 系母兔交配生产的 GN 公兔为父本,以 Z 系公兔与 N 系母兔交配得到的 ZN 母兔为母本。在德国的全封闭式兔舍、标准化饲养条件下,其配套生产的商品兔,84 日龄平均体重达 3.0 千克,每胎平均产仔 8.2 只,育肥成活率为 85%。胴体背腰宽,后躯肌肉丰富。经研究表明,齐卡商品肉兔的产肉性能明显优于全国广泛推广的加利福尼亚兔和我国新育成的哈尔滨大白兔。

8. 艾哥肉兔配套系

艾哥肉兔配套系在我国又称布列塔尼亚兔,是由法国艾哥(ELCO)公司培育的肉兔配套系。

艾哥肉兔配套系由 4 个系组成,即 GP111 系、GP121 系、GP172 系和 GP122 系。其配套杂交模式如下。

GP111 系公兔与 GP121 系母兔杂交生产父母代公兔(P231),GP172 系公兔与 GP122 系母兔杂交生产父母代母兔(P292),父母代兔交配得到商品代兔(PF320)。

祖代父系公兔(GP111),毛色为白化型或有色,性成熟期 26～28 周龄,成年体重 5.8 千克,70 日龄体重

2.5～2.7千克,28～70日龄饲料报酬2.8：1。

祖代父系母兔(GP121),毛色为白化型或有色,性成熟期121日龄,成年体重5.0千克以上,70日龄体重2.5～2.7千克,28～70日龄饲料报酬3.0：1,每个母兔笼位年生产断奶仔兔50只。

祖代母系父兔(GP172),毛色为白化型,性成熟期22～24周龄,成年体重3.8～4.2千克,公兔性能力较强。

祖代母系母兔(GP122),性成熟期117日龄,成年体重4.2～4.4千克,每只母兔年生产父母代母兔25～30只。

父母代公兔(P231),毛色为白色或有色,性成熟期26～28周龄,成年体重5.5千克以上,28～70日龄日增重42克,饲料报酬2.8：1。

父母代母兔(P292),毛色白化型,性成熟期为117日龄,成年体重4.0～4.2千克,胎产活仔9.3～9.5只。

商品代兔(PF320),70日龄体重2.4～2.5千克。

布列塔尼亚兔引入我国后,在黑龙江、吉林、山东和河北等地饲养,表现出良好的繁殖能力和生长潜力。该品种特别适宜规模化养殖,需要较好的饲养管理条件和优质的环境。

二、皮用品种

家兔唯一皮用品种是獭兔。原产于法国,又名力克斯兔,由家兔的突变个体培育而成,毛皮酷似水獭,故称獭兔。其绒毛短而整齐,枪毛不露出绒面,手感极佳,异常漂亮,有"兔中之王"的美誉。

獭兔皮具有"短、细、密、平、美、牢、暖、薄"等特点。短是指毛长在2.2厘米以内,理想毛长为1.6 cm;细是指绒毛纤维细小,粗毛含量少,且不凸出于绒面。毛层富有弹性;密是指皮肤单位面积内着生的毛根多,在12000～18000根/平方厘米。毛纤维直立,手感丰满;平是指毛纤维短而均匀十分平整;美是指毛色众多自然,色泽光润,绚丽多彩。在风中富有立体感,劲风下形成旋涡,有璀璨感,随步伐抖动,更加抢眼;牢是指毛纤维在皮板上附着牢固,不易脱落。暖指保暖性好;薄是指皮板薄。

我国先后引进美系、德系和法系獭兔。也培育出了吉绒兔、四川白色獭兔等。獭兔被毛色型是区别不同品系的重要标志,也是鉴别毛色纯正度和商品价值的重要指标之一。獭兔的色型很多,已达20余种,其中以白色、黑色、红色、青紫蓝色和加利福尼亚色较为流行。以下介绍十四种。

1. 白色獭兔、黑色獭兔

白色獭兔全身被毛洁白,富有光泽,没有任何污点或杂色毛,是毛皮工业中最受欢迎、最有价值的毛色类型之一。目前所见的白色獭兔均为白化体,即眼睛呈粉红色,爪为白或玉色(见图3-7)。被毛带污色、锈色或黄色,或带有其他杂毛者,均属缺陷。

黑色獭兔全身被毛纯黑,柔软绒密,每根毛纤维自基部至毛尖均呈炭黑色,且富有光泽,既不呈褐色,也不带锈色,是毛皮工业中较受欢迎的毛色类型之一。其眼睛呈黑褐色,爪为暗色(见图3-8)。被毛带褐色、棕色、锈色、白色斑点或杂毛者,均属缺陷。

图3-7 白色獭兔

图3-8 黑色獭兔

2. 红色獭兔、蓝色獭兔

红色獭兔全身被毛为深红色,一般背部颜色略深于体侧部,腹部毛色较浅。最为理想的被毛颜色为暗红色,是毛皮工业中较受欢迎的毛色类型之一。眼睛呈褐色或榛子色,爪为暗色(见图3-9)。腹部毛色过浅或有锈色、杂色与带白斑者,均属缺陷。

蓝色獭兔全身被毛为纯蓝色,柔软似绒,自基部至毛尖色泽纯一,为最早育成的獭兔色型之一,是各类獭兔中毛绒最柔软的一种,属毛皮工业中较受欢迎的毛色类型之一。眼睛呈蓝色,爪为暗色(见图3-10)。被毛带霜色、锈色、白色、杂色或带白色斑点者,均属缺陷。

图3-9　红色獭兔

图3-10　蓝色獭兔

3. 青紫蓝獭兔、加利福尼亚獭兔

青紫蓝獭兔全身被毛基部为瓦蓝色,中段为珍珠灰色,毛尖部为黑色。颈部毛色略浅于体侧部,背部毛色较深;腹部毛色呈浅蓝或白色。眼睛呈棕色、蓝色或灰色,眼圈线条清晰,有浅珍珠灰色狭带,爪为暗色(见图3-11)。被毛带锈色或淡黄色、白色或胡椒色,毛尖部毛色过深或四肢带斑纹者,均属缺陷。

加利福尼亚獭兔全身被毛除鼻端、两耳、四肢下部及尾为黑色外,其余部位均为纯白色,即一般所称的"八点黑"。黑白界限明显,色泽协调而布局匀称,毛绒厚密而柔软。眼睛呈粉红色,爪为暗色(见图3-12)。鼻端、两耳、四肢及尾部无典型黑色毛或黑毛中掺有白色斑点或杂色者,均属缺陷。

图3-11　青紫蓝獭兔

图3-12　加利福尼亚獭兔

4. 海狸色獭兔、蛋白石獭兔

海狸色獭兔全身被毛呈红棕色,背部毛色较深,体侧部颜色较浅,腹部为淡黄色或白色。毛纤维的基部为瓦蓝色,中段呈深橙或黑褐色,毛尖部略带黑色(见图3-13)。这是最早育成的獭兔色型之一,被毛绒密柔软,很受消费者欢迎。眼睛呈棕色,爪为暗色,被毛呈灰色,毛尖过黑或带白色、胡椒色,前肢有杂色斑纹者,均属缺陷。

蛋白石獭兔全身被毛呈蛋白石色,毛纤维的基部为深瓦蓝色,中段为金褐色,毛尖部呈紫蓝色。背部毛色较深,腹部毛色较浅,多呈棕色或白色,体侧部的毛色显示出美丽的金黄色或金褐色。眼睛为蓝色或砖灰色,爪为暗色(见图3-14)。被毛呈锈色或混有白色、杂色斑点,毛尖部或底毛颜色过浅者,均属缺陷。

5. 花色獭兔

花色獭兔的被毛色泽可分为两种情况。一种是全身被毛以白色为主,杂有一种其他不同颜色的斑点,最典型的标志是背部有一条较宽的有色背线,面部有有色嘴环、有色眼圈和体侧有对称的斑点,颜色有黑色、蓝色、海狸色、猞猁色、紫貂色、海豹色、青紫蓝色、巧克力色、蛋白石色等。另一种是全身被毛以白色为主,同时杂有两种其他不同颜色的斑点,颜色有深黑色和橘黄色、紫蓝色和淡黄色、巧克力色和橘黄色、浅灰

图 3-13　海狸色獭兔

图 3-14　蛋白石獭兔

色和淡黄色等。花斑主要分布于背部、体侧和臀部,鼻端有蝴蝶状色斑。眼睛颜色与花斑色泽一致,爪为暗色。花色獭兔又称花斑兔、碎花兔或宝石花兔。花斑表现有一定的规律,呈一定的典型图案。具体表现是:两耳毛色相同,鼻部有花斑,背部、体侧、臀部均带有花斑,花斑面积一般占全身的 10%～50%。如图 3-15 所示。

图 3-15　花色獭兔

三、皮肉兼用品种

兔类皮肉兼用的品种主要有以下几种。

1. 日本大耳白兔

该兔原产于日本,是由中国白兔与日本兔杂交育成的优良皮肉兼用型品种(见图 3-16)。

(1)外貌特征。

日本大耳白兔以耳大、血管清晰而著称,是比较理想的实验用兔。被毛紧密,毛色纯白,针毛含量较多;眼睛为红色,耳大直立,耳根细,耳端尖,形似柳叶状;母兔颌下有肉髯。

(2)生产性能。

日本大耳白兔可分为 3 个类型:大型兔体重 5～6 千克,中型兔体重 3～4 千克,小型兔体重 2.0～2.5 千克。我国饲养较多的为大型兔,仔兔初生重 60 克左右,3 月龄体重 2.2～2.5 千克。年产 5～7 胎,每胎产仔 8～10 只,最高达 17 只。

(3)主要优缺点。

该兔种的主要优点是早熟,生长快,耐粗饲;母性好,繁殖力强,常用作"保姆兔"肉质好,皮张品质优良。主要缺点是骨架较大,胴体不够丰满,屠宰率、净肉率较低。

2. 加利福尼亚兔

该兔原产于美国加利福尼亚州,是由喜马拉雅兔、青紫蓝兔和新西兰白兔杂交育成,是现代著名皮肉兼用兔品种之一。加利福尼亚兔皮毛为白色,鼻端、两耳、尾及四肢下部为黑色,故称"八点黑"。幼兔色浅,随年龄增长而颜色加深;冬季色深,夏季色淡。耳小直立,颈粗短,肩、臀部发育良好,肌肉丰满,眼呈红色(见图 3-17)。该兔体型中等,早期生长速度快,仔兔初生重 50～60 克,40 日龄体重 1.0～1.2 千克,3 月龄体重可达 2.5 千克以上。成年公兔体重 3.6～4.5 千克,成年母兔体重 3.9～4.8 千克。繁殖力强,平均每窝产仔 7～8 只。

图 3-16　日本大耳白兔

图 3-17　加利福尼亚兔

该兔种的主要优点是早熟易肥,肌肉丰满,肉质肥嫩,屠宰率高。母兔性情温驯,泌乳力高,是有名的"保姆兔"。主要缺点是生长速度略低于新西兰兔,断奶前后饲养管理条件要求较高。

3. 青紫蓝兔

该兔原产于法国,因毛色类似珍贵毛皮兽"青紫蓝绒鼠"而得名,是世界著名的皮肉兼用兔种。

(1)外貌特征。

被毛整体为蓝灰色,耳尖及尾面为黑色,眼圈、尾底、腹下和后额三角区呈灰白色。单根纤维自基部至毛梢的颜色依次为深灰色、乳白色、珠灰色、雪白色和黑色,被毛中夹杂有全白或全黑的针毛。眼睛为茶褐色或蓝色。如图 3-18 所示。

(2)生产性能。

青紫蓝兔现有 3 个类型。①标准型。体形较小,成年母兔体重 2.7～3.6 千克,成年公兔体重 2.5～3.4 千克。②美国型:体型中等,成年母兔体重 4.5～5.4 千克,成年公兔体重 4.1～5 千克。③巨型兔:偏于肉用型,成年母兔体重 5.9～7.3 千克,成年公兔体重 5.4～6.8 千克。繁殖力较强,每胎产仔 7～8 只,仔兔初生重 50～60 克,3 月龄体重达 2～2.5 千克。

(3)主要优缺点。

该兔种的主要优点是毛皮品质较好,适应性较强,繁殖力较高,因而在我国分布很广,尤以标准型和美国型饲养量较大。主要缺点是生长速度较慢。

4. 丹麦白兔

丹麦白兔原产于丹麦,又称兰特力斯兔,是近代著名的中型皮肉兼用型兔。

(1)外貌特征。

丹麦白兔被毛纯白,柔软紧密;眼红色,头较大,耳较小、宽厚而直立,口鼻端钝圆,额宽而隆起,颈粗短,背腰宽平,臀部丰满,体型匀称,肌肉发达,四肢较细;母兔颌下有肉髯。如图 3-19 所示。

图 3-18　青紫蓝兔

图 3-19　丹麦白兔

(2)生产性能。

该兔体形中等,仔兔初生重 45～50 克,6 周龄体重达 1.0～1.2 千克,3 月龄体重 2.0～2.3 千克,成年母兔体重 4.0～4.5 千克,成年公兔体重 3.5～4.4 千克,繁殖力高,平均每胎产仔 7～8 只,最高达 14 只。

（3）主要优缺点。

丹麦白兔的主要优点是毛皮优质，产肉性能好，耐粗饲，抗病力强，性情温驯，容易饲养。主要缺点是体形较其他品种偏小，且体长稍短，四肢较细。

5. 中国白兔

中国白兔又称菜兔，是世界上较为古老的优良兔种之一，分布于全国各地，以四川成都平原饲养最多。

（1）外貌特征。

中国白兔体型较小，全身结构紧凑而匀称；被毛洁白，短而紧密，皮板较厚，头型清秀，耳短小直立，眼为红色，嘴头较尖，无肉髯，该兔种间有灰色或黑色等其他毛色，杂色兔的眼睛为黑褐色。如图3-20所示。

（2）生产性能。

中国白兔为早熟小型品种，仔兔初生重40～50克；30日龄断奶体重300～450克，3月龄体重1.2～1.3千克；成年母兔体重2.2～2.3千克，成年公兔体重1.8～2.0千克，繁殖力较强，年产4～6胎，平均每胎产仔6～8只，最多达15只以上。

（3）主要优缺点。

该兔种的主要优点是早熟，繁殖力强，适应性好，抗病力强，耐粗饲，是优良的育种材料，肉质鲜嫩味美，适宜制作缠丝兔等美味食品。主要缺点是体形较小，生长缓慢，产肉力低，皮张面积小，有待于选育提高。

中国家兔品种

6. 塞北兔

塞北兔是由法系公羊兔与弗朗德兔杂交选育而成的肉皮兼用兔，主要分布于河北、内蒙古、东北及西北等地。

（1）外貌特征。

塞北兔的毛色以黄褐色为主，其次是纯白色和少量黄色；一耳直立，一耳下垂，或两耳均直立或均下垂；头略粗而方，鼻梁上有黑色山峰线，颈粗短；体躯匀称，肌肉丰满，发育良好。如图3-21所示。

图3-20　中国白兔

图3-21　塞北兔

（2）生产性能。

该兔种体形较大，仔兔初生重60～70克，30日龄断奶后体重可达650～1000克，在一般饲养管理条件下，2～4月龄月均增重为0.75～1.15千克，成年兔体重5.0～6.5千克，最高可达8.0千克。繁殖力强，每胎产仔7～8只，最高可达16只。

（3）主要优缺点。

塞北兔的主要优点是体形较大，生长较快，繁殖力较高，抗病力强，发病率低，耐粗饲，适应性强，性情温驯，容易管理。主要缺点是毛色、体型尚欠一致。

7. 花巨兔

花巨兔又称德国花巨兔，原产于德国，由比利时兔和佛兰德兔等品种杂交育成。

本品种的主要特点是：鼻、嘴环、眼圈及耳朵为黑色，从颈至尾根沿背有黑色长条背线，体两侧有对称蝶状斑块，其余被毛为白色。体形高大，体躯较长，呈现弓形。骨筋较粗重，腹部距地面较高（见图3-22）。成年兔体重 5.0～6.0 kg。性情活泼,行动敏捷,善于跳跃。繁殖力较强,每胎平均产仔 11～12 只,最高可达 19 只。

本品种的缺点是:母兔母性不强,泌乳力不好,毛色的遗传不稳定,繁殖中常出现灰色和黑色个体。

8. 虎皮黄兔

虎皮黄兔又名太行山兔,原产于河北省井陉、平山等县,是中国优良的地方品种(见图 3-23)。虎皮黄兔分标准型和中型两种。

图 3-22 花巨兔

图 3-23 虎皮黄兔

标准型兔:全身毛色为栗黄色,腹部毛为淡白色,头清秀,耳较短厚直立,体型紧凑,背腰宽平,四肢健壮,体质结实,成年公兔平均体重 3.87 千克,成年母兔平均体重 3.54 千克。

中型兔:全身毛色为深黄色,臀两侧和后背略带黑毛尖,头粗壮,脑门宽圆,耳长直立,背腰宽长,后躯发达,体质结实。成年公兔平均体重 4.31 千克,成年母兔平均体重 4.37 千克。虎皮黄兔耐寒,耐粗饲,抗病力和适应性特别强,遗传性能稳定,繁殖力高,年产 5～7 胎,胎均产仔 8.2 只,母兔母性好,泌乳力强。

四、毛用品种

兔的品种类型很多,但长毛兔只有一个典型品种,即安哥拉兔。安哥拉兔是古老的品种之一,全身被毛白色,毛绒密而长,俗称长毛兔。该兔于 1734 年最早发现于英国,因其毛与安哥拉山羊毛相似,故命名为安哥拉兔。现在各国饲养的长毛兔都是安哥拉兔,但在不同的自然气候和饲养条件下,采用不同的繁殖和选育方法,培育形成了许多品系,比较著名的是英、法、德、中、日五大品系。我国在自然和饲养条件下,选育形成了自己的品系。

1. 德系安哥拉兔

该兔产于德国,是饲养较普遍、产毛量较高的一个品系。我国自 1978 年开始引进饲养。

图 3-24 德系安哥拉兔

(1)外貌特征。

全身披厚密绒毛。被毛有毛丛结构,不易缠结,有明显波浪形弯曲。面部绒毛不甚一致,有的无长毛,亦有额毛、颊毛丰盛的,但大部分耳背均无长毛,仅耳尖有一撮长毛,俗称"一撮毛"。四肢、腹部密生绒毛;体毛细长柔软,排列整齐。四肢强健,胸部和背部发育良好,背线平直,头形偏尖削。如图 3-24 所示。

(2)生产性能。

德系兔体形较大,成年兔体重 3.5～5.2 千克,最高可达 5.7 千克,体长 45～50 厘米,胸围 30～35 厘米。年产毛量:公兔为 1190 克,母兔为 1406 克,最高可达 1700～2000 克。被毛密度为每平方厘米 16000～18000 根,粗毛含量 5.4%～6.1%,细毛细度 12.9～13.2 微米,毛长 5.5～5.9 厘米。成年母兔年繁殖 3～4 胎,每胎产仔 6～7 只,最高可达 11～12 只;平均奶头 4 对,多的 5 对;配种受胎率为 53.6%。

(3)主要优缺点。

德系兔的主要优点是产毛量高,被毛密度大,细长柔软,有毛丛结构,排列整齐,不易缠结。主要缺点是繁殖性能较低,配种比较困难,初产母兔母性较差,少数有食仔恶癖等。适应性较差,公兔有夏季不育现象。

2. 法系安哥拉兔

该兔产于法国,选育历史较长,是世界上著名的粗毛型长毛兔。我国早在 20 世纪就开始引进饲养,1980年以来又先后引进了一些新法系安哥拉兔。

(1)外貌特征。

全身披白色长毛,粗毛含量较高。额部、颊部及四肢下部均为短毛,耳宽长而较厚,耳尖无长毛或有一撮短毛,耳背密生短毛,俗称"光板"。被毛密度差,毛质较粗硬,头形稍尖。新法系安哥拉兔体形较大,体质健壮,面部稍长,耳长而薄,脚毛较少,胸部和背部发育良好,四肢强壮,肢势端正。如图 3-25 所示。

(2)生产性能。

法系安哥拉兔体形较大,成年兔体重 3.5~4.6 千克,最高可达 5 千克,体长 43~46 厘米,胸围 35~37厘米。年产毛量:公兔为 900 克,母兔为 1000 克,最高可达 1300 克。被毛密度为每平方厘米 13000~14000根,粗毛含量 13%~20%,细毛细度为 14.9~15.7 微米,毛长 6.3 厘米。成年母兔年繁殖 4~5 胎,每胎产仔 6~8 只;平均奶头 4 对,多的 5 对;配种受胎率为 58.3%。

(3)主要优缺点。

法系安哥拉兔的主要优点是产毛量较高,粗毛含量高,适于用作粗纺原料,适应性较强,繁殖力较高。主要缺点是被毛密度较差,面、颊及四肢下部无长毛。该兔适于以拔毛方式采毛,不宜剪毛。

3. 日系安哥拉兔

该兔产于日本,生产性能不及德、法系安哥拉兔。我国自 1979 年开始引进饲养,主要分布在江浙及辽宁等省。

(1)外貌特征。

全身披白色浓密长毛,粗毛含量较少,不易缠结。额部、颊部、两耳外侧及耳尖部均有长毛;额毛有明显分界线,呈"刘海状"。耳长中等、直立,头形偏宽而短。四肢强壮,胸部和背部发育良好。如图 3-26 所示。

图 3-25　法系安哥拉兔

图 3-26　日系安哥拉兔

(2)生产性能。

日系兔体形较小,成年兔体重 3~4 千克,最高可达 5.0 千克,体长 40~45 厘米,胸围 30~33 厘米;年产毛量公兔为 500~600 克,母兔为 700~800 克,最高可达 1000~1200 克;被毛密度为每平方厘米 12000~15000 根,粗毛含量 10%~11%,细毛细度 12.8~13.3 微米,毛长 5.1~5.3 厘米。成年母兔年繁殖 3~4胎,平均每胎产仔 8~9 只;平均奶头 4~5 对;配种受胎率为 62.1%。

(3)主要优缺点。

日系兔的主要优点是适应性强,耐粗性好。成年母兔繁殖力强,母性好,泌乳性能高。仔兔成活率高,生长发育正常。主要缺点是体形较小,产毛量较低,兔毛品质一般,且个体间差异较大。

4. 英系安哥拉兔

该兔产于英国,偏向于观赏型和细毛型。我国早在 20 世纪 20—30 年代就开始引进饲养,曾对我国长毛兔的选育工作起过积极的作用。但目前纯种英系兔已极少见,即使在英国也难看到。

（1）外貌特征。

全身被白色、蓬松、丝状绒毛，形似雪球，毛质细软。头型偏圆，额毛、颊毛丰满，耳短厚，耳尖密生绒毛，形似缨穗，有的整个耳背均有长毛，飘出耳外，甚是美观。四肢及趾间脚毛丰盛。背毛自然分开，向两侧披下。如图3-27所示。

（2）生产性能。

英系安哥拉兔体形紧凑显小，成年兔体重2.5～3.0千克，最高可达4.0千克，体长42～45厘米，胸围30～33厘米；年产毛量：公兔为200～300克，母兔为300～350克，最高可达400～500克；被毛密度为每平方厘米12000～13000根，粗毛含量为1%～3%，细毛细度11.3～11.8微米，毛长6.1～6.5厘米。成年母兔繁殖力较强，年繁殖4～5胎，平均每胎产仔5～6只，最高可达13～15只；配种受胎率为60.8%。

（3）主要优缺点。

英系兔的主要优点是繁殖力强，被毛白色、蓬松，甚是美观，可作观赏用。缺点是被毛密度差，产毛量低，体质较弱，抗病力差，母兔泌乳力较差，有待选育提高。

5. 中系安哥拉兔

该兔主要饲养于上海、江苏、浙江等地，系引进法系和英系安哥拉兔互相杂交，并导入中国白兔血液，经长期选育而成，1959年正式通过鉴定，命名为中系安哥拉兔。

（1）外貌特征。

中系兔的主要特征是全耳毛，狮子头，老虎爪。耳长中等，整个耳背和耳尖均密生细长绒毛，飘出耳外，俗称"全耳毛"；头宽而短，额毛、颊毛异常丰盛，从侧面看，往往看不到眼睛，从正面看，也只是绒球一团，形似"狮子头"；脚毛丰盛，趾间及脚底均密生绒毛，形成"老虎爪"。骨骼细致，皮肤稍厚，体形清秀。如图3-28所示。

图3-27 英系安哥拉兔

图3-28 中系安哥拉兔

（2）生产性能。

该兔体形较小，成年兔体重2.5～3千克，最高可达3.5～4千克，体长40～44厘米，胸围29～33厘米；年产毛量公兔为200～250克，母兔为300～350克，最高可达500克；被毛密度为每平方厘米11000～13000根，粗毛含量为1%～3%，细毛细度11.4～11.6微米，毛长5.5～5.8厘米。繁殖力较强，年繁殖4～5胎，每胎产仔7～8只，最高可达11～12只；配种受胎率为65.7%。

（3）主要优缺点。

中系兔的主要优点是性成熟早，繁殖力强，母性好，仔兔成活率高，适应性强，较耐粗饲。体毛洁白，细长柔软，形似雪球，可兼作观赏用。主要缺点是体形小，生长慢。产毛量低，被毛纤细，结块率较高，一般可达15%左右。

6. 镇海巨高长毛兔

（1）来源或产地。

镇海巨高长毛兔是由浙江宁波镇海种兔场选用浙江当地体形大、产毛量较高的长毛兔优良个体与德系安哥拉兔杂交，经十余年持续选育而成。2000年该兔通过省级新品系审定。

（2）特征与生产性能。

镇海巨高长毛兔全身被毛洁白，绒毛较粗，密度大，头毛、脚毛丰厚，粗毛含量较高（8％以上），不缠结（见图 3-29）；体型大，生长发育快，2 月龄平均体重 2 千克，3 月龄体重可达 3 千克，成年体重平均 5.0 千克以上；平均年产毛量：公兔 1.7～1.9 千克，母兔 2～2.2 千克；平均胎产仔数 6～8 只。

图 3-29　镇海巨高长毛兔

（3）主要特点。

体型大，产毛量高，绒毛粗，兔毛品质优良；适应性、免疫力较强，繁殖性能好，仔兔育成率较高，种用价值高。

2000 年，全国家兔育种委员会组织专家，对该兔生产性能现场测定，800 只母兔、200 只公兔的测定结果是：公兔平均体重 5111 克，最大个体重达 6250 克；母兔平均体重 5197 克，最大个体重达 6750 克；公兔平均估测年产毛量 1715 克，最大个体产毛量可达 2475 克；母兔平均估测年产毛量 1940 克，最大个体产毛量可达 2955 克。国内外公认该兔年产毛量达世界领先水平，该兔在四川等西部地区得到大面积推广，但该兔在粗放饲养管理条件下生产性能下降较明显。

◇　**任务实施**

组织学生调查当地家兔养殖场所饲养兔品种。

1. 人员准备

组织学生按 5～6 人为一小组，分别在当地进行采访调查。

2. 操作步骤

每组学生由组长带队，深入周边区县城镇收集意见。通过反馈建立数据库进行分析汇总，得出结论，最后形成调查报告。

◇　**任务反思**

（1）品种如何分类？举例说明。

（2）试简要介绍常见几个品种的来源、外貌特征、生产性能和优缺点。

◇　**学习评价**

评价内容	教师评价	学生自评	总评
团队合作情况			
数据收集量			
调查报告完成情况			
报告总结分析			
总计			

注：评分标准为 10 分制，10 分为优，7 分为良，5 分为有待提高。

项目 4　兔舍的建造与养兔设备

◇　项目导入

　　很多同学的家里都养过兔子,养起来也十分简单,只要给兔子按时吃喝就可以了。但是,在规模化养殖场是不是也这样简单? 也能产生很大的经济效益呢? 养的多了,我们怎样来建设兔场呢?

　　了解兔舍场址选择,针对养殖如何规划地势? 水质水源如何保障? 地质和土壤会带来怎样的问题? 如何考虑气候因素对养殖家兔带来的疾病风险? 家兔养殖怎么样规划兔场功能分区? 场地选择好后怎样建造圈舍? 如何选择兔舍和兔场常用设备? 通过本项目的学习,可使同学们能够将所学的知识运用到养殖实际中,具备合理的场地规划以及圈舍建造和设施设备选择的能力。

　　本章节将要学习 3 个任务:(1)场址选择;(2)兔场的分区规划、布局;(3)兔舍设计与建造。

任务 4.1　场 址 选 择

◇　任务目标

知识目标:

1.掌握兔舍建造时场址选择的重要因素。

2.熟悉养殖过程中水质饮用标准。

3.了解选择场址时日常交通所带来的运输问题。

技能目标:

1.能够正确考察养殖场地,选择合适场所建场。

2.能根据场地采购养殖设备。

◇　任务准备

一、场址选择应考虑的因素

　　选择兔场场址应根据兔场的经营方式、生产特点、管理形式及生产的集约化程度等特点,对地形、地势、水源、土质、居民点的配置、交通、电力、物资供应等条件进行全面考虑。

　　1.地形地势

　　兔场应选建在地势较高、干燥平坦、排水良好和向阳背风的地方。兔场应高出历史洪水线 1 米以上,地下水位要在 2 米以下。家兔喜干燥,兔场不宜建在低洼、沼泽地区,因为低洼潮湿的场地有利于病原微生物的繁殖,会成为兔寄生虫病(如疥癣、球虫病)的传染源。地面应平坦稍有缓坡,一般坡度在 1%~3% 为宜,以利排水。地形应尽量开阔整齐,不要过于狭长或边角过多,这样在饲养管理时比较方便,能提高生产效率。

2. 水源水质

(1)水量充足。

兔场每天需水量很大,包括兔子饮水、兔舍冲洗、打扫用水、场内人员生活用水等。每只兔子平均每天饮水 300~500 毫升。洗涮笼具、饲料地和日常生活都需要大量水。建设兔场时必须要求水源丰富。

(2)水质良好。

水质要求无色、无味、无臭,透明度好。水的化学性状需了解水的酸碱度、硬度、有无污染源和有害物质等。有条件则应提取水样作水质的物理、化学和生物污染等方面的化验分析。水源不经过处理或稍加处理就能符合饮用水标准是最理想的。饮用水水质要符合无公害畜禽饮用水水质标准(见表4-1)。

表 4-1　无公害畜禽饮用水水质标准

项目		标准值
感官性状及一般化学指标	色	色度不超过 30°
	浑浊度	不超过 20°
	味	不得有异臭、异味
	肉眼可见物	不得含有
	总硬度(以 $CaCO_3$ 计)/(毫克/升)	≤1500
	pH	5.5~9
	溶解性总固体/(毫克/升)	≤4000
	氯化物(以 Cl^- 计)/(毫克/升)	≤1000
	硫酸盐(以 SO_4^{2-} 计)/(毫克/升)	≤500
细菌学指标	总大肠菌群/(个/100 毫升)	成年畜≤10,幼畜≤1
毒理学指标	氟化物(以 F^- 计)/(毫升/升)	≤2.0
	氰化物/(毫克/升)	≤0.2
	总砷/(毫克/升)	≤0.2
	总汞/(毫克/升)	≤0.01
	铅/(毫克/升)	≤0.1
	铬(六价)/(毫克/升)	≤0.1
	镉/(毫克/升)	≤0.05
	硝酸盐(以 N 计)/(毫克/升)	≤30

当畜禽饮用水中含有农药时,农药含量不能超过表 4-2 中的规定。

表 4-2　畜禽饮用水中农药限量指标　　　　　　　　　　　　　　　(单位:毫克/升)

项目	限值
马拉硫磷	0.25
内吸磷	0.03
甲基对硫磷	0.02
对硫磷	0.003
乐果	0.08
林丹	0.004

项目	限值
百菌清	0.01
甲萘威	0.05
2.4-D	0.1

（3）水源选择。

水源周围环境条件应较好。以地面水作为水源时，取水点应设在工矿企业的上游，应根据当地的实际情况选用水源。

自来水和深层地下水是最好的水源。场区应尽量使用自来水公司供水系统，并保证水量供应。也可以在本场地打井，采用深层水作为主要供水来源或者作为地面水量不足时的补充水源。

3. 地质和土壤

应了解选址地段的地质状况。应收集工地附近的地质勘察资料（地层的构造状况，如断层、陷落、塌方及地下泥沼地层）。了解土层土壤的承载力，是否是膨胀土或回填土。膨胀土遇水后膨胀，导致基础破坏，不能直接作为建筑物基础的受力层；回填土土质松紧不均，会造成建筑物基础不均匀沉降，使建筑物倾斜或遭破坏。遇到这样的土层，需要做好加固处理，不便处理的或投资过大的土层则应放弃选用。

在选择场址时，要详细了解场地的土质土壤状况，要求场地以往没有发生过疫情，透水透气性良好，能保证场地干燥。

壤土是大致等量的沙粒、粉粒及黏粒，或是黏粒稍低于30％的土壤。土壤质粒较均匀，黏松适度，透水透气性良好，雨后也不会泥泞，易于保持干燥，可防止病原菌、寄生虫卵、蚊蝇等生存和繁殖。土壤导热性小，热容量大，土温稳定，适合家兔健康生长。抗压性好，膨胀性小，也适于做兔舍建筑地基。

沙质土含沙粒超过50％，土壤黏结性小，土壤疏松，透气透水性强；但热容量小，增温与降温快，昼夜温差大，会使兔舍内温度波动不稳。沙质土作为建筑用地的缺点是抗压性弱，增大建筑投资。

黏质土的沙粒含量较少，黏粒及粉粒较多，黏粒含量常超过30％。这类土壤质地黏重，土壤孔隙细小，透水透气性差；吸湿性强，易变潮湿、泥泞，长期积水，易沼泽化。在其上修建兔舍，舍内容易潮湿，也易于滋生蚊蝇。有机质分解较慢，土壤热容量大，昼夜土壤温差较小，春季土温上升慢。由于其容水量大，在寒冷地区冬天结冰时，体积膨胀变形，可导致建筑物基础损坏。

土质土壤的选择，不宜过分强调土壤物理性质，应重视化学特性和生物学特性的调查。如因客观条件所限，达不到理想土壤，就要在兔的饲养管理、兔舍设计、施工和使用时注意弥补土壤的缺陷。

4. 交通和供电

兔场要求交通便利，考虑物资需求和产品供销，应保证交通方便。场外应通有公路，但不应与主要交通线路交叉。场址应尽可能接近饲料产地和加工地，靠近产品销售地，确保有合理的运输半径。

应确保防疫卫生要求，并避免噪声对家兔健康和生产性能产生影响。

兔场选址要求应注意以下几点。

（1）家兔胆小、怕惊，兔场应选建在比较安静、可以避免噪声影响的地方。不能靠近公路、铁路、采石场等。

（2）为防止被污染，兔场不应建在各种化工厂、屠宰场、畜禽产品加工厂、制革厂等容易产生环境污染企业的附近，而且不应将兔场设在这些工厂的下风向。

（3）为防止疾病的传播，兔场与其他畜禽场之间的距离一般不少于500米。

（4）兔场最好远离人口密集区，应与居民点有1000米以上的距离，并应处在居民点的下风向和居民水源的下游。有些要求较高的地区，如水源一级保护区、旅游区等，则不允许选建兔场。

（5）选择场址时既要考虑到交通方便，又要为了卫生防疫使兔场与交通干线保持适当的距离。兔场与主要公路的距离至少要在300～400米（距离国道500米，距离省道、区际公路200～300米；距离一般道路

$50 \sim 100$ 米,有围墙时可减小到 50 米)。

(6)与电力、供水及通信设施关系。兔场要靠近输电线路,以尽量缩短新线敷设距离,并最好有双路供电的条件。如无此条件,兔场要有自备电源以保证场内稳定的电力供应。另外,使兔场尽量靠近集中式供水系统(城市自来水)和邮电通信等公用设施,以便于保障供水质量及对外联系。

5.气候因素

调查了解当地气候气象资料(如气温、风力、风向及灾害性天气的情况),作为兔场建设和设计的参考。这些资料包括地区气温的变化情况、夏季最高温度及持续天数、冬季最低温度及持续天数、风向频率、土壤冻结深度、降雨量与积雪深度、最大风力、常年主导风向、光照情况等。如图 4-1 所示为根据当地环境增设的兔场降温设施。

6.兔场用地

兔场占地面积要根据家兔的生产方向、饲养规模、饲养管理方式和集约化程度等因素确定。在设计时,既应考虑满足生产、节约用地,又要为今后发展留有余地。一般每饲养 1 只基础母兔需占地 $0.8 \mathrm{~m}^2$。如图 4-2 所示为现代化集约兔场。

图 4-1　兔场降温设施

图 4-2　现代化集约兔场

二、生态兔场选择场址时应重点考虑的问题

(1)规模兔场应建在离城区、居民点、交通干线较远的地方。

(2)生态养殖。兔场应选建在农村,最好选建在丘陵、山区,选址时考虑周围有农田、果园、林地、池塘、蔬菜、苗木花卉等配套,实行农、牧、林(果)结合,兔场产生的粪污可通过农田、果园、林地、鱼塘等进行自然消纳,减少对周围环境的影响。

◇　**任务实施**

调查当地养殖兔场选址要求。

1.调查内容

参观当地养殖兔场,调查统计要求数据。

2.人员准备

由 5 人组成学习小组,每组选出一位组长;由组长分配组员的任务,去当地养殖兔场进行调查,并填好调查表(见表 4-3)。

表 4-3　当地养殖兔场选址因素

兔场名字	地势地形	水源水质	地质和土壤	供电交通	气候因素	兔场用地

3. 操作步骤

结合"任务实施内容",调查以上选址因素,形成书面文字,分析不同养殖兔场的优缺点。

◇ **任务反思**

(1)规模养殖兔场场址选择应考虑哪些因素?

(2)在家兔饲养过程中,水质对养殖有无影响?具体考虑的饮水原则是什么?

(3)家庭养殖兔场与规模养殖兔场的场址选择要求分别是什么?

◇ **学习评价**

评价内容	自我评价	教师评价	总评
能正确利用场址选址因素选址			
能检测饮水水质			
能考虑选址的不利因素			
能考虑自然环境建场风险			
总计			

注:评分标准为 10 分制,10 分为优,7 分为良,5 分为有待提高。

任务 4.2　兔场的分区规划布局

◇ **任务目标**

知识目标:

1. 掌握兔场的功能分区。

2. 熟悉每一个功能分区的作用。

3. 了解功能分区之间的工作联系方式。

技能目标:

1. 能够正确将兔场进行功能分区。

2. 了解兔场附属设施在功能分区中的作用。

◇ **任务准备**

舍内养兔密度较大,伴随排泄物的产生及变化(特别是腐败分解),会产生大量的水汽、有害气体、灰尘、微生物等,增加了兔舍环境控制的复杂性。一个结构完整的养兔场,按生产功能可分为生活管理区(生活区)、辅助生产区,生产区,隔离、粪污处理区等。

一、兔场功能分区

1. 生活区

生活区主要包括办公室、职工宿舍、门卫室、外来人员更衣消毒室和车辆消毒设施等。生活区应在靠近场区大门内侧集中布置,并设围墙与生产区分隔开。员工生活和办公的生活区应占场区的上风向和地势较高的地段(地势和风向不一致时,以风向为主),如图 4-3 所示。大门前设车辆消毒池。场外的车辆只能在生活区活动,不能进入生产区。

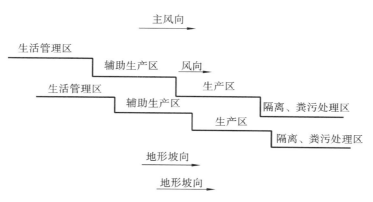

图 4-3　按地势、风向的分区规划

2. 辅助生产区

辅助生产区主要是供水、供电、供热、维修、仓库等设施,这些设施应紧靠生产区布置,与生活管理区没有严格的界限要求。饲料仓库的卸料口开在辅助生产区内,仓库的取料口开在生产区内,杜绝外来车辆进入生产区,保证生产区内外运料车互不交叉使用。

3. 生产区

生产区是兔场的核心,包括各种兔舍和饲料加工、贮存的建筑物。兔舍包括种兔舍(种公兔舍和种母兔舍)、繁殖兔舍、育成兔舍、幼兔舍和育肥兔舍。种兔舍应放在僻静的地方,处于兔场的上风向。繁殖舍要靠近育成兔舍,以便兔群周转。幼兔舍和育成兔舍应处于空气流通的地方,育肥舍应靠近兔场一侧的出口处,以便出售种兔及商品兔。禁止一切外来车辆与人员进入生产区。生产区应该处在生活区的下风向和地势较低处。

在生产区的入口处,应设专门的消毒间或消毒池,以便进入生产区的人员和车辆进行严格的消毒。饲料加工、贮存的建筑物应设置在生产区上风处和地势较高的地方,并距兔舍较近。由于防火的需要,干草和垫草堆放的位置必须处在生产区下风向,与其他建筑物保持 60 米的卫生间距。

4. 隔离、粪污处理区

兽医室、病兔的隔离室、病死兔的尸坑、粪污的存放、处理等属于隔离区,应设在场区的最下风向,即地势最低的位置,并与兔舍保持 300 米以上的卫生间距。场地有相应的排污沟、排水沟及污、粪水集中处理设施。隔离区的污水和废弃物应该严格控制,防止疫病蔓延和污染环境。如图 4-4 所示。

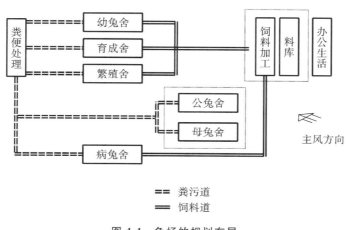

图 4-4　兔场的规划布局

二、兔场附属设施

1. 防护设施

养殖场界要划分明确,规模较大的养殖场四周应建较高的围墙或防疫沟,以防止场外人员及其他动物进入场区。在兔场大门及生产区、兔舍的入口处应设相应的消毒设施(如车辆消毒池、脚踏消毒槽或喷雾消毒室、更衣换鞋间等)。车辆消毒池长应为通过最大车辆长度的1.5倍。

2. 道路

兔场内的道路分人员出入、运输饲料用的清洁道(净道)和运输粪污、病死兔的污物道(污道),净、污分道,互不交叉,出入口分开。主干道连通场外道路。道路应坚实,主干道宽4米,其他道路宽3米。场区内道路纵坡一般控制在2.5%以内。

3. 绿化

绿化不仅美化环境,净化空气,也可以防暑、防寒,改善兔场的小气候,同时,还可以减弱噪声。

◇ **任务实施**

调查当地养殖兔场有哪些功能分区。

1. 调查内容

参观当地养殖兔场,并调查统计数据。

2. 人员准备

以5人组成学习小组,每组选出一位组长;由组长分配组员的任务,去当地养殖兔场进行调查,并填好调查表(见表4-4)。

表4-4 当地养殖兔场功能分区

兔场名字	生活区	生产区	辅助生产区	隔离、粪污处理区	兔场附属设施

3. 操作步骤

结合"任务实施内容"调查以上选址因素,形成数据以及文字,分析不同功能分区的作用。

◇ **任务反思**

(1)常见养殖兔场有哪些功能分区?

(2)养殖兔场功能分区有哪些具体布局,每一个布局的作用是什么?

(3)如何考虑兔场附属设施配套要求?

◇ **学习评价**

评价内容	自我评价	教师评价	总评
能正确掌握兔场有哪些功能分区			
能熟悉功能分区的作用			
能考虑附属设施的结构			
总计			

注:评分标准为10分制,10分为优,7分为良,5分为有待提高。

任务 4.3　兔舍设计与建造

◇ 任务目标

知识目标：
1. 掌握兔舍建造要求和兔笼的类型。
2. 熟悉兔笼的选择方式。
3. 了解兔场有哪些常用设备。
技能目标：
1. 能够正确将兔舍建造要求运用于实践。
2. 能为不同兔场选择兔笼。
3. 能为兔场配置常用设施和设备。

兔舍的建造
与养兔设备

一、兔舍建造要求

兔舍设计应"以兔为本"，充分考虑兔的生物学特性和行为习性。

1. 隔热保温

兔舍应冬暖夏凉，南方的兔舍墙可建得高一些，北方的兔舍墙应建得厚一些、矮一些；雨多较湿的地方最好用砖或石砌墙，雨少干燥的地方可用土坯、板打墙、三合土等材料筑墙，既经济又保温。我国的西北地区也有用窑洞作兔舍的例子。兔舍的屋顶可以用秸秆、瓦、水泥板、纤维板等做成。兔舍的地面最好用水泥铺设，也可以用三合土，用水泥铺设的地面容易清洗消毒；也可用砖、土作兔舍的地面，成本比较低，但不利于消毒。种兔舍不应选用这种地面。

2. 加固笼具

家兔有啮齿行为，容易损坏笼具、料槽等设备，兔笼门的边框、产仔箱的边缘等凡是能被兔啃到的地方，都应该采取必要的加固措施。兔笼应选用合适的、耐啃咬的材料。兔舍还应有防止家兔打洞逃跑的措施。

3. 通风换气、透光

建造兔舍时一定要注意有利于通风换气，利用门窗、天窗、排气管、气窗等进行自然通风换气，有条件的可以安装排风扇。家兔的繁殖、生长、发育需要适当的光照时间，光照不足会降低种兔繁殖力，因此兔舍的方向最好是朝南。

4. 有利于消毒及维修操作

兔舍应平整光滑，容易消毒，维修方便。兔舍的门应该开关方便，以便于操作；兔舍的走道一般不得小于 1 米宽，较宽的走道有利于清扫和操作。

5. 兔舍内要设置排水系统

粪沟要有一定坡度，以便在打扫和用水冲刷时将粪尿顺利排出舍外，通往蓄粪池，也便于将污水随时排出舍外。

6. 有利于防兽害

家兔胆小、怕惊，许多野生动物都是家兔的天敌。建兔舍应注意严密，有利于防兽害。

7. 非标准化兔舍不宜过大

为了更好地消毒和防疫，中小规模兔场所建兔舍不应过大。在一个兔舍内养兔太多，一旦发病难于控制。一栋兔舍宜为 200～300 个笼位。规模化兔场可以控制在 2000 个笼位以内。如图 4-5 所示。

图 4-5 标准化兔舍

二、兔舍类型

我国地域辽阔,地理气候条件各异,饲养方式不同,各地有不同的建筑形式。兔舍按其排列形式分为单列式兔舍、双列式兔舍和多列式兔舍。

1. 单列式兔舍

单列式兔舍通风、光照良好,夏季凉爽,但冬季保温较差,冬季应挂草帘或塑料编织布,以防风、保温,还要注意防御兽害。

(1)室外单列式兔舍。这种兔舍既是兔舍又是兔笼。兔舍正面朝南。兔舍采用砖混结构,为单坡式屋顶,前高后低,屋檐前长后短,屋顶、承粪板采用水泥预制板或波形石棉瓦,兔舍后壁用砖砌成,并留有出粪口。兔舍地基要高,最好前后有树木遮阴。如图 4-6 所示。

这种兔舍结构简单,造价低廉,通风良好,光照充足,管理方便,夏季易于散热,有利于仔兔生长发育和防止疾病发生;但兔舍养殖密度较低,单笼造价较高,不易挡风挡雨,冬季繁殖仔兔有困难。

(2)室内单列式兔舍。兔舍四周有墙,南北墙有采光通风窗,屋顶为单坡式或双坡式,兔笼列于兔舍内的北面,笼门朝南,兔笼与南墙之间为工作走道,兔笼与北墙之间为清粪道,南北墙距地面 20 厘米处留对应的通风孔。如图 4-7 所示。

这种兔舍跨度小,通风、保暖好,光线充足,但兔舍利用率低。

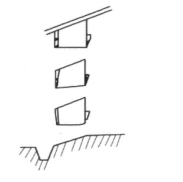

图 4-6 室外单列式兔舍

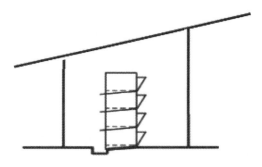

图 4-7 室内单列式兔舍

2. 双列式兔舍

(1)室外双列式兔舍。室外双列式兔舍的中间为工作通道,通道宽度为 1.5 米左右,通道两侧为相向的两列兔笼。两列兔笼的后壁就是兔舍的两面墙体,屋架直接搁在兔笼后壁上,屋顶为双坡式或钟楼式。粪沟在兔舍的两面外侧。如图 4-8 所示。

这种兔舍单位面积内笼位数多,造价低廉,有害气体少,湿度低,管理方便,夏季能通风,冬季也较容易保温;但易遭兽害,缺少光照(见图 4-8)。

(2)室内双列式兔舍。室内双列式兔舍的屋顶为单坡或双坡,舍内两列兔笼背靠背排列。两列兔笼之间为粪尿沟,靠近南北墙各有一条饲喂道。南北墙开有采光、通风窗,接近地面留有通风孔。如图 4-9 所示。

这种兔舍室内温度易于控制,通风、透光良好,能充分利用空间,但朝北一列兔笼光照、通风、保温条件较差。由于饲养密度大,在冬季门窗紧闭时有害气体浓度高。

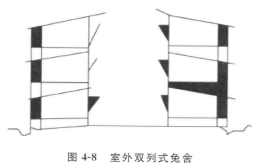

图 4-8　室外双列式兔舍

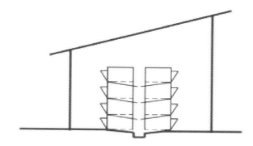

图 4-9　室内双列式兔舍

3. 多列式兔舍

多列式兔舍将兔笼排列三列或三列以上,有两条或三条通道。这种兔舍饲养密度大,适于规模较大的兔场,管理条件要求较高(见图 4-10)。

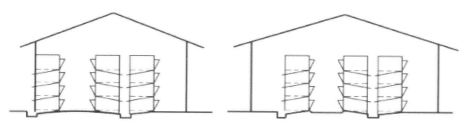

图 4-10　多列式兔舍

三、兔场常用设备

1. 兔笼

兔笼要质轻、坚固耐用,且符合家兔的生物学特性,便于管理。

(1)兔笼结构。兔笼主要由笼壁、笼门、笼底板、笼顶板(承粪板)等组成。

①笼壁(侧网)。可用砖块、水泥板砌成。也可用竹片、木板、铁丝网等。如图 4-11 所示。

②笼门。笼门安装在多层兔笼的前方或单层兔笼的上层。要求启闭方便,内侧光滑,能防御兽害,为提高工效,草架、食槽、饮水器等均可挂在笼门上,以增加笼内实用面积。

③笼顶板(承粪板)。多用水泥板预制件,厚度为 2～2.5 厘米。在多层兔笼中,上层承粪板即为下层的笼顶。为避免上层兔笼的粪尿、冲刷污水溅污下层兔笼,承粪板应向笼体前伸 3～5 厘米,后延 5～10 厘米,安装时呈前高后低,角度为 10°～15°,以便于粪尿经板面自动落入粪沟,并利于清扫。

④笼底板。笼底板一般采用竹片或镀锌钢丝制成。笼底一般离地面至少 30 厘米。竹片要求平而不滑,竹片宽 2.5 厘米,两片之间的距离为 1 厘米。若笼底板竹片之间过宽,兔脚容易陷入竹缝造成骨折,过窄则兔粪不易落下。用镀锌钢丝制成的兔笼,其焊接网眼规格为 50 毫米×13 毫米或 75 毫米×13 毫米,钢丝直径为 1.8～2.4 毫米。笼底板可制成可拆卸的,便于定期拆下刷洗、消毒(见图 4-12)。

⑤支架。除砖石兔笼外,移动式兔笼均需一定材料制为骨架。骨架可用角铁、铁棍焊成,也可用竹棍硬木制作。

(2)笼层高度。笼层总高度应控制在 2 米以下。层间距(笼底板与承粪板之间距离)为 14～26 厘米。最底层兔笼离地高度为 30 厘米左右,以利于通风、防潮,使底层兔有较好的生活环境。

图 4-11　铁丝网兔笼侧壁

图 4-12　可拆卸的笼底板

（3）兔笼规格。兔笼大小应按家兔的品种类型和性别、年龄，兔笼的设置位置，地区的气候特点等的不同而定。一般以种兔体长为尺度，笼长为体长的 1.5～2 倍，大小应以保证其能在笼内自由活动和便于操作管理为原则（见表 4-5）。

表 4-5　种兔笼单笼规格

（单位：厘米）

饲养方式	种兔类型	笼宽	笼深	笼高
室内笼养	大型	80～90	55～60	40
	中型	70～80	50～55	35～40
	小型	60～70	50	30～35
室外笼养	大型	90～100	55～60	45～50
	中型	80～90	50～55	40～45
	小型	70～80	50	35～40

（4）兔笼形式。

①活动式兔笼。活动式兔笼一般由竹、木或镀锌冷拔钢丝制成，根据构造特点可分为单层活动式、双联单层活动式、单层重叠式、双联重叠式和室外单间移动式等。活动式兔笼移动方便，构造简单，造价低，管理方便，易保持兔笼清洁和控制疾病。

②固定式兔笼。固定式兔笼一般为水泥预制件或砖木结构。根据构造特点又可分为室外简易兔笼、室内多层兔笼、立柱式双向兔笼和地面单层仔兔笼等。

③组装式兔笼。一般由金属或塑料等制成单体兔笼，再由金属支架连成一体，置放于兔舍地面。若干单笼组合成一列兔笼，可更新拆装，但不能轻易搬迁。这类兔笼设计结构合理、占地面积较小，目前普遍采用的是欧式兔笼标准，适于全自动投料、饮水及自动清粪系统，适合于规模化、工厂化养兔场采用，但一次投入较高，金属支架必须十分牢固坚实。如图 4-13 所示。

2. 兔舍附属设备

兔舍的附属设备主要有食槽、草架、水槽、产仔箱等。

（1）食槽。食槽又称饲槽或料槽，可分为简易食槽、自动食槽。按制作材料的不同又分为竹制、陶制、水泥制、铁皮制及塑料制等多种食槽。简易食槽制作简单、成本低，适合盛放各种类型的饲料，但喂料时工作量大，饲料易被污染，极易造成家兔扒料浪费。自动食槽容量较大，安置在兔笼前壁上，适合盛放颗粒饲料，从笼外添加饲料，喂料省时省力，饲料不易污染，浪费少，但成本高（见图 4-14）。图 4-15 为欧式兔笼的下层食槽。

群养兔通常使用长食槽，笼养兔通常采用铁皮制食槽，也有陶制、转动式、抽屉式或自动食槽。食槽应结实、牢固，不易破碎或翻倒，便于清洗和消毒。仔兔补食槽应用铁皮、水泥或陶瓷制作，口呈环形，以防仔兔玩耍。

（2）草架。为防止饲草被家兔践踏污染，节省草料，兔舍最好配备草架，用于饲喂青绿饲料和干草。群

图 4-13　欧式兔笼

图 4-14　兔笼前壁的食槽

图 4-15　欧式兔笼下层笼内食槽

养兔用的草架长 100 厘米、高 50 厘米、宽 40 厘米；笼养兔的草架一般固定在笼门上。规模化、工厂化大型养兔场采用全价颗粒饲料，不使用草架。

（3）饮水器。饮水器可用瓷碗或陶瓷钵，方便清洗、消毒，经济实用，但开启笼门时，水钵容易翻倒，且易被家兔的粪污染。

一般家庭笼养兔可用贮水式饮水器，即将盛水玻璃瓶或塑料瓶倒置固定在笼壁，瓶口接一橡皮管通过笼前网伸入笼门，利用压力控制水从瓶内流出，供兔自由饮用。

大型兔场可采用乳头式自动饮水器，每幢兔舍装有贮水箱，通过塑料管或橡皮管连至每层兔笼，然后再由乳胶管通向每个笼位。如图 4-16 所示。

（4）产仔箱。产仔箱又称巢箱，是兔产仔、哺乳的场所，也是 3 周龄前仔兔的主要生活场所。通常在母兔产仔前放入笼内或悬挂在笼门外。产仔箱多用木板、纤维板或硬质塑料制成。目前，我国兔场多采用木制产仔箱，可分为以下几种。

图 4-16　自动饮水器

①平口产仔箱。多用 1～1.5 厘米厚的木板钉成 40 厘米×26 厘米×13 厘米的长方形木箱，箱底有粗糙锯纹，并留有间隙或小洞，使仔兔不易滑倒并有利于排出尿液，产仔箱上口周围应用铁皮或竹片包裹。

②月牙形缺口产仔箱。采用木板钉制，高度高于平口产仔箱，产仔箱一侧壁上部留一个月牙形缺口，以供母兔哺乳。如图 4-17 所示。

③悬挂式产仔箱。多采用保温性能好的发泡塑料或轻质金属等材料制作,悬挂于兔笼笼门的外侧,在与兔笼接触的一侧留有一个大小适中的方形缺口,其底部刚好与笼底板齐平,产仔箱上方加盖一块活动盖板。如图 4-18 所示。

图 4-17　月牙形缺口产仔箱

图 4-18　悬挂式产仔箱

④封闭式产仔箱。全封闭窝式母兔产仔箱在普通产仔箱的两侧分别设置了仔兔和母兔的进出口。该产仔箱检查口门设计成直角的下翻板门,扩大了观察箱内仔兔的视野,检查仔兔和整理产箱更方便。封闭式产仔箱设置了一个带有直角的翻板检查口门。翻板门的开启也方便灵活。产箱环境温暖舒适,仔兔生长快,成活率高。

(5)运输笼具。出栏兔称后装入运输笼具。运输笼具仅作为种兔、商品兔运输途中使用,一般不配置草架、饮水器和食槽等。此类笼具要求制作材料轻、装卸方便、结构紧凑、坚固耐用、透气性好(见图 4-19、图 4-20)。

图 4-19　运输车辆

图 4-20　运输笼具

(6)养兔机械。规模化兔场常备的养兔机械有青饲料切割机、饲料粉碎机、饲料搅拌机、饲料颗粒机。

◇ 任务实施

一、制定兔舍建造的方案

根据家庭规模养殖场的建造要求规划兔舍建造方案(见表 4-6)。

表 4-6　规划兔舍建造方案

项目	内容	注意事项
隔热保温		
加固笼具		
通风换气、透光		
消毒及维修操作		
排水系统		
防害兽		

续表

项目	内容	注意事项
空间大小		
其他		

二、调查当地养殖兔场

1. 调查内容

参观当地养殖兔场,调查统计要求数据。

2. 人员准备

以 5 人组成学习小组,每组选出一位组长,由组长分配组员的任务,去当地养殖兔场进行调查,并填好调查表(见表 4-7)。

表 4-7　当地养殖兔场兔舍类型和常用设备

兔场名字	兔舍类型	常用设备

3. 操作步骤

结合"任务实施内容",调查以上选址因素,形成数据以及文字,分析不同兔舍类型的常用设备。

◇　**任务反思**

(1)常见养殖兔场兔舍有哪些类型? 其具体功能定位是什么?

(2)养殖兔场有哪些常用设备? 其作用是什么?

(3)围绕兔场建造要求,当前规模养殖场还需要注意什么?

◇　**学习评价**

评价内容	自我评价	教师评价	总评
能正确掌握兔舍建造要求			
能熟悉兔舍类型			
能熟悉兔舍常用设备			
总计			

注:评分标准为 10 分制,10 分为优,7 分为良,5 分为有待提高。

项目5　家兔的营养与饲料

◇ 项目导入

上课了,有同学问老师:"兔子是不是很喜欢吃胡萝卜? 在没有胡萝卜的季节该给兔子吃什么呢?"老师回答道:"胡萝卜确实是兔子的食物之一,但并不是绝对的主要食物,兔子是草食动物,可以吃的食物有很多,如青草、菜叶、树叶、木薯等。不同季节可以选择不同的食物。而且,现在还有营养价值更高的饲料可供兔子食用。"

关于家兔的饲料,有着一套科学的、严谨的理论。学习家兔营养与饲料就是为科学养兔打基础,知道兔子该吃什么,该怎么吃。

掌握家兔的营养需要是科学养兔的重要环节,是合理配合家兔饲粮的基础。家兔是草食家畜,食谱广,可食饲料种类繁多,但单一饲料的营养并不全面,需进行合理的配制才可满足家兔不同生理阶段的需要。合理配制饲粮是降低饲养成本、获取最大经济效益的关键。系统地掌握家兔营养与饲料相关知识对于养好家兔具有十分重要的意义。

本项目将学习5个任务:(1)兔的营养需要;(2)常用饲料的种类;(3)混合饲料的加工调制;(4)日粮配合;(5)青饲料的提供。

任务5.1　家兔的营养需要

◇ 任务目标

知识目标:
1.掌握家兔的营养物质。
2.掌握各种营养物质的重要作用。

技能目标:
根据家兔的健康状态,判断兔的营养需要,及时调整饲料配比。

◇ 任务准备

家兔的营养需要主要有碳水化合物、蛋白质、脂肪、矿物质、维生素、粗纤维、水。

1.碳水化合物

家兔采食饲料中的三大有机物即蛋白质、碳水化合物和脂肪,它们在体内进行生物氧化,释放出分子内潜藏的化学能量,再转化成维持生命活动所需的能量。其中,碳水化合物在植物性饲料中占 70% 左右,是家兔能量的主要来源。

碳水化合物是构成体组织的重要成分,是体内热能的主要来源,在体内可转变为糖原和脂肪,作为营养贮备在肝脏和肌肉中备用;也是合成乳脂和乳糖的原料。

碳水化合物不足就是能量的不足,这时家兔为维持生命活动就停止生产,并动用体内储备的糖原和体脂用以供能,造成体重减轻,生产力下降。碳水化合物缺乏严重时家兔便分解自身蛋白质供给最低能量需要,造成家兔消瘦、抗病力下降,甚至死亡。

碳水化合物中的粗纤维虽不易消化,但可使胃肠道有一定的充盈度,使家兔有饱腹感,并使胃肠道正常蠕动,避免饲料在胃内结成团块不易消化而引起肠炎,对保证家兔的最快生长速度十分有利。据研究,日粮中含有 12%～15% 粗纤维可使肠炎发生率降低到最低。从生理角度看,粗纤维含量的最小值为 6%～12%,生产中常有因日粮中粗纤维含量低,家兔为保持纤维量而吃毛的现象。当有 15% 粗纤维时不发生吃毛现象,也可减少肠毒症发生。但当粗纤维超过 20% 时,可能引起盲肠梗塞。青绿饲料和粗饲料是粗纤维的重要来源,家庭养兔应以草为主,精料为辅。

饲料中的能量蕴藏在营养物质之中,营养物质的代谢必然伴随着能量代谢。能量水平在家兔饲养标准中占有很重要的地位。实践证明,饲养效果与能量水平密切相关,即能量水平直接影响生产水平。

家兔和其他单胃动物一样,能自动地调节采食量以满足其对能量的需要。不过,家兔消化道的容量有限,因此,其自动调节能力也是有限的。当日粮能量水平过低时,虽然它能增加采食量,但仍不能满足其对能量的需要,则会导致家兔的健康恶化,能量利用率降低,体脂分解过多导致酮血症,体蛋白分解过多而致毒血症。

若日粮中能量过高,谷物饲料比例过大,则会出现大量易消化的碳水化合物由小肠进入大肠,从而增加大肠的负担,出现异常发酵,轻则引起消化紊乱,重则导致消化道疾病。另外,如果日粮中能量水平偏高,家兔会出现脂肪沉积过多而肥胖。对繁殖母兔来说,体脂过高对雌性激素有较大的吸收作用,从而损害繁殖性能;公兔过肥会造成配种困难。控制能量水平会推迟母兔性成熟月龄,对其以后的繁殖机能是有益的。对毛用兔,过高的能量供给对毛的产量和质量会产生一定程度的不良影响。因此,要针对家兔的不同种类、不同生理状态控制能量水平,保证家兔健康,提高生产性能。

2. 蛋白质

蛋白质是生命活动的物质基础,其作用不能由其他物质所代替。蛋白质是构成家兔机体的主要成分,是体组织再生、修复的必需物质,是兔产品的重要原料。

当饲料中蛋白质的数量和质量适当时,可改善日粮的适口性,增加采食量,提高蛋白质的消化率。当蛋白质不足或质量差时,将影响日粮的消化、利用,严重的可导致家兔抗病力减弱、体重下降、生长停滞、受胎率降低、产弱胎和死胎。如果饲料中蛋白质过多,蛋白质在胃肠道内受细菌作用发生腐败,产生大量的代谢产物,增加肝、肾的负担,还会导致热量消耗增加。因此,应合理搭配饲料,在保障蛋白质供应的同时,避免蛋白质过剩。

3. 脂肪

脂肪是构成体组织的重要成分,是家兔生产和修复组织不可缺少的物质。脂肪是供给家兔热能和贮备能量的重要物质。贮积的脂肪具有隔热保温、支持保护脏器和关节的作用。某些维生素(如维生素 A、维生素 D、维生素 E、维生素 K)只有溶解于脂肪中才能被家兔吸收。另外,脂肪也是畜产品的组成成分,如兔乳中含 13.296% 的乳脂,兔毛中含 0.84% 的油脂等。

当日粮中严重缺乏脂肪时,家兔会出现生长受阻、性成熟晚、睾丸发育不良、受胎率低、产畸形胎儿、皮肤干燥、掉毛、瞎眼等问题。但脂肪过多会造成食欲减退、消化不良、过肥和不孕等问题。

家兔日粮中脂肪含量 2%～3% 即可,增加日粮的脂肪含量对于家兔增重有促进作用,但超过 5% 则产生不良后果。另外,家兔能较好地利用植物性脂肪,消化率为 83.3%～90.7%,对动物性脂肪利用较差。

4. 矿物质

矿物质是一类无机的营养物质,是家兔体内除碳、氢、氧、氮元素以外其他各种元素的统称。根据矿物质在家兔体内含量的不同,矿物质分为常量元素和微量元素两大类。常量元素是指占家兔体重0.01%以上的元素,主要有钙、磷、钾、钠、氯、镁和硫,占兔体矿物质总量的99.95%。微量元素是指占家兔体重0.01%以下的元素,主要包括铁、锌、铜、钼、锰、钴、硒、碘等,占兔体矿物质总量的0.05%。

任何一种矿物质在家兔体内都有其特定的生理功能,任何一种矿物质缺乏或过量都会引起兔体机能紊乱。

(1)钙、磷。钙、磷缺乏会导致骨骼病变,幼兔和成年兔的典型症状是佝偻病和骨质疏松症。另外,家兔缺钙还会导致眼球水晶体白浊、痉挛;缺磷则主要表现为厌食、生长不良。

(2)钾、钠、氯。植物性饲料中含钾多,含钠和氯极少,所以,家兔很少发生缺钾现象,而经常出现缺钠和缺氯现象。当日粮中缺乏钠和氯时,幼兔生长受阻,食欲减退,出现异食癖等。因此,家兔日粮中应添加0.5%的食盐,但当饮水受到限制时,采食过量食盐会引起家兔中毒。

(3)镁。家兔缺镁会导致过度兴奋而痉挛,导致家兔生长不良。

(4)硫。目前,无机硫对维持家兔健康和生产是否必需尚无定论。但当家兔日粮中含硫氨基酸不足时,添加无机硫酸盐可提高肉兔生产性能和蛋白质沉积。据试验,饲料中加入1%~2%硫黄,对于促进家兔增重、预防球虫病有一定的作用。家兔的毛中含硫最多。对于毛兔,日粮中含硫氨基酸低于0.4%时,毛的生长受到限制,当含硫氨基酸提高到0.6%~0.7%时,产毛量可提高15%~27%。

(5)铁。家兔缺铁的典型症状是低色素红细胞性贫血,表现为体重减轻,食欲减退,倦怠无神,黏膜苍白。兔的肝脏有很大的储铁能力,故一般不易出现缺铁症状。

(6)铜。缺铜会使血红细胞的寿命缩短,铁的吸收利用率降低,而造成家兔贫血,体重减轻,生长受阻,典型症状是脊柱下垂,被毛变灰色。过量的钼会造成铜的缺乏,故在钼的污染区,应增加铜的补饲。

(7)锌。日粮中锌不足,会导致母兔采食量减少,体重减轻,深色毛变灰,脱毛,皮炎,繁殖力丧失。块根块茎饲料中含锌量少,而酵母、糠麸、油饼和动物性饲料中含有大量的锌。

(8)锰。家兔缺锰时,会导致骨骼发育异常(如弯腿、脆骨症、骨短粗症等),还会影响正常的繁殖机能。植物性饲料中含有较多的锰,一般不易发生缺锰现象。

(9)钴。钴是维生素B12的组成成分,钴缺乏时会使幼兔生长停滞,成兔消瘦贫血。正常情况下,饲料中含有足够的钴,但在缺钴地区应予以补加。

(10)硒。缺硒引起的症状与维生素E不足相似,如生长停滞、繁殖机能紊乱、白肌病、睾丸萎缩等。硒本身是有毒元素,过量会造成中毒,除中国东北及西北部分地区发现土壤和饲料中缺硒并造成家畜缺硒症外,多数地区饲料中的含硒量可满足家兔的需要。

(11)碘。缺碘具有地方性,缺碘会造成幼兔生长受阻,神经和性器官发育受阻,繁殖机能下降。因此,缺碘地区应补碘化食盐。

5. 维生素

维生素是维持家兔正常生理机能所必需但需要量很少的一类低分子有机物质。缺乏这类物质将导致代谢障碍。目前,已确定的维生素有14种,根据其溶解性,将其分为脂溶性维生素和水溶性维生素两大类。脂溶性维生素包括维生素A、维生素D、维生素E、维生素K。水溶性维生素包括B族维生素和维生素C。

(1)维生素A。缺乏维生素A会导致视力减退,夜盲症,上皮细胞过度角质化,引起眼病;还会导致肺炎、肠炎、流产、胎儿畸形、幼兔生长停滞、发育不良、骨骼发育异常而压迫神经,造成运动失调、痉挛性瘫痪。植物性饲料中不含维生素A,只含有维生素A的前体物质(胡萝卜素),尤其是青绿饲料、胡萝卜和黄玉米中含量较多,胡萝卜素在小肠及肝脏中可转变成维生素A,家兔的转化能力很强。但维生素A与胡萝卜素都不稳定,易被氧化,当饲料受热、受潮、发霉或储存时间较长时,维生素A容易失效。生产中,维生素A缺乏症较多见,应特别注意。但维生素A过量也会引起不良反应,表现为生长障碍、皮肤营养障碍、上皮增厚、自然性骨折等。

(2)维生素D,又称抗佝偻病维生素。其主要功能是调节钙、磷代谢,促进骨骼和牙齿的钙化和发育。维生素D不足,机体钙磷平衡受到破坏,从而导致与钙、磷缺乏类似的骨骼病变,如软骨病、关节肿大、母兔产后瘫痪、仔兔佝偻病等。为防止维生素D缺乏,除补加以外,可让家兔多晒太阳,饲喂天然干草也可获得一定的维生素 D。需要注意的是,维生素 D 过量也会引起家兔的不良反应。

(3)维生素 E,又称抗不育维生素、生育酚等。家兔对维生素 E 非常敏感,它的作用不能被硒协同和代替。当维生素 E 不足时,会导致兔子肌肉营养性障碍(即骨骼肌和心肌变性、运动失调、瘫痪),还会造成脂肪肝及肝坏死、繁殖机能受损、新生兔死亡、母兔不孕。青绿多汁饲料和优质干草含有较丰富的维生素 E,而蛋白饲料中较缺乏。

(4)维生素 K,又称抗出血维生素,是血液凝固所必需的物质。家兔肠道能合成维生素 K,合成的数量一般能满足生长兔的需要。种兔在繁殖时必须添加维生素 K。饲料中添加抗生素、磺胺药,饲料中含有颉颃物(如双香豆素)或家兔患球虫病时会引起维生素 K 缺乏。当日粮中维生素 K 缺乏时,会引起妊娠母兔的胎盘出血、流产等。

(5)维生素 B1,又叫硫胺素、抗神经炎维生素。由于家兔消化道能合成维生素 B1,故其缺乏症较少发生。当日粮中含有结构与维生素 B1 相似的颉颃物时,就会引发维生素 B1 缺乏症,表现为生长受阻、运动失调、后肢瘫痪、痉挛,甚至死亡。

(6)维生素 B2,又叫核黄素。家兔体内能合成足够的维生素 B2,故不易缺乏。

(7)维生素 B3,又叫泛酸。家兔饲料中泛酸来源广泛,且体内能合成,因此很少发生缺乏症。

(8)维生素 PP,又叫烟酸、抗糙皮病因子。当烟酸不足时,家兔表现为丧失食欲、下痢消瘦、生长受阻。家兔与其他家畜一样,在体内可利用色氨酸转化为烟酸。日粮中缺乏烟酸时,添加色氨酸可以防止烟酸缺乏症。另外,家兔的消化道中也能合成烟酸。

(9)维生素 B6,又叫吡哆素,包括吡哆醇、吡哆醛、吡哆胺。当吡哆素缺乏时,家兔生长缓慢,易患皮炎,神经系统受损,表现为运动失调,严重时痉挛。家兔在盲肠中能合成维生素 B6,但当生产水平高时,需求量也高,故应在日粮中补充维生素 B6。每千克饲料中加入 40 微克维生素 B6 可预防缺乏症。

(10)维生素 B7,又叫生物素。一般情况下,家兔肠道能合成维生素 B7,可满足需要,但合成的生物素易被某些氨基酸复合体转化为不能吸收的形式而引发缺乏症,如皮炎、脱毛、痉挛等。

(11)维生素 B11,又叫叶酸。叶酸缺乏时,家兔会发生巨红细胞性贫血,使生长受阻。家兔的饲料中叶酸来源广泛,且肠道微生物能合成足够的叶酸。但当口服磺胺类药物时,可抑制合成叶酸的微生物生长,引起缺乏症。

(12)维生素 B12,又叫抗恶性贫血维生素。当维生素 B12 缺乏时,家兔生长缓慢、贫血等。一般植物性饲料中不含维生素 B12,但家兔肠道微生物能合成,合成的量受饲料中钴含量的影响。

(13)胆碱(维生素 B4)。胆碱缺乏时,家兔会出现脂肪肝、肝硬化、肾坏死、贫血、黄疸等,生长停滞,运动失调;成年母兔出现繁殖机能障碍。

(14)维生素 C,又叫抗坏血酸。当缺乏维生素 C 时,贫血、凝血时间延长,影响骨骼发育和对铁、硫、碘、氟的吸收,使生长受阻,产生新陈代谢障碍。成年家兔体内能合成满足生长需要的维生素 C。幼兔应注意补充。

6. 粗纤维

粗纤维包括纤维素、半纤维素和木质素,是植物细胞壁的主要成分。家兔是单胃草食动物,其发达的盲肠中有可利用粗纤维的微生物体系,但其对于粗纤维的消化率低于复胃动物牛和羊。日粮中适量的粗纤维对于维持正常的消化生理、防止消化功能的紊乱有举足轻重的作用。不同的饲料中粗纤维的内部结构不同,因而,消化率不一样。不同品种的兔对于粗纤维的利用率也不同,一般来说,大型的本地品种对于粗纤维的消化率较高。日粮中粗纤维含量一般为 12% ~ 14%。但是,生产中适量提高日粮粗纤维的含量,对预防消化道疾病有良好效果。

7. 水

水是家兔赖以生存的重要物质,家兔体内所含的水约占其体重的 70%。水是消化吸收的介质,家兔体内各种消化液均含有水分。水在胃肠道内可刺激胃液分泌,稀释肠液,使消化的营养物质易于吸收。水参与细胞内、外的化学作用,促进新陈代谢。水是调节体温的重要物质,炎热时,家兔利用水分的蒸发消耗热能,降低体温。水作为关节、肌肉和体腔的润滑剂,对组织器官具有保护作用。

饮水是家兔体内水的主要来源。据报道,家兔每千克活重需水 12～16 克/日。家兔越小,需水越多。气温为 15～25 ℃时,家兔每日饮水量为:活重 0.5 千克时 100 毫升,3 千克时 330 毫升,4 千克时 400 毫升,哺乳 40～50 日龄幼兔的母兔 2000～2500 毫升。家兔的饮水量一般为采食干草量的 2.0～2.5 倍,夏季约为 4 倍。哺乳母兔与幼兔饮水更多。各类饲料中均含有水,如青饲料含水量为 70%～95%,谷实类含水量为 10%～14%,饼粕类含水量为 10%,粗饲料含水量为 12%～20%,这部分水也是家兔体内水的重要来源。

水是家兔维持生命不可缺少的物质。饥饿时,家兔可消耗体内的糖原、脂肪和蛋白质等来维持生命,甚至失去 40% 体重仍可存活。但家兔体内若损失 5% 的水,就会出现严重的干渴现象,食欲丧失,消化能力减弱,抗病力下降。损失 10% 的水时,就会引起严重的代谢紊乱,生理过程遭到破坏。由于缺水引起的代谢紊乱可使家兔健康受损,仔兔生长发育迟缓,增重缓慢,母兔泌乳量降低,兔毛生长速度下降等。当家兔体内损失 20% 的水时,即可引起死亡。

家兔具有根据自身需要调节饮水量的能力,因此,应保证家兔自由饮水。有人认为兔子喝水多了易发生腹泻,这种观点是片面的。供水时应保证水符合饮用水标准和适宜的温度。

◇ **任务实施**

今天我坐诊——兔病诊断。

1. 主要内容

以小组为单位收集资料,每组准备一个家兔营养物质缺乏的病例,并由另外的小组进行诊断并提出治疗方法。

2. 人员准备

以 5 人为一学习小组,每组选出一名组长,由组长分配组员的任务,共同完成一份病例,并对其他小组给出的病例进行诊断。

3. 实施流程

(1)以小组为单位准备病例。

(2)以小组为单位对病例进行诊断并提出治疗方案。

(3)各小组进行互评。

(4)教师对各小组的病例、诊断和治疗方案进行点评。

◇ **任务反思**

(1)简述家兔需要的营养成分。

(2)简述家兔营养需要的特殊性。

(3)简述蛋白质的主要作用。

(4)简述脂肪的主要作用。

(5)家兔缺乏钙、磷的主要表现是什么?

(6)家兔缺乏维生素 A 会导致什么后果?

◇ **学习评价**

评价内容	自我评价	教师评价	总评
掌握家兔需要的营养成分			
了解各种营养物质的重要作用			
掌握各种营养物质缺乏症的症状			
总计			

注:评分标准为 10 分制,10 分为优,7 分为良,5 分为有待提高。

任务 5.2　常用饲料的种类

知识目标:

了解家兔常用的几类饲料。

技能目标:

掌握各类饲料的营养特点。

家兔的营养与饲料

◇　任务准备

家兔是单胃草食家畜,食谱广,可食饲料种类繁多。家兔饲料主要包括青绿饲料、粗饲料、能量饲料、蛋白质饲料、矿物质饲料、饲料添加剂等六大类。

一、青绿饲料

1.青绿饲料的概念

青绿饲料富含叶绿素。青绿饲料包括各种新鲜野草、野菜、天然牧草、栽培牧草、青饲作物、菜叶、水生饲料、幼嫩树叶、非淀粉质的块根、块茎、瓜果类等。

2.青绿饲料的营养特点及种类

青绿饲料的营养特点是:①含水分多,一般为 60%～90%;体积大,单位重量含养分少,营养价值低,消化能仅为每千克 1.25～2.51 兆焦,因而单纯以青绿饲料为日粮不能满足家兔的能量需要。②粗蛋白的含量较丰富,一般禾本科牧草及蔬菜类为 1.5%～3%,豆科为 3.2%～4.4%,按干物质计,禾本科为 13%～15%,豆科为 18%～24%。③青绿饲料的蛋白质品质较好,含必需氨基酸较全面,生物学价值高,尤其是叶片中的叶绿蛋白,对哺乳母兔特别有利。富含 B 族维生素,钙、磷含量也较丰富,比例适当,还富含铁、锰、锌、铜、硒等必需的微量元素。④青绿饲料幼嫩多汁,适口性好,消化率高,还具有保健作用,是家兔的主要饲料。

青绿饲料的种类繁多,资源丰富。可分以下几类。

(1)人工栽培牧草。常见的有苜蓿(紫花苜蓿和黄花苜蓿)、三叶草(白三叶和红三叶,如图 5-1 和图 5-2 所示)、苕子(普通苕子和毛苕子)、紫云英(红花草)、草木樨、沙打旺、黑麦草、籽粒苋、串叶松香草、无芒雀麦、鲁梅克斯草等。

(2)青饲作物。常见的有玉米、高粱、谷子、大麦、燕麦、荞麦、大豆等。

(3)叶菜类饲料。常见的有苦荬菜、聚合草、甘草、牛皮菜(见图 5-3)、蕹菜、大白菜、小白菜和莴笋叶(见图 5-4)等。

(4)根茎瓜果类饲料。常见的有甘薯、木薯、胡萝卜、甜菜、芜菁、甘蓝、南瓜(见图 5-5)、胡萝卜(见图 5-6)、佛手瓜等。

(5)树叶类饲料。多数树叶均可作为家兔的饲料,常见的有紫穗槐叶、槐树叶、洋槐叶、榆树叶、松针、果树叶、桑叶(见图 5-7)、茶树叶及药用植物(如五味子和枸杞叶)等。

(6)水生饲料。主要有水浮莲、水葫芦(见图 5-8)、水花生、绿萍等。

图 5-1　白三叶

图 5-2　红三叶

图 5-3　牛皮菜

图 5-4　莴笋叶

图 5-5　南瓜

图 5-6　胡萝卜

图 5-7　桑叶

图 5-8　水葫芦

二、粗饲料

1. 粗饲料的概念

粗饲料是指天然水分含量在 45% 以下,干物质中粗纤维含量在 18% 以上的一类饲料,主要包括干草、秸秆、荚壳、干树叶及其他农副产品。

2. 粗饲料的营养特点及种类

粗饲料的营养特点是:体积大、重量轻,养分浓度低,但蛋白质含量差异大,总能含量高,消化能力低,维生素 D 含量丰富,其他维生素较少,含磷较少,粗纤维含量高,较难消化。

粗饲料有以下几种。

(1)青干草,由青绿饲料经日晒或人工干燥除去大量水分而制成(见图 5-9)。其营养价值受植物种类组成、刈割期和调制方法的影响。蛋白质品质较完善,胡萝卜素和维生素 D 含量丰富,是家兔最主要的饲料。

(2)秸秆,是农作物收获以后所剩余的茎秆和残存的叶片,包括玉米秸、麦秸、稻草、谷草、高粱秸和豆秸等(见图 5-10)。这类饲料粗纤维含量高,可达 30%~45%,其中木质素比例大,一般为 6.5%~12%,有效价值低,蛋白质含量低且品质差,钙、磷含量低且利用率低,适口性差,营养价值低,消化率也低。

图 5-9 青干草

图 5-10 秸秆

(3)荚壳类,是农作物籽实脱壳后的副产品,包括谷壳、稻壳(见图 5-11)、高粱壳、花生壳、豆荚(见图 5-12)等。除了稻壳和花生壳外,荚壳的营养成分高于秸秆。豆荚的营养价值比其他荚壳高,尤其是粗蛋白质含量高。禾谷类荚壳中,谷壳含蛋白质和无氮浸出物较多,粗纤维较低,营养价值仅次于豆荚。

图 5-11 稻壳

图 5-12 豆荚

(4)酒糟。酒糟的营养价值与酿酒的原料有关。粮食中可溶性碳水化合物发酵成醇被提取,故留在酒糟中的其他营养物质(如粗蛋白质、粗脂肪、粗纤维与灰分等)含量相应提高了,其消化率变化不大。各种酒糟干物质中,粗蛋白质含量为 16%,消化能为每千克 6.0 兆焦,富含 B 族维生素,钙磷含量不平衡。喂酒糟易引起家兔便秘,因此,在配合饲料中以不超过 40% 为宜,并应搭配玉米、糠麸、饼类、骨粉、贝粉等。

三、能量饲料

1. 能量饲料的特点

能量饲料指干物质中粗纤维含量在18%以下,粗蛋白质含量在20%以下,消化能在每千克10.5兆焦以上的饲料。

2. 能量饲料的营养特点及种类

这类饲料的基本特点是无氮浸出物含量丰富,可以被家兔利用的能值高。能量饲料含粗脂肪7.5%左右,且主要为不饱和脂肪酸。蛋白质中赖氨酸和蛋氨酸含量少。含钙量不足,一般低于0.1%。磷含量较多,可达0.3%~0.45%,但多为植酸磷,不易被消化吸收。缺乏胡萝卜素,但B族维生素比较丰富。这类饲料适口性好,消化利用率高,在家兔饲养中占有极其重要的地位。

常见的能量饲料有以下几种。

(1)玉米。

玉米因品种和干燥程度不同,其养分含量有一定差异,以可溶性无氮浸出物含量较高,其消化率可达90%以上,是禾本科籽实中含量最高的饲料(见图5-13)。其粗蛋白质含量为7%~9%,在蛋白质的氨基酸组成中,赖氨酸、蛋氨酸和色氨酸不足,蛋白质品质差。钙含量仅为0.02%,磷含量为0.3%。黄色玉米多含胡萝卜素,白色玉米则很少。各品种的玉米含维生素D都少,含硫胺素多,核黄素少,粉碎的玉米(见图5-14)水分含量高于14%时易发霉酸败,产生真菌毒素(主要为黄曲霉毒素),对家兔健康不利。

图5-13 玉米粒

图5-14 粉碎玉米粒

(2)高粱。

去壳的高粱其营养成分与玉米相似,以淀粉为主,粗纤维少,可消化养分高。粗蛋白质含量为8%,品质较差。含钙少,含磷多。胡萝卜素和维生素D含量少,B族维生素的含量与玉米相同,烟酸含量多。由于高粱中含有单宁,且高粱的颜色越深,含单宁越多,而使其适口性降低。所以,饲喂时应限量,在配合饲料中深色高粱不超过10%,浅色高粱不超过20%。若能降低高粱中的单宁,可与玉米同量使用。

(3)大麦。

大麦的粗蛋白质含量高于玉米,约为12%,且蛋白质的营养价值比玉米稍高,氨基酸组成与玉米相似。粗纤维含量为6.9%,无氮浸出物、脂肪含量比玉米少,故它的消化能含量较玉米低。钙和磷的含量比玉米稍高。胡萝卜素和维生素D含量不足,与其他谷物一样含硫胺素多,含核黄素少,烟酸含量非常多。

(4)米糠。

米糠为稻谷的加工副产品(见图5-15),一般分为细糠、统糠和米糠饼。细糠是去壳稻粒的加工副产品,由果皮、种皮、糊粉层及胚组成。统糠是由稻谷直接加工而成,包括稻壳、种皮、果皮及少量碎米。米糠饼为米糠经压榨提油后的副产品。细糠没有稻壳,营养价值高,与玉米相似,但由于含不饱和脂肪酸较多,易氧化酸败,不易保存。统糠粗纤维含量高,营养价值较差。米糠饼的脂肪和维生素减少了,其他营养成分基本保留,且适口性及消化率均有所改善。

(5)麦麸。

麦麸包括小麦麸和大麦麸,由种皮、糊粉层及胚组成,其营养价值因面粉加工精粗不同而异,通常面粉加工越精,麦麸营养价值越高(见图 5-16)。麦麸的粗纤维含量较多,为 8%～12%,脂肪含量较低;每千克的消化能较低,属低能饲料;粗蛋白质含量较高,可达 12%～17%,质量也较好;含丰富的铁、锰、锌以及 B 族维生素、维生素 E、烟酸和胆碱;钙少磷多,比例悬殊(1:8),且磷多为植酸磷。大麦麸能量和蛋白质含量略高于小麦麸。麦麸适口性好,具有轻泻性和调节性。家兔产后喂以适量的麦麸粥,可以恢复消化系统的机能。由于麦麸吸水性强,若喂食大量干饲料易造成家兔便秘。

图 5-15　米糠

图 5-16　麦麸

四、蛋白质饲料

1. 蛋白质饲料的概念

蛋白质饲料是指干物质中粗纤维含量在 18% 以下,粗蛋白质含量在 20% 以上的饲料。它包括植物性蛋白质饲料、动物性蛋白质饲料、单细胞蛋白质饲料及非蛋白氮饲料。

2. 蛋白质饲料的营养特点及种类

(1)豆类籽实。

豆类籽实有两类,一类是高脂肪、高蛋白质的油料籽实,如大豆(见图 5-17)、花生等,一般不直接用作饲料;另一类是高碳水化合物、高蛋白的豆类,如豌豆、蚕豆等。豆类籽实中粗蛋白质含量较谷实类丰富,一般为 20%～40%,且赖氨酸和蛋氨酸的含量较高,品质好,优于其他植物性饲料。除大豆外,脂肪约含 2%,消化能偏高。矿物质与维生素含量与谷实类大致相似,维生素 B1 和 B2 的含量稍高于谷实类,钙含量稍高。生的豆类籽实含有一些不良物质(如大豆中含有抗胰蛋白酶、尿素酶、产生甲状腺肿的物质、皂素与血凝素等),这些物质降低了适口性,并影响家兔正常的生产性能,使用时应经过适当的热处理。

(2)饼粕类。

饼粕类是豆类籽实及饲料作物籽实制油后的副产品,压榨法制油后的副产品称为油饼。溶剂浸提法制油后的豆产品为油粕。常用的饼粕有大豆饼粕(见图 5-18)、棉籽饼粕、花生饼粕、菜籽饼粕、芝麻饼粕、葵花籽饼粕等。

图 5-17　大豆

图 5-18　大豆饼粕

大豆饼粕是我国目前最常用的蛋白质饲料。其消化能和代谢能高于其籽实,氮的利用效率较高。粗蛋白质含量为 42%～47%,蛋白质品质较好,赖氨酸含量高,且与精氨酸比例适宜。其蛋氨酸含量不足,低于菜籽饼粕和葵花仁饼粕,高于棉籽饼粕和花生饼粕。因此,在以大豆饼粕为主要蛋白饲料的配合饲料中要添加 DL-蛋氨酸。与其他饼粕相比,大豆饼粕的异亮氨酸含量高,且与亮氨酸比例适当,色氨酸、苏氨酸含量也较高。这些均可弥补玉米的不足,因而以大豆饼粕与玉米为主搭配组成的饲料效果较好。大豆饼粕中含有生大豆中的不良物质,在制油过程中,如加热适当,可使不良物质受到不同程度的破坏。加热不足得到的饼粕不能直接喂兔。如加热过度,不良物质受到破坏,营养物质特别是必需氨基酸的利用率也会降低。因此,在使用大豆饼粕时,要注意检测其生熟程度。一般可从颜色上判定,加热适当的大豆饼粕为黄褐色,有香味;加热不足或未加热的大豆饼粕颜色较浅或为灰白色,没有香味或有鱼腥味;加热过度的大豆饼粕呈暗褐色。

棉籽饼粕是棉籽制油后的副产品,其营养价值因加工方法的不同而差异较大。棉籽脱壳后制油形成的饼粕为棉籽饼粕,粗蛋白质含量为 41%~44%,粗纤维含量低,能值与豆饼相近似。不去壳的棉籽饼粕蛋白质含量为 22%左右,粗纤维含量为 11%~20%。带有一部分棉籽壳的棉籽饼粕蛋白质含量为 34%~36%。棉籽饼粕的赖氨酸和蛋氨酸含量低,精氨酸含量较高,硒含量低。因此,在配合饲料中使用棉籽饼粕时应注意添加赖氨酸,最好与精氨酸含量低、蛋氨酸及硒含量较高的菜籽饼粕配合使用,这样既可缓解赖氨酸、精氨酸的颉颃作用,又可减少赖氨酸、蛋氨酸及硒酸盐的添加量。棉籽仁中含有大量色素、单宁及对家兔有害的棉酚。棉酚在制油过程中会与氨基酸结合,对家兔无害,但氨基酸利用率随之降低。一部分游离棉酚存在于棉籽饼粕中,家兔摄取游离棉酚过量或食用时间过长,会导致中毒,饲养中应引起高度重视。

花生饼粕有甜香味,适口性好,营养价值仅次于大豆饼粕,是一种优质蛋白质饲料。去壳的花生饼粕粗蛋白质含量为 44%~49%,能量值和蛋白质含量在饼粕中最高。带壳的花生饼粕的粗纤维含量为 20%左右,粗蛋白质和有效能相对较低。花生饼粕的氨基酸组成不佳,赖氨酸和蛋氨酸含量较低,赖氨酸含量仅为大豆饼粕的 52%,精氨酸含量特别高,在配合饲料中使用时应与含精氨酸少的菜籽饼粕、血粉等混合使用。花生饼粕中含残油较多,在潮湿不通风之处贮存容易发霉,并产生黄曲霉毒素。家兔食用后精神不振,粪便带血,运动失调,与球虫病症状相似,肝、肾肥大。该毒素在兔肉中残留可使人患病。蒸煮或干热均不能破坏黄曲霉毒素,所以,发霉的花生饼粕千万不能饲用。

图 5-19　菜籽饼粕

菜籽饼粕是油菜籽制油后的副产品,有效价值较低,适口性较差,粗蛋白质含量为 36%左右(见图 5-19)。蛋氨酸含量较高,在饼粕中名列第二,精氨酸含量在饼粕中最低。磷的利用率较高,硒含量较高,锰含量也较丰富。菜籽饼粕中含有较高的芥子苷,在体内水解会产生有害物质。因此,没有经过去毒处理的菜籽饼粕一定要限制饲喂量。在配合饲料中不能超过 7%。菜籽饼粕可采用坑埋法、水洗法、加热钝化酶法、氨碱处理等方法降低其毒性,以增加饲喂量,提高利用率。

芝麻饼粕粗蛋白质含量为 40%左右,蛋氨酸含量高达 0.8%以上,是所有植物性饲料中含量最高的。其赖氨酸含量不足,精氨酸含量过高,有很浓的香味。

葵花籽饼粕营养价值决定于脱壳程度如何。脱壳的葵花籽饼粕中粗纤维含量低,粗蛋白质含量为 28%~32%,赖氨酸不足,蛋氨酸含量高于花生饼粕、棉籽饼粕及大豆饼粕,铁、铜、锰含量及 B 族维生素含量较丰富。

(3)动物性蛋白质。

①鱼粉是由不宜供人食用的鱼类及渔业加工的副产品制成,是优质的动物性蛋白质饲料。粗蛋白质含量为 55%~75%,含有全部必需氨基酸,生物学价值高。鱼粉还含有未知动物蛋白因子,能促进养分的利用。鱼粉中的矿物质元素量多质优,富含钙、磷及锰、铁、碘等。鱼粉中含有丰富的维生素 A、维生素 E 及 B 族维生素。

②肉粉是由不能供人食用的动物废弃肉经过高温、高压、灭菌、脱脂干燥制成。粗蛋白含量为 50%~

60%；富含赖氨酸、B族维生素、钙、磷等，蛋氨酸、色氨酸含量相对较少，生物学价值较高。

③肉骨粉是由不宜供人食用的畜禽躯体经高温、高压、灭菌、脱脂干燥制成。粗蛋白质含量为35%～40%，脂肪含量为8%～10%，矿物质含量为10%～25%，与肉粉相比较，矿物质含量较高。

④血粉由畜禽的血液制成。血粉的品质因加工工艺不同而有差异。经高温、压榨、干燥制成的血粉溶解性差，消化率低。直接将血液于真空蒸馏器干燥制成的血粉，溶解性好，消化率高。血粉中粗蛋白质含量在80%以上，但品质不佳，缺乏蛋氨酸、异亮氨酸和甘氨酸；赖氨酸含量高达7%～8%；富含铁，但适口性差，消化率低，喂量不宜过多。

⑤羽毛粉是家禽屠宰后的羽毛经高压水解后的产品，也称水解羽毛粉。羽毛粉粗蛋白质含量达80%以上，含胱氨酸特别丰富，但赖氨酸、蛋氨酸和色氨酸含量较少。羽毛粉虽然粗蛋白质含量较高，但多为角质蛋白，消化利用率低，不宜多喂。如与血粉、骨粉配合使用，可平衡营养，提高效果。

⑥饲料酵母属单细胞蛋白质饲料，常用啤酒酵母制成。饲料酵母的粗蛋白质含量为50%～55%，氨基酸组成全面，富含赖氨酸，蛋白质含量和质量都高于植物性蛋白质饲料，消化率和利用率高。饲料酵母含有丰富的B族维生素。因此，在兔的配合饲料中使用饲料酵母可以补充蛋白质和维生素，并可提高日粮的营养水平。

五、矿物质饲料

矿物质饲料包括工业合成的、天然的单一种矿物质饲料，多种混合的矿物质饲料，配合有载体的微量、常量元素的饲料。常用的有食盐、石粉、贝壳粉（见图5-20）、蛋壳粉、石膏、硫酸钙、磷酸氢钠、磷酸氢钙、骨粉、混合矿物质补充饲料等。

六、饲料添加剂

饲料添加剂是指在配合饲料中加入的各种微量成分。其作用是完善饲料的营养成分、提高饲料的利用率，减少饲

图5-20　贝壳粉

料在贮存期间的营养损失、改善产品品质，促进家兔生长和预防疾病。常用的有补充饲料营养成分的添加剂，如氨基酸、矿物质和维生素；促进饲料的利用和保健作用的添加剂，如生长促进剂、驱虫剂和助消化剂等；防止饲料品质降低的添加剂，如抗氧化剂、防霉剂、黏结剂和增味剂等。

◇ **任务实施**

调查当地家兔养殖户或养殖场主要使用的饲料种类。

1.调查内容

参观走访当地的家兔养殖户或养殖场，调查饲料种类。

2.人员准备

以5人为一个学习小组，每组选出一名组长，由组长分配组员的任务，去当地的家兔养殖户或养殖场中进行调查，并填好调查表（见表5-1）。

3.操作步骤

（1）观察。在家兔养殖户或养殖场中，观察家兔进食及投喂时的饲料种类。

（2）谈话访问。通过咨询饲养员进一步了解饲喂的饲料种类，并填写调查表（见表5-1）。

（3）总结。总结当地家兔养殖常用的饲料（见表5-1）。

表 5-1　家兔常用饲料调查表

饲料类型	具体种类	所占比例	备注
青绿多汁饲料			

饲料类型	具体种类	所占比例	备注
粗饲料			
能量饲料			
蛋白质饲料			
矿物质饲料			
饲料添加剂			

◇ 任务反思

(1)简述家兔常用饲料的类型及种类。

(2)简述各类饲料的概念。

(3)简述青绿饲料的营养特点。

(4)简述玉米的营养特点及饲喂注意事项。

(5)简述豆粕的营养特点及饲喂注意事项。

(6)简述饲料添加剂的种类及作用。

◇ 学习评价

评价内容	自我评价	教师评价	总评
了解家兔常用的几类饲料			
掌握各类饲料的营养特点及主要种类			
总计			

注:评分标准为 10 分制,10 分为优,7 分为良,5 分为有待提高。

任务 5.3 混合饲料的加工调制

◇ 任务目标

知识目标:

明确混合饲料加工调制的意义。

技能目标:

掌握各类饲料的加工调制工艺。

◇ 任务准备

一、混合饲料加工调制的意义

试验研究与生产实践证明,对饲料进行加工调制,可明显改善适口性,利于家兔咀嚼,提高消化率和吸收率,提高生产性能;便于贮藏和运输。

混合饲料的加工调制包括青绿饲料的加工调制、粗饲料的加工调制和能量饲料的加工调制。

二、青绿饲料的加工调制

青绿饲料含水量高,宜现采现喂,不宜贮藏运输,必须制成青干草或干草粉才能长期保存。干草的营养价值取决于制作原料的种类、生长阶段和调制技术。一般豆科干草含较多的粗蛋白,在调制过程中,时间越短养分损失越小。在干燥条件下晒制的干草,养分损失通常不超过 20%;在阴雨季节制的干草,养分损失可达 15% 以上,大部分可溶性养分和维生素流失。在人工条件下调制的干草,养分损失为 5%~10%,所含胡萝卜素为晒的 3~5 倍。

调制干草的方法可采用人工干燥法。人工干燥法又分为高温和低温两种方法。低温法是在 45~50 ℃温度下的室内停放数小时,使青草干燥。高温法是在 50~100 ℃ 的热空气中脱水干燥 6~10 秒,即可干燥完毕,几乎能保存青草的全部营养价值。

三、粗饲料的加工调制

粗饲料质地坚硬,含纤维素多,其中木质素比例大,适口性差,利用率低,通过加工调制可使这些性状得到改善。

1. 物理处理

物理处理就是利用机械、水、热力等物理作用,改变粗饲料的物理性状,提高利用率。具体方法如下。

(1)切短,使之有利于家兔咀嚼,且容易与其他饲料配合使用。

(2)浸泡,即在 100 千克温水中加入 5 千克食盐,将切短的秸秆分批在桶中浸泡,24 小时后取出,因而软化秸秆,提高秸秆的适口性,便于采食。

(3)蒸煮,将切短的秸秆于锅内蒸煮 1 小时,放置 2~3 小时即可。这样可软化纤维素,增加适口性。

(4)热喷,将秸秆、荚壳等粗饲料置于饲料热喷机内,用高温、高压蒸汽处理 1~5 分钟后,立即放在常压下使之膨化。热喷后的粗饲料结构疏松,适口性好,能提高家兔的采食量和消化率。

2. 化学处理

化学处理就是利用酸、碱等化学试剂处理秸秆等粗饲料,分解其中难以消化的部分,以提高秸秆的营养价值。

(1)氢氧化钠处理。

氢氧化钠可使秸秆结构疏松,并可溶解部分难消化的物质,而提高秸秆中有机物质的消化率。最简单的方法是将 2% 的氢氧化钠溶液均匀喷洒在秸秆上,24 小时后即可饲喂。

(2)石灰液钙化处理。

石灰液具有同氢氧化钠类似的作用,而且可以补充钙质。该方法简便,成本低。其方法是每 100 千克秸秆,用 1 千克石灰、1~1.5 千克食盐加水 200~250 千克搅匀配好,将切碎的秸秆浸泡 5~10 分钟,然后捞出放在浸泡池的垫板上,熟化 24~36 小时后即可饲喂。

(3)碱酸处理。

把切碎的秸秆放入 1% 的氢氧化钠溶液中,浸泡好后,捞出压实,过 12~24 小时再放入 3% 的盐酸中浸泡。捞出后静置一段时间即可饲喂。

(4)氨化处理。

用氨或氨类化合物处理秸秆等粗饲料,可软化植物纤维,提高粗纤维的消化率,增加粗饲料中的含氮量,改善粗饲料的营养价值。

3. 微生物处理

微生物处理就是利用微生物产生纤维素酶分解纤维素,以提高粗饲料的消化率。常见以下几种处理方法。

（1）EM处理法。

EM（effective microorganisms）是有效微生物的英文缩写，是由光合细菌、放线菌、酵母菌、乳酸菌等10个属80多种微生物复合培养而成。处理要点如下。

①秸秆粉碎：可先将秸秆用铡草机铡短，然后在粉碎机内粉碎成粗粉。

②配制菌液：取EM原液2000毫升，加糖蜜或红糖2千克，净水320千克，在常温下充分混合均匀。

③菌液拌料：将配置好的菌液喷洒在1吨粉碎好的粗饲料上，充分搅拌均匀。

④厌氧发酵：将混拌好的饲料一层层地装入发酵窖（池）内，随装随踩实。当料装至高出窖口30～40厘米时，上面覆盖塑料薄膜，再盖20～30厘米厚的细土，拍打严实，防止透气。少量发酵，也可用塑料袋，其关键是压实，创造厌氧环境。

⑤开窖喂用。夏季5～10天，冬季20～30天即可开窖喂用。开窖时要从一端开始，由上至下，一层层喂用。窖口要封盖，防止阳光直射、泥土污物混入和杂菌污染。优质的发酵料具有苹果香味，酸甜兼具。经过适当驯食后，家兔即可正常采食。

（2）秸秆微贮法。

秸秆微贮法是由木质纤维分解菌和有机酸发酵菌通过生物工程技术置备的高效复合杆菌剂，用来处理作物秸秆等粗饲料，效果较好。

制作方法如下。

①秸秆粉碎。将麦秸、稻草、玉米秸等粗饲料以铡草机切碎或粉碎机粉碎。

②菌种复活。秸秆发酵活杆菌菌种每袋3克，可调制干秸秆1吨或青秸秆2吨。在处理前，先将菌种倒入200毫升温水中充分溶解，然后在常温下放置1～2小时后使用，当日用完。

③菌液配制。每吨麦秸或稻草，需要活菌制剂3克，食盐9～12千克（用玉米秸可将食盐降至6～8千克），水1200～1400千克，按此比例配置菌液，充分混合。

④秸秆入窖。分层铺放粉碎的秸秆，每层20～30厘米厚，并喷洒菌液，使物料含水率为60%～70%，喷洒后踏实，然后再铺第二层，一直高出窖口40厘米时再封口。

⑤封口。将最上面的秸秆压实，均匀洒上食盐，用量为每平方米250克，以防止上面的物料霉烂，最后盖塑料薄膜，往膜上铺20～30厘米的麦秸或稻草，最后覆土15～20厘米，密封，进行厌氧发酵。

⑥开窖和使用。封窖21～30天后即可喂用。发酵好的秸秆应具有醇香和果香酸甜味，手感松散，质地柔软湿润。取用时应先将上层泥土轻轻取下，从一端开窖，一层层取用，取后将窖口封严，防止雨水浸入和掉进泥土。开始饲喂时，家兔可能不习惯，有7～10天的适应期。

四、能量饲料的加工调制

能量饲料的营养价值及消化率一般都较高，但是常常因为籽实类饲料的种皮、颖壳、内部淀粉粒的结构及某些精料中含有不良物质而影响了营养成分的消化吸收和利用。所以这类饲料喂前应经过一定的加工调制，以便充分发挥其营养物质的作用。

1. 粉碎

粉碎是最常用的一种加工方法。经粉碎后的籽实便于咀嚼，增加饲料与消化液的接触面，从而提高饲料的消化率和利用率。

2. 浸泡

将饲料置于缸中，按1∶1～1.5的比例加入水。谷类、豆类、油饼类的饲料经过浸泡，吸收水分，膨胀柔软，容易咀嚼，便于消化，而且浸泡后可减轻某些饲料的毒性和异味，从而提高适口性。使用时应掌握好浸泡的时间，浸泡时间过长，养分被水溶解造成损失，适口性也降低，甚至变质。

3. 蒸煮

马铃薯、豆类等饲料因含有不良物质不能生喂，必须蒸煮以解除毒性，同时还可以提高适口性和消化率。蒸煮时间不宜过长，一般不超过20分钟。否则可导致蛋白质变性和某些维生素被破坏。

4. 发芽

谷实籽粒发芽后,可使一部分蛋白质分解成氨基酸。同时糖分、胡萝卜素、维生素 E、C 及 B 族维生素的含量也大大增加。此法主要是在冬春季缺乏青饲料的情况下使用。方法是将准备发芽的籽实用 30～40 ℃的温水浸泡一昼夜,可换水 1～2 次,后把水倒掉,将籽实放在容器内,上面盖上一块温布,温度保持在 15 ℃以上,每天早晚用 15 ℃的清水冲洗 1 次,3 天后即可发芽。在开始发芽但尚未盘根以前,最好翻转 1～2 次,一般经 6～7 天,芽长 3～6 厘米时即可饲喂。

5. 制粒

制粒就是将配合饲料制成颗粒饲料。兔具有啃咬坚硬食物的特性,这种特性可刺激消化液分泌,增强消化道蠕动,从而提高对食物的消化吸收。将配合饲料制成颗粒可使淀粉熟化;大豆和豆饼及谷物中的抗营养因子发生变化,减少对家兔的危害;保持饲料的均质性,因而,可显著提高配合饲料的适口性和消化率,提高生产性能,减少饲料浪费;便于贮存运输,同时还有助于减少疾病传播。颗粒饲料虽有诸多优点,但在加工时应注意以下事项。

(1)原料粉粒的大小。制造兔用颗粒饲料所用的原料粉粒过大会影响家兔的消化吸收,过小易引起肠炎。粉粒直径以 1～2 毫米为宜。其中添加剂的粒度以 0.18～0.60 毫米为宜,这样才有助于搅拌均匀和消化吸收。

(2)粗纤维含量。颗粒料所含的粗纤维以 12%～14% 为宜。为防止颗粒饲料发霉,水分应严格控制,北方含水率低于 14%,南方含水率低于 12.5%。由于食盐具有吸水作用,在颗粒料中,其用量以不超过 0.5% 为宜。另外,在颗粒料中还加入 1% 的防霉剂丙酸钙,0.01%～0.05% 的抗氧化剂丁基化羟甲苯(BHT)或丁基化羟基氧基苯(BHA)。

(3)颗粒的大小。制成的颗粒直径应为 4～5 mm,用此规格的颗粒饲料喂兔效果最好。

(4)制粒过程中的变化。在制粒过程中,由于压制作用使饲料温度提高,或在压制前蒸汽加温,使饲料处于高温下的时间过长。高温对饲料中的粗纤维、淀粉有好的影响,但对维生素、抗生素、合成氨基酸等不耐热的养分则有不利的影响,因此,在颗粒饲料的配方中应适当增加那些不耐高温养分的比例,以便弥补遭受损失的部分。

◇　**任务实施**

运用微生物(EM 菌)发酵法对粗饲料进行调制。

1. 材料准备

秸秆、EM 菌、红糖、蒸馏水、天平、铡刀、粉碎机、烧杯、量筒、可密封的玻璃罐等。

2. 人员准备

以 5 人为一个学习小组,每组选出一名组长,由组长分配组员的任务,共同完成粗饲料的调制处理。

3. 操作步骤

(1)秸秆粉碎处理。

(2)配制菌液。

(3)菌液拌料。

(4)厌氧发酵。

(5)开罐检验。

◇　**任务反思**

(1)简述混合饲料进行调制加工的意义。

(2)简述青绿饲料的调制方法及工艺。

(3)简述粗饲料的调制方法及工艺。

(4)简述能量的调制方法及工艺。

◇ **学习评价**

评价内容	自我评价	教师评价	总评
混合饲料加工调制的意义			
掌握各类饲料的加工调制工艺			
总计			

注:评分标准为 10 分制,10 分为优,7 分为良,5 分为有待提高。

任务5.4　日粮配合

◇ **任务目标**

知识目标:

1.了解日粮配合的意义。

2.了解日粮配合的主要方法。

技能目标:

1.掌握日粮配合的主要原则。

2.会运用试差法制定家兔饲料配方。

◇ **任务准备**

一、日粮配合的意义

传统养兔多以单一饲料或几种饲料混合喂兔,饲料营养不平衡,不能满足家兔的营养需要,因此影响家兔的生产性能。因为任何一种饲料都不可能满足家兔不同生理阶段对各种营养物质的需要,而只有多种不同营养特点的饲料相互搭配,取长补短,才能满足家兔的营养需要,克服单一饲料营养不全面的缺陷。

配合饲料就是根据不同品种、生理阶段、生产目的和生产水平等对营养的需要和各种饲料的有效成分含量把多种饲料按照科学配方配制而成的全价饲料。利用配合饲料喂兔,能最大限度地发挥兔子的生产潜力,提高饲料利用率,降低成本,提高效率。需要指出的是,虽然家兔的全价饲料具有营养需要量和饲料营养价值表的科学依据,但仍在不断研究和完善。因此,应用现有的资料配制的全价饲料应通过实践检验,根据实际饲养效果相应调整。

二、日粮配合的一般原则

1.因兔制宜

要根据家兔的不同品种、性别、生理阶段,参照营养标准及饲料成分表进行配制,不可照搬饲养标准,也不可千篇一律让家兔都吃一种料。比如,较耐粗饲的塞北兔、比利时兔和太行山(虎皮黄)兔的饲料配方应与对营养要求较高的新西兰兔、布列塔尼亚兔等有所区别。仔兔(补料)、幼兔、母兔空怀期、妊娠期及泌乳期等阶段的饲料应有所区别。而同一品种和同一生产阶段,不同生产性能的家兔的饲料也应有所不同。

2. 因时制宜

设计配方要根据季节和天气情况而灵活掌握。在农村,夏秋季节青饲料可以供应,只要设计精料补充料即可,而在冬春季节,青饲料缺乏,在配方设计时,应增补维生素,并适当补喂多汁饲料。在多雨季节应适当增加干料,在季节交替时,饲料应逐渐过渡等。

3. 适口性

一组营养较全面而适口性不佳的饲料,也不能说是好饲料。因适口性的好坏直接影响到家兔的采食量。适口性好的饲料可提高饲养效果。如果适口性不好,即使饲料的营养价值很高,也会降低其饲养效果。因此,在设计配方时,应熟悉家兔的嗜好,选用合适的饲料。一般而言,家兔喜吃味甜、微酸、微辣、多汁、香脆的植物性饲料;不爱吃有腥味、干粉状和有其他异味(如霉味)的饲料。

4. 多样性

家兔对营养的需求是多方面的,任何一种饲料都不可能满足家兔的需要。应该尽量选用多种饲料合理搭配,以实现营养的互补,一般不应少于 3～5 种。

5. 廉价性

选择饲料要立足当地资源。在保证营养的前提下,尽量选择那些当地数量大、来源广、成本低的饲料种类。要特别注意开发当地的饲料资源,如农副产品下脚料(酒糟、醋糟、粉渣等)。

6. 安全性

选择任何饲料,都应对家兔无毒无害,符合安全性的原则。特别要注意,青饲料及果树叶要防止农药污染;有毒饼类(如棉饼、菜籽饼等)要脱毒处理,在无脱毒或脱毒不彻底的情况下,要限量使用;块根块茎类饲料应无腐烂;其他精料(如玉米、麸皮等)应避免受潮发霉;选用药渣(如土霉素渣,四环素渣、林可霉素渣等)要保证质量,并限量使用,一般在育肥后期停用。

配好的日粮的营养水平要与选用的饲养标准基本符合,允许误差为 ±1%～5%。

三、配料的方法与步骤

目前在生产实践中常用的配料方法主要有电脑运算法和手算法。

1. 电脑运算法

运用电脑制定饲料配方,主要根据所用饲料的品种和营养成分、肉兔对各种营养物质的需要量及市场价格变动情况等条件,将有关数据输入计算机,并提出约束条件(如饲料配比、营养指标等),根据线性规划原理计算出能满足营养要求而价格较低的饲料配方,即最佳饲料配方。

电脑运算法配方的优点是速度快,计算准确,是饲料工业现代化的标志之一。但需要有一定的设备和专业技术人员。

2. 手算配方法

手算饲料配合方法包括试差法、公式法和对角线法等,其中以"试差法"较为实用。现以种公兔饲料配方为例,举例说明如下。

第一步　查出营养需要量。

根据种公兔营养需要和生产兔场的实践经验,每千克公兔饲料中应含消化能(DE)10.46 兆焦,粗蛋白质 17%,粗纤维 16%,含硫氨基酸 0.7%,钙 1%,磷 0.5%。

第二步　计算粗饲料营养成分。

根据兔场现有饲料条件,粗饲料选用稻草粉和麦麸,其中容易消化的麦麸约占日粮 15%,难消化的稻草粉为 85%。从饲料营养成分表中查出各自的营养成分。如表 5-2 所示。

表 5-2　饲料营养成分表

饲料种类	比例/(%)	消化能/(兆焦/千克)	粗蛋白质/(%)	含硫氨基酸/(%)	粗纤维/(%)	钙/(%)	磷/(%)
稻草粉	85	0.85×5.41=4.599	0.85×5.55=4.718	—	—	—	—

饲料种类	比例/(%)	消化能/(兆焦/千克)	粗蛋白质/(%)	含硫氨基酸/(%)	粗纤维/(%)	钙/(%)	磷/(%)
麦麸	15	0.15×12.18=1.827	0.15×15.7=2.355	—	—	—	—
合计	100	6.426	7.073	—	—	—	—
与标准比较	0	6.426−10.46=−4.034	7.073−17=−9.927	—	—	—	—

据计算，能量不足，找 DE[①] 高的大麦代替 DE 低的稻草粉。大麦消化能含量为每克 13.220 兆焦/千克，稻草粉为每克 5.410 兆焦/千克，两者每克相差 7.810 兆焦/千克。由第一步、第二步相比可知，消化能尚缺 4.034 兆焦/千克。

计算如下：

$$DE 差额/(大麦 DE-稻草粉 DE)$$
$$=4.034/(13.22-5.41)$$
$$=4.034/7.81$$
$$\approx 51.7\%$$

根据以上换算结果，用稻草粉、大麦粉和麦麸配合，其能量配平如表 5-3 所示。

表 5-3　能量配平表

饲料种类	比例/(%)	消化能/(兆焦/千克)	粗蛋白质/(%)	含硫氨基酸/(%)	粗纤维/(%)	钙/(%)	磷/(%)
稻草粉	85−51.7=33.3	0.333×5.41=1.801	0.333×5.55=1.848	—	—	—	—
麦麸	15	0.15×12.18=1.827	0.15×15.7=2.355	—	—	—	—
大麦粉	51.7	0.517×13.22=6.835	0.517×11=5.687	—	—	—	—
合计	100	10.46	9.89	—	—	—	—
差额	0	0	9.89−17=−7.11	—	—	—	—

第四步　配平蛋白质需要量。

消化能已基本满足需要，粗蛋白质尚缺 7.11%，故试用能量与大麦相当的 CP[②] 高于标准的大豆饼代替部分 CP 低于标准的大麦，以满足蛋白质需要。豆饼蛋白质含量为 40.9%，而大麦则为 11.0%，两者相差 29.9%，故满足粗蛋白质需要量。

豆饼代替量计算式如下。

$$CP 差额/(豆饼 CP-大麦 CP)$$
$$=7.11/29.9\times100\%$$
$$=23.8\%$$

用稻草粉、麦麸、大麦粉、豆饼粉配合，其蛋白质配平表如表 5-4 所示。

表 5-4　蛋白质配平表

饲料种类	比例/(%)	消化能/(兆焦/千克)	粗蛋白质/(%)	粗纤维/(%)	含硫氨基酸/(%)	钙/(%)	磷/(%)
稻草粉	33.3	1.80	1.85	0.333×21.49=7.156	0	0.25	0.05

———————————

① DE(digestible energy)即饲料可消化养分所含的能量。

② CP(crude protein)指饲料中的含氮物质(即粗蛋白)。

饲料种类	比例/（%）	消化能/（兆焦/千克）	粗蛋白质/（%）	粗纤维/（%）	含硫氨基酸/（%）	钙/（%）	磷/（%）
麦麸	15	1.827	2.355	0.15×8.9 =1.335	0.2	0.02	0.23
大麦粉	51.7−23.8 =27.9	0.279×13.22 =3.688	0.279×11 =3.069	0.279×4.8 =1.339	0.17	0.04	0.14
豆饼粉	23.8	0.238×14.1 =3.356	0.238×40.9 =9.734	0.238×4.7 =1.119	0.43	0.12	0.25
合计	100	10.67	17.008	10.949	0.8	0.43	0.67
占需要量	100%	10.67/10.4 =103%	100	10.949/16 =68	57	25	96

　　根据上述换算结果,尚缺含硫氨基酸0.3%,钙75%,可直接加入蛋氨酸和碳酸钙配平;为增加种公兔食欲和补充钠的需要量,还需添加0.5%的食盐。另外,为满足种公兔对维生素的需要量,每50千克配合饲料需添加多维素10克。饲料配方及营养成分见表5-5。

表 5-5　饲料配方及营养成分

饲料（种类）	配合比例/（%）	主要养分	含量/（%）
稻草粉	33	消化能/（兆焦/千克）	10.4
麦麸	15	粗蛋白质	17
大麦粉	26	粗纤维	16
豆饼粉	24	含硫氨基酸	0.7
骨粉	1.2	钙	1
食盐	0.5	磷	0.5
蛋氨酸	0.3		
合计	100		

◇ **任务实施**

运用试差法配制商品肉兔饲料配方。

1. 查找饲养标准

查找不同种类、不同阶段的家兔的营养需要及饲养标准。

2. 人员准备

以5人为一个学习小组,每组选出一名组长,由组长分配组员的任务,运用试差法完成家兔饲料配方。

3. 操作步骤

(1)查找家兔的营养需要与饲养标准。

(2)选择饲养原料。

(3)运用试差法配平配方。

◇ **任务反思**

(1)简述配合日粮的意义。

(2)简述日粮配合的一般性原则。

(3)简述试差法的主要步骤。

评价内容	自我评价	教师评价	总评
了解日粮配合的意义			
了解日粮配合的主要方法			
掌握日粮配合的主要原则			
会运用试差法制定家兔饲料配方			
总计			

注:评分标准为 10 分制,10 分为优,7 分为良,5 分为有待提高。

任务 5.5 青绿饲料的提供

◇ 任务目标

知识目标:
1. 了解常见青绿饲料的栽培技术。
2. 掌握青绿饲料采集的注意事项。
技能目标:
能因地制宜地制定青绿饲料的供应方案。

◇ 任务准备

一、青绿饲料的栽培

现将几种主要的青绿饲料的栽培要点介绍如下。

1. 紫花苜蓿

紫花苜蓿为豆科牧草,多年生(10~20 年),适于年降雨量 250~800 毫米,无霜期 100 天以上,以中性土壤或微碱性砂壤土栽培。根系发达,长有根瘤,茎直立或斜生,高 1~1.5 米,分枝多,叶为三片小叶组成的复叶,叶片量占全株重量的 45%~50%。其营养丰富,以干物质计算,粗蛋白含量为 26%,粗脂肪含量为 4.5%,粗纤维含量为 17.2%,无氮浸出物含量为 42.2%,灰分含量为 10%,富含维生素和钙,被称作"牧草之王"。

栽培方法:紫花苜蓿种子细小,每千粒重 23~24 克,播种前要深耕细耙,施有机肥作底肥。每亩[①]播种 750~1000 克。播种时间因地区而异。北部寒冷地区宜在夏季播种,而河北以南地区,可在 9 月播种。可撒播和条播,条播行距 25~30 厘米。其幼苗期生长缓慢,为了防止杂草侵害,应及时锄草松土。紫花苜蓿惧怕水淹,雨后要及时排出积水。在南方的高温季节应适时灌溉,以保证安全越夏。苜蓿易发生真菌病,表现为

---

① 1 亩为 666.6 平方米。

茎叶萎缩,根腐烂,蔓延很快,可导致全株死亡,应及时喷施药物(如多菌灵、退菌特等),并挖除病株烧毁。

秋季播种的苜蓿,至翌年 3～4 月开始刈割,每隔 30 天左右割一次,炎热的夏季应停割至秋季。春季播种到 9～10 月开始收割,11 月停割。收割后应中耕松土,结合追施人粪尿或氮肥等,促使再生。产量因地区及栽培条件而异,每亩可产鲜草 2000～5000 千克。苜蓿的种子成熟期不一,应成熟一批采收一批。种子晒干后放在布袋内,置于通风处保存,每 1/15 公顷可收种子 20～40 千克。

2. 苦荬菜

苦荬菜为菊科属多年生草本植物,具有耐寒抗热、对土壤要求不严、产量高、品质好等优点。其风干物中,粗蛋白含量为 20%～24%,无氮浸出物含量为 30%～40%,粗纤维含量为 10%～14%,粗脂肪含量为 10%～15%,灰分含量为 10%～17%,是家兔良好的青饲料品种之一。

栽培方法:苦荬菜种子细小,每千粒重 1～1.2 克,播种前土地要精细耕耙,以利出苗。播种时间为南方 2～3 月,北方 3～4 月,即气温 10 ℃ 左右为宜。可直播,亦可育苗移栽。移栽每亩用种 100～150 克,直播用种 500 克。播后覆土 1 厘米左右。幼苗长到 5～6 片叶时移栽,行距 25～30 厘米,株距 10～15 厘米。播种或移栽前应施一定的有机肥作基肥。出苗后中耕 1～2 次,用尿素追肥 2～3 次。病虫害很少,一般不用喷施农药。直播的应及时进行间苗。移栽成活后一般每半月剥叶一次,一直利用到开花期,每亩年产鲜叶 10 吨左右。直播的可刈割,幼苗长至 40 厘米时刈割,其再生能力很强,2～3 天可长出 3～5 厘米的新叶。我国南方年刈割 5～8 次,北方 3～5 次。如果需要留种,只能刈割 2～3 次。

苦荬菜叶长 30～50 厘米,宽 2～8 厘米,茎叶富含白色液汁,蛋白质含量高,质量好,最好直接鲜喂,对母兔催奶和促进仔幼兔生长有良好效果。

3. 冬牧 70 黑麦草

冬牧 70 黑麦草为禾本科黑麦草属一年生植物,1979 年从美国引进。适口性好,产量高,营养价值高(以干物质计,粗蛋白含量达 25% 左右)。该牧草耐寒性强,种子在 3 ℃ 时达 80% 的发芽率,越冬时,气温 −10 ℃ 时植株无冻害现象,在 4～5 ℃ 的低温环境下仍能生长。在我国多数地区均可种植。

栽培方法:播种期以 8～9 月为宜,每亩播种量 6～7 千克,播种前每亩施有机肥 2.5～3 千克,整地后条播,行距 40 厘米。生长期注意排涝防积水。当植株高达 40～50 厘米时即可青刈饲喂。年刈割 4～5 次,每亩产 5000 千克左右。每次刈割后要松土施肥。如果留种,可在苗高 20～30 厘米时,选择苗密处间苗,移至其他地块里,行距 30 厘米,株距 10 厘米。留种田可刈割 1～2 次,3 月下旬应停止青刈。

4. 胡萝卜

胡萝卜为伞形科二年生植物,冬前生长叶和肉质根,春后抽薹,开花结果。胡萝卜是很好的多汁饲料,含有丰富的胡萝卜素(每千克含 400～550 毫克),可在兔体内转化为维生素 A,肉质根水含量为 89%,糖含量为 10%,粗蛋白含量为 2%,粗脂肪含量为 0.4%,粗纤维含量为 1.8%。其适口性好,消化率高,对于提高种兔的繁殖力及幼兔的生长有良好效果,是冬春缺青季节家兔的主要维生素补充料。

栽培方法:胡萝卜种子小,每千粒重 1.1～1.5 克,播前应精细整地,每亩施有机肥 3000 千克,过磷酸钙 15～20 千克,草木灰 100 千克。北方寒冷地区可在 4～5 月播种,中部地区在 7 月份(头伏)播种,南部地区可在 8 月播种。播种前可将种子在水中浸泡 4～8 小时,滤去水,用细土或草木灰拌匀,土地要湿润,每亩用种 0.75 千克。当小苗长出 2～3 片叶时,进行第一次间苗,5～6 片叶时,第二次间苗,再过 10 天可定苗。留苗的多少应根据地力而定。肥沃的土地应适当增加株距,反之应减少株距。生长前期遇干旱气候要及时浇水,生长后期不宜浇水。

春季播种的,肉质根在 7 月可收获,每亩可收肉质根 750～1000 千克,叶 5000 千克;秋季播种的,肉质根在 12 月下旬或 1 月上旬收获,每亩收 1500～2000 千克。叶片在 12 月上旬收获,每亩收 750～1500 千克;刈割胡萝卜可在 11 月上旬播种,翌年 3 月下旬至 6 月上旬收获,可每隔 15～20 天刈割一次,共割 4 次叶,每亩收获 2000 千克。

二、青绿饲料的均衡供应

不同地区青绿饲料的均衡供应方案见表 5-6～表 5-8。

表 5-6　南方型青绿饲料的均衡供应方案

饲料种类	栽培时间/月份	收获时间/月份	收获次数	平均产量/(kg/hm²)	营养含量/(%)		
					蛋白	脂肪	纤维
黑麦草	9～10	11～5	7	72000	13.4	4	21.2
苦荬菜	11～12	3～8	9(剥叶)	100000	23.64	15.45	14.54
番薯藤菜	4～5	6～11	8	130000	8.1	2.7	28.5
墨西哥玉米	3	4～11	5	114450	14.8	9.83	17.09
苏丹草	3～4	5～11	2	58500	5.8	7.5	28.01
光叶苕子	8～9	11～4	2	8083	23.07	4.99	24.15
小白菜	8～9	10～4	1	9722	12.72	1.4	8.11

表 5-7　西南方型青绿饲料的均衡供应方案

饲料种类	栽培时间/月份	收获时间/月份	收获次数	平均产量/(kg/hm²)
黑麦草	9～10	12～6	6～7	67000～75000
冬牧 70 黑麦草	9～10	12～4	5～6	75000～105000
大麦	9～10	2～4		22500～30000
胡萝卜	8～9	12～2		30000～45000
秋甘蓝	8～9	11～2		22500～30000
苦荬菜	3～4	5～8		120000～150000
美国大月亮南瓜	4～5	7～2		225000～300000
红苕藤	5～6	7～11		60000～75000
籽粒苋	4～5	6～8		150000～225000
野青草		2～11		7500～15000

表 5-8　北方型青绿饲料的均衡供应方案

饲料种类	栽培时间/月份	收获时间/月份	收获次数	平均产量/(kg/hm²)
苦苣	3	5～7	4～5	75000～100000
黑麦草	9～10	12～6	6～7	67500～75000
胡萝卜	8～9	12～2		30000～45000
空心菜	4～5	6～9	4～5	120000～150000
冬牧 70 黑麦草	9～10	12～4	5～6	75000～105000
青刈甘薯	5～6	7～9		120000～150000
北京燕麦	10	12～5		75000～105000

三、采集饲料时应注意的事项

在采集青绿饲料或加工炮制混合料时,还要注意有关饲料的中毒问题。例如,青绿饲料的焖煮、水烫或堆积时间过长,可引起病原微生物的增殖或产生亚硝酸盐。

◇ **任务实施**

查阅资料,制定一份适合于重庆市养兔的青绿饲料轮供方案。

1. 查资料

查找适宜在重庆市种植的牧草品种及相关参数。

2. 人员准备

以 5 人为一个学习小组,每组选出一名组长,由组长分配组员的任务,制定一份适合于重庆市养兔的青绿饲料轮供方案。

3. 操作步骤

(1)查找适宜种植的牧草品种。

(2)选择合适的牧草。

(3)确定养殖规模。

(4)制定轮供方案。

◇　**任务反思**

(1)青绿饲料轮供的意义。

(2)简述常见牧草的种植栽培技术。

(3)简述青绿饲料收获的注意事项。

◇　**学习评价**

评价内容	自我评价	教师评价	总评
了解常见青绿饲料的栽培技术			
掌握青绿饲料采集的注意事项			
能因地制宜地制定青绿饲料的供应方案			
总计			

注:评分标准为 10 分制,10 分为优,7 分为良,5 分为有待提高。

项目 6　家兔的饲养与管理

◇ 项目导入

我们如何判断家兔的性别？如何评价家兔的体况呢？那就需要我们掌握家兔的日常管理情况，并通过专业的知识对家兔进行身体检查，确定身体状况，给出合理的饲养建议。

在规模化兔场养殖过程中，更多的是饲养肉、皮、毛兔，它具有投资少、周转快、效益高的特点，是养殖户脱贫致富的理想产业。科学的饲养管理技术是养好家兔、取得高产优质产品的关键之一。如果饲养管理不当，即使有优良的兔种、丰富的饲料、合适的兔舍，仍然会使家兔生长发育不良、品种退化、抗病力差、死亡率高。而很多养殖户就是因为缺乏饲养经验，造成不必要的经济损失。因此，要养好家兔，必须采取科学的饲养管理技术。

本项目将学习 2 个任务：(1)家兔饲养管理的基本要求。(2)家兔饲养管理要点。

任务 6.1　家兔饲养管理的基本要求

◇ 任务目标

知识目标：
1. 掌握家兔饲养管理的一般原则。
2. 掌握家兔一般管理的基本技术要点。

技能目标：
1. 会对家兔进行体尺测量。
2. 会对家兔进行年龄和性别的鉴定。
3. 会给家兔进行耳号编制。

日常管理的
基本技术

◇ 任务准备

一、家兔饲养管理的一般原则

良好的饲养管理是家兔健康成长的重要环节，要想取得较好的经济效益，就要根据家兔的生物学特点、生活习性以及不同发育阶段的生理特点，采取不同的饲养管理方式。其内容包括以下几点。

1. 饲喂类型以青绿饲料为主、精料为辅

家兔为草食动物,应以青绿饲料为主,辅以精料。这是饲养草食动物的一个基本原则。实践表明:家兔不仅能食用植物茎叶(如青草、树叶)、块根(如土豆、胡萝卜、甜菜)、果菜(如瓜类、果皮、青菜)等饲料,还能对植物中的粗纤维进行消化,消化率为 65%～78%。其采食量为体重的 10%～30%。如表 6-1 所示。

表 6-1 不同体重家兔采食的青绿饲料量

家兔体重/克	采食青绿饲料量/克	采食量占体重/(%)
500	153	31
1000	216	22
1500	261	17
2000	293	15
2500	331	13
3000	360	12
3500	380	11
4000	411	10

家兔具有生长快、繁殖力高、代谢旺盛等特点。因此需要从饲料中获得多种养分才能满足需要,如果单用青绿饲料养兔就不能获得最佳经济效益,必须补喂适量的精饲料。据试验,精饲料与青绿饲料的比例如下:肉用生长兔、怀孕兔、长毛兔为 1∶1;泌乳母兔为 6∶4;公兔及空怀母兔为 3∶7。精饲料中含大麦、玉米、小麦等。根据生长、妊娠、哺乳等生理阶段的营养需要,精料补充量为 50～150 克。

大量使用青绿饲料的方式并不适合所有养兔场。通常情况是小规模的养兔场采用青绿饲料为主、精料为辅的方式;中等规模、饲草丰富的养兔场采用青绿饲料为辅、精料为主的方式;大规模养兔场通常为方便机械化和全自动设施或减少人工,采用全价颗粒饲喂方式。全价颗粒饲料中草料仍占据较大比例,符合家兔消化系统对粗纤维比例的要求。另外家兔具有喜欢采食颗粒饲料的习性。据研究,家兔每天饲喂 3%～5% 的全价颗粒饲料,就能维持良好的体况。

2. 合理搭配、饲料多样化

家兔生长快,繁殖力高,体内代谢旺盛,需要充足的营养。因此,家兔的日粮应由多种饲料组成,应根据饲料所含的养分,取长补短,合理搭配,这样既有利于生长发育,也有利于蛋白质的互补作用。在生产实践中,为了节省成本,经常采用多种饲料配合,使饲料之间的必需氨基酸互相补充,切忌饲喂单一的饲料。例如,禾本科籽实类含赖氨酸和色氨酸较低,而豆科籽实含赖氨酸及色氨酸较多,含蛋氨酸不足,故在组成家兔日粮时,以禾本科籽实及其副产品为主体,适当加入 10%～20% 豆饼粕、花生饼粕混合成日粮,就能提高整个日粮中蛋白质的作用和利用率。俗话说:"若要兔子好,喂饲百样草",就是这个道理。

3. 定时、定量喂食

在生产中饲喂方式有三种。第一种为自由采食,即经常备有饲料和饮水,任家兔自由采食,常用的饲料有颗粒饲料或饲草。第二种为分次饲喂,即每天定时定量投给饲料,使家兔习惯在短时间内采食投给的饲料。每天饲喂次数,一般成年兔为 3～4 次,青年兔为 4～5 次,幼兔可增加到 5～6 次。通常精饲料可分 2 次、青饲料分 3 次喂给。第三种为混合法,即基础饲料(青绿、多汁料和粗饲料)采取自由采食方式,补充饲料(精饲料或颗粒)采取分次喂给。据观察,在自由采食情况下,家兔每天采食 25～30 次,每次采食时间约 5 分钟,采食饲料 2～8 克。各种饲料在家兔消化道内消化吸收时间很不一样。家兔夜间采食量占全日采食量的一半以上,一般在光照开始后 2 小时食量降低到最低水平,而在黑夜来临前几个小时明显提高,整个夜间都保持着较高的水平。因此,夜间(最好是晚上 9 时以后)加喂一次饲料,对家兔的生长和健康都很有好处。

家兔是比较贪食的,定时、定量就是养成家兔良好的进食习惯,利于家兔有规律地分泌消化液,促进饲料的消化吸收。若不定时给料,就会打乱进食规律,引起消化机能紊乱,造成消化不良,易患肠胃病,使家兔的生长发育迟滞,体质衰弱。特别是幼兔,当消化道发炎时,其肠壁可渗透,容易引起中毒。所以,我们要根据兔的品种、体型大小、吃食情况、季节、气候、粪便情况来定时、定量给料,并做好饲料的干湿搭配。例如,幼兔消化力弱,食量少,生产发育快,就必须多喂几次,每次给的分量要少些,做到少食多餐。夏季中午炎热,家兔的食欲降低,早晚凉爽,家兔的胃口较好,给料时要掌握中餐精而少,晚餐吃得饱,早餐吃得早。冬季夜长日短,要掌握晚餐精而饱,中午吃得少,早餐喂得早。雨季水多湿度大,要多喂干料,适当喂些精料,以免引起腹泻。粪便太干时,应多喂多汁饲料;粪便稀时,应多喂干料。

4. 调换饲料逐渐增减

对于中小规模养兔场,由于使用青绿饲料作为家兔营养来源之一,饲料供应常随季节而变化。夏、秋以青绿饲料为主,冬、春以干草和根茎类、多汁饲料为主。因季节须变更日粮时,应掌握逐渐变换的原则,俗称"三三三法"。即两种饲料更换分三个阶段,每个阶段持续三天,每个阶段更换 1/3,一周左右更换完成。新换的饲料量应逐渐增加,使兔的消化机能与新的饲料条件逐渐适应。若饲料突然改变,容易引起家兔不适导致食量下降或绝食。

5. 切实注意饲料品质,合理进行饲料调制

生产中要特别注意饲料的品质,青绿饲料必须清洁、新鲜,不可贮存过久。不喂腐烂、霉臭、有毒的饲料;不喂带露水、水洗或雨水打湿未干的草类;不喂霜冻饲草;不喂被泥土、粪便、虫卵污染的草料;不喂被农药和化学试剂污染的草料。

精料要喂新鲜、优质的饲料。对怀孕母兔和仔兔尤应重视饲料品质,以防引起肠胃炎。要按照各种饲料的不同特点进行合理调制,做到洗净、切细、煮热、调匀、晾干,以提高家兔的食欲,促进消化,达到防病的目的。

6. 要注意饮水

水为兔生命所必需,因此,必须经常注意保证水分的供应,应将家兔的喂水列入日常的饲养管理规程。供水量根据家兔的年龄、生理状态、季节和饲料特点而定。幼龄兔处于生长发育旺期,饮水量要高于成年兔;妊娠母兔需水量增加,必须供应新鲜饮水,母兔产前、产后易感口渴,饮水不足易发生残食或咬死仔兔现象。高温季节的需水量大,喂水不应间断;天凉季节,仔兔、公兔和空怀母兔每日供水 1 次;冬季在寒冷地区最好喂温水,冰水易引起肠胃疾病。

现代养兔最好是保证自由饮水,理想的供水方式是采用全自动饮水系统,可确保每只兔笼供水充足。

7. 注意卫生、保持干燥

家兔体弱,抗病力差,且爱干燥。在生产中,每天须打扫兔笼,清除粪便;经常洗刷饲具;勤换垫草;定期消毒;保持兔舍清洁、干燥,使病原微生物无法滋生繁殖。这是增强家兔体质、预防疾病的必不可少的措施。

8. 要求安静,防止骚扰

家兔是胆小易惊、听觉灵敏的动物,经常竖耳听声,倘有异响,则会惊慌失措,乱窜不安,引起食欲减退。噪音对分娩、哺乳和配种时的家兔影响更大,所以在管理上应轻巧、细致,保持安静环境。据试验,饲养在安静兔舍的 3～4 月龄幼兔,每月增重一般均在 0.5 千克以上;而饲养在受到骚扰兔舍的同龄幼兔,则增重很少,甚至没有增重。因此,要养好家兔,兔舍四周必须保持安静,防止骚扰。同时,还要注意防御敌害,如狗、猫、鼬、鼠、蛇的侵袭。

9. 做好夏季防暑、冬季防寒、雨季防潮

家兔怕热,舍温超过 25 ℃即食欲下降,影响生长。因此,夏季应做好防暑工作,兔舍门窗应打开,以利通风降温,兔舍周围宜植树、搭葡萄架、种南瓜或丝瓜等饲料作物进行遮阴。如气温过热,舍内温度超过 30 ℃时,应在兔笼周围洒凉水降温。目前采取湿帘冷风机降温是一种很好的形式,必要时可对屋顶进行喷淋降温。有条件的兔场可采用干式空气冷却降温。高温时喂给清洁饮水,水内加少许食盐,以补充家兔体内盐分的消耗。

寒冷对家兔也有影响,舍温降至 15 ℃以下即影响繁殖,冬季舍温维持在 10～15 ℃即可,低于 5 ℃会产生明显的冷刺激。初生仔兔体表无毛,保温能力差,舍内温度需要保持 20 ℃以上,才能保证产仔箱内达到适宜的温度。因此我国北方地区在冬季需要有供暖才能达到家兔生产的适宜温度。

雨季是家兔一年中发病和死亡率较高的季节,此时应特别注意舍内干燥,应勤换垫草,兔舍地面应勤扫,在地面上撒干石灰防潮。

10.分群分笼管理

为了便于管理,有利家兔的健康,兔场所有兔群应按品种、生产方向、年龄、性别等,分成毛用兔群、皮用兔群、肉用兔群、公兔群、母兔群、青年兔群、幼兔群等,进行分群分笼管理。成年兔一兔一笼,未成年兔一笼不超过 3～5 只,皮用兔和毛用兔在 3 月龄后单笼饲养。

二、日常管理的基本技术

日常管理的基本技术包括五个方面:捉兔方法,年龄鉴别,性别鉴定,家兔去势,家兔编号。

1.捉兔方法

捕捉家兔是兔场管理上最常用的技术,如果方法不对,往往造成不良后果。家兔耳朵大而竖立,初学养兔的人,捉兔时往往捉提两耳,但家兔的耳部是软骨,不能承悬全身重量,拉提时必感疼痛而挣扎(因兔耳神经密布,血管很多,听觉敏锐),这样易造成耳根受伤。捕捉家兔也不能倒拉它的后腿,家兔善于向上跳跃,不习惯于头部向下,如果倒拉的话,则易发生脑充血,使头部血液循环发生障碍,以致死亡。若提家兔的腰部,也会伤及内脏,较重的家兔,如拎起任何一部分的表皮,易使肌肉与皮层脱开,对家兔的生长、发育都有不良影响。因此在捕捉家兔时应勿使它受惊。首先在头部用右手顺毛按摩,等兔较为安静时,然后抓住两耳及颈皮,一手托住后躯,使重力倾向托住后躯的手上,这样既不伤害家兔,也避免家兔抓伤人。如图 6-1所示。

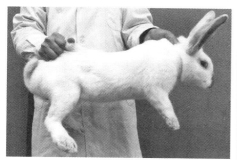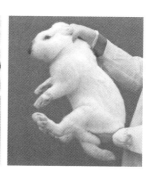

图 6-1　捉兔方法

2.年龄鉴别

家兔的门齿和趾爪随年龄增长而增长,是年龄鉴别的重要标志,从家兔眼神、被毛和皮板情况可以判断年龄大小。通常 1 岁以下为青年兔,1～3 岁为壮年兔,3 岁以上为老年兔。

青年兔:门齿洁白短小,排列整齐。趾爪较短,直平而富有光泽,隐在脚毛中。白色兔趾爪基部呈粉红色,尖端呈白色,且红色多于白色。

壮年兔:门齿白色,粗长而整齐。趾爪粗细适中,较平直,随着年龄增长趾爪逐渐露出脚毛之外。白色家兔的趾爪颜色是白色多于红色(红白相等时大约 1 岁左右)。皮板薄厚适中,结实紧密。

老年兔:门齿黄暗,厚而长,排列不整齐,有时破损。趾爪粗而长,爪尖钩曲,表面粗糙无光泽,一半露出脚毛之外,白色家兔趾爪白色远多于红色。眼神无光,行动迟钝。皮板厚而松弛,长毛兔被毛出现两型毛较多。

3.性别鉴定

初生仔兔可观察其阴部孔洞形状以及阴部与肛门之间的距离来区分性别。操作时将手洗净拭干,把仔兔轻轻倒握在手中,头部朝向人的手腕方向,仔细观察,用食指向背侧压住尾部,用两手的拇指压下阴部,翻出红色的黏膜即可,如图 6-2 所示。阴部孔洞呈扁形而略大,与肛门大小接近,距肛门较近者为母兔(见图 6-3);孔洞呈圆形,略小于肛门,距肛门较远者为公兔(见图 6-4)。阴部前方有一对白色的小颗粒,为阴囊的雏形,是公兔;没有的则是母兔。

图 6-2　性别鉴定手法

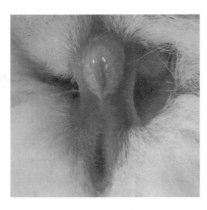

图 6-3　母兔

图 6-4　公兔

当仔兔开眼后,可检查生殖器官。即用右手抓住仔兔耳颈,左手以中指和食指夹住兔尾,大拇指轻轻向上推开生殖器,若局部为"O"形,下为圆柱体者是公兔;局部呈"V"形,下端裂缝延至肛门者为母兔。

3 个月以上的幼兔和青年兔鉴定性别比较容易。方法是:右手抓住耳和颈皮,左手中指和食指夹住兔尾,手掌托起臀部,用拇指推开生殖孔,其口部突出呈圆柱形者是公兔;若呈尖叶形,裂缝延至下方,接近肛门的是母兔。中、成年兔只要看有无阴囊,便可鉴别其性别。

4. 家兔去势

凡不留作种用的公兔或淘汰的成年公兔,为使其性情温顺,便于管理,均可去势育肥。家兔去势一般在 2.5～3 月龄进行(淘汰的成年公兔除外)。因为 2.5 月龄以前,睾丸仍在腹腔里或腹股沟内,阴囊尚未形成,无法去势。

去势方法有以下几种。

(1)阉割法。可先将待去势的家兔催眠,将家兔的背朝下,头的位置稍低,适当保定,然后顺毛方向抚摸胸腹部、头侧面部、太阳穴部,家兔很快进入睡眠状态。这时阉割一般没有痛感表现,眼睛半睁半闭,斜视,呼吸次数减少。如果手术中间苏醒,可用上述方法继续催眠,手术结束后,使其站立,即刻便会苏醒。阉割时,将睾丸从腹股沟管挤入阴囊,捏紧不使睾丸滑动,先用碘酒消毒术部,再用酒精棉球脱碘。尔后用消过毒的手术刀顺体轴方向切开皮肤,开口约 1 厘米,随即挤出睾丸,切断精索。用同法取出另一颗睾丸,然后涂上碘酒即可。成年兔去势时,为防止出血过多,切断精索前应用消毒线先行扎紧。如果切口较大,可缝合 1～2 针。去势后应放入消过毒的笼舍内,以防感染伤口。一般经 2～3 天即可康复。

(2)结扎法。用以上方法保定,先用碘酒消毒阴囊皮肤,将双睾丸分别挤入阴囊捏住,用消毒尼龙线或橡皮筋将睾丸连同阴囊一起扎紧,使血液不能流通,约经 10 天左右,睾丸即能枯萎脱落,达到去势的目的。应注意的是,睾丸在萎缩之前有几天的水肿期,比较疼痛,影响家兔的采食和增重。

(3)注药法。利用药物可杀死睾丸组织的原理,往睾丸实质注入药物。具体方法是:先将需去势的公兔保定好,在阴囊纵轴前方用碘酒消毒后,视公兔体型大小,每个睾丸注入 5% 碘酊或氯化钙溶液 1.5～2 毫升。注意药物应注入睾丸内,切忌注入阴囊内。注射药物后睾丸开始肿胀,3～5 天后自然消肿,7～8 天后睾丸明显萎缩,公兔失去性欲。

5. 家兔编号

为便于管理和记录,可把种兔逐只编号。编号的适宜部位是耳内侧,编号的适宜时间是断奶前 3～5 天。一般公兔编在左耳,编单号;母兔编在右耳,编双号。编号方法有以下几种。

(1)耳标法。先用铝片制成小标签,上面打好要编的号码,然后用锋利刀片在兔耳内侧上缘无血管处刺穿,将标签穿过小洞口,弯成圆环状固定在耳上扣好。

(2)耳号钳法。采用的工具为特制的耳号钳和与耳号钳配套的数字钉、字母钉。先将耳号钉插入耳号钳内固定,在兔耳内侧无毛而血管较少处用碘酒消毒,待碘酒干后涂上醋墨(墨汁中加少量食醋),再用耳号钳夹住要刺的部位,用力紧压,刺针即刺入皮内,取下耳号钳,用手揉捏耳壳,使墨汁浸入针孔,数日后即可呈现出蓝色号码,永不褪色。

（3）墨刺法。在无耳号钳的条件下打耳号,可用蘸水笔尖沾取醋墨直接刺耳号,刺时耳背部垫一橡皮,可使刺出的号码更清楚。

◇ **任务实施**

一、家兔体尺、体重测量

1.材料准备

卷尺、卡尺、电子秤等。

2.操作步骤

①捕捉保定方法。

先用手在背部顺毛方向反复抚摸,待兔安静时,用右手抓住两耳和颈部皮肤,提起后用左手托住臀部,使家兔重心落在左手上,左手起托重的作用,右手起保定作用。家兔捕捉保定严禁只抓两耳、腰部或提后肢等。

②家兔的体尺测量。

a.体长由鼻端到尾根的水平距离。

b.背长由头部枕骨大孔至尾根的自然长度。

c.胸围是在肩后方绕胸廓一周的长度。

d.头长是项顶部至两鼻孔下角的长度。

e.头宽是两眼窝外角突起之间的宽度。

f.额长是项顶至两眼内角的长度。

g.耳长是耳根至耳尖部的长度。

h.胸深是肩胛骨最高处至胸下缘的距离,用量角规测量。

③体重测量。

家兔体重称量的项目包括初生窝重、断奶重、3 月龄重、4 月龄重、5 月龄重和 6 月龄重。体重称量应在早饲前相对空腹状态进行。表 6-2 为家兔体尺、体重测量记录表。

表 6-2　家兔体尺、体重测量记录表

序号	体长	背长	胸围	头长	头宽	额长	胸深	体重	体尺指数
1									
2									
3									

二、家兔耳号编制

1.材料准备

耳号钳,大头针、醋墨（墨块、砚台、白醋）、干棉球等。

2.操作步骤

打耳号常用工具为耳号钳和耳号戳。以耳号钳效果最好。用耳号钳打耳号时,先将欲打的号码按先后顺序排入耳号钳内并固定。耳号一般打在耳壳内侧上 1/3～1/2 处,以避开大的血管。打前先消毒,再将耳朵放入耳号钳中间,使号码对准欲打部位。然后按压手柄,用力适度,使号码针尖刺透表皮,刺入真皮,但不刺穿耳壳,使血液渗出而不外流为宜。刺号之后,立即涂擦醋墨。

三、家兔性别鉴定

1.材料准备

初生仔兔、仔兔、成年兔若干。

2.操作步骤

（1）初生仔兔性别鉴定。

①阴孔观察法。可根据初生仔兔阴部孔洞的形状、大小和距离鉴定性别。母兔阴孔为扁形、较大,大小与肛门相近,距肛门较近。公兔阴孔为圆形,略小于肛门,洞口向前,距肛门较远。

②翻阴鉴别法。初生仔兔阴孔内有一层薄薄的护膜。将仔兔轻轻握在左手心,右手拇指及左手拇指分别放在仔兔阴孔上部两侧,轻轻往两侧掰裂,阴孔便呈现特有的形状。呈"O"形上举者为公兔(黏膜颜色较淡),呈两片花瓣状的为母兔(黏膜颜色较深红)。

（2）仔兔性别鉴定。

断乳前后的仔兔,睾丸尚未落入阴囊中。此时仍采用外阴鉴别法。左手抓住兔子的双耳,右手食指和中指夹住尾根,往外翻转用力,大拇指放于外阴前缘,往前下方按压,使外阴黏膜外翻。外阴口部呈圆形,上举者为公兔。外阴口部呈尖叶状裂缝,其下缘接近肛门者为母兔。

（3）成年兔性别鉴定。

此时家兔均已性成熟。公兔睾丸已坠落到腹股沟下,阴囊已形成,按压外阴孔,可露阴茎。母兔外阴呈尖叶状,下缘与肛门接近。成年兔比较容易鉴别,但应注意隐睾兔和间性兔。

◇ **任务反思**

（1）测量家兔体尺、体重,并计算体尺指数。

（2）写出兔耳号每位数码的代表意义。试给一个 500 只基础母兔的种兔场设计一个编耳号方案。

（3）家兔性别鉴定的要点。

◇ **学习评价**

评价内容	自我评价	教师评价	总评
能正确捕捉保定家兔			
能正确测量兔的体尺和体重			
能给家兔进行编制耳号			
能正确鉴别家兔的性别			
总计			

注:评分标准为 10 分制,10 分为优,7 分为良,5 分为有待提高。

任务 6.2　家兔饲养管理要点

◇ **任务目标**

知识目标:

1.掌握种公兔的饲养管理要点。

2.掌握种母兔的饲养管理要点。

3.仔兔的饲养管理要点。

4.幼兔和青兔的饲养管理要点。

5.不同用途兔的饲养管理要点。

家兔的分类
饲养管理

兔分类饲养管理包括种公兔的饲养管理、种母兔的饲养管理、空怀时期的饲养管理、怀孕种母兔的饲养管理、哺乳母兔的饲养管理、仔兔的饲养管理、幼兔和青年兔的饲养管理以及不同用途兔的饲养管理。

1. 种公兔的饲养管理

种公兔用来配种。只有发育很好、体格健壮、性欲旺盛的种公兔才能完成配种任务，过肥过瘦都不适用于配种。

种公兔的受精能力首先取决于精液的数量和质量，而精液的质量与种公兔的营养有密切的关系，特别是蛋白质、矿物质、维生素等营养物质，对保证精液品质有着重要作用。精液质量与饲料中蛋白质的质量关系最大，动物性蛋白质对于精液的生成有显著的效果。日粮中加入动物性饲料可使精子活力增加并使受精能力提高。实践证明：平时精液不佳的种公兔，如能喂给豆饼粕、花生饼粕、麸皮粕以及紫云英、苜蓿、苕子等，精液的质量即显著提高。维生素对精液品质也有显著影响。例如，种公兔日粮中维生素含量缺乏时，精子的数目少，异常的精子多；幼兔的日粮中如维生素含量不足，则生殖器官发育不全，睾丸组织退化，性成熟推迟，如能及早补给青草、南瓜、胡萝卜、大麦芽、菜叶等饲料，可得到纠正。磷为核蛋白形成的要素，为制造精液所必需。钙、磷比例应为 1.5∶1～2∶1。精料中如能经常配以 2％～3％的骨粉、蛋壳粉或贝壳粉等钙作补充料，钙、磷就不致缺乏。

对种公兔的饲料应着眼于营养上的长期性。饲料的变动对于精液品质的影响很缓慢，故对精液品质不佳的种公兔改用优质饲料来提高其精液品质时，要长达 20 天左右才能见效。因此，对一个时期集中使用的种公兔，应注意在 20 天前调整日粮比例。

在配种期间，也要相应增加饲料用量。如种公兔每天配种 2 次，在饲料量中需增加 30％～50％的精料。同时，根据配种的强度，适当增加动物性饲料，以改善精液的品质，提高受孕率。种公兔的饲料可因地制宜，就地取材，但要求饲料营养价值高，容易消化，适口性好；注意要补加矿物质饲料，每天在精料中加入 1～2 克食盐和少量蛋壳粉、蚌壳粉等。

种公兔的管理要注意以下几点。

(1) 留种用的 3～3.5 月龄的幼兔按性别分开饲养，严防早配乱交。非种用的肉用公母兔，要进行去势后肥育。

(2) 要多运动。长期不运动的公兔容易肥胖，四肢软弱，所以，要增加公兔的运动量，可将两个相邻兔笼打通，增加公兔运动时间。如果条件允许，每天可放公兔出笼运动 1～2 小时，并多晒太阳。

(3) 种公兔宜一笼一兔，以防互相殴斗；公兔笼和母兔笼要保持较远的距离，避免异性刺激，影响公兔性欲。

(4) 配种时，应把母兔捉到公兔笼内，不宜把公兔捉到母兔笼内进行。因为公兔离开了自己所熟悉的环境会抑制性活动机能，精力不集中，影响配种效果。

(5) 种公兔配种次数，一般以一天 2 次为宜，初配的青年公兔每天以一次为宜，配种两天休息一天。如果连续滥配，会使公兔过早地丧失配种能力，减少使用年限。

(6) 种公兔在换毛期不宜配种。因为换毛期间家兔消耗营养较多，体质较差，此时配种会影响兔体健康和受胎率。

(7) 要有详细配种记录，以便观察每只种公兔所产后代的品质，以利于选种选配。优质种公兔除加强饲养管理外，还应予以充分利用，使之繁殖更多更好的仔兔，不断提高兔群的质量。

2. 种母兔的饲养管理

种母兔是兔群的基础,它除了自身生长发育外,还有怀胎、泌乳、产毛等负担,因此,种母兔体质的好坏直接影响到后代,所以一定要做好种母兔的饲养管理工作。种母兔的饲养管理工作是一项细致而复杂的事情。例如,种母兔在怀孕、哺乳、空怀三个阶段中的生理状态有着显著的差异。因此,在种母兔的饲养管理上,也应根据各阶段的特点,采取相应的措施。

3. 空怀时期的饲养管理

种母兔的空怀时期是指仔兔断奶到再次配种怀孕的一段时期,一般叫做空胎期,也叫休养期。这个时期的种母兔由于哺乳期消耗了大量养分,身体比较瘦弱,需要多种营养物质来补偿和提高其健康水平。所以在这个时期要给以优质的青饲料,并适当喂给精料,以补给哺乳期中落膘后复膘所需用的一些养分,使它能正常发情排卵,以便适时配种受胎。这个时期的种母兔不能养得过肥或过瘦。空怀时期的种母兔所用的饲料,各地可就地取材,夏季可多喂青绿饲料,冬季一般给予优良干草、豆渣、块根类饲料,应适当补充精料,还要保证供给正常生理活动的营养物质。种母兔在配种前15日应转换成怀孕母兔的营养标准,使其具有更好的健康水平。

4. 怀孕种母兔的饲养管理

种母兔自交配到分娩的一段时期叫怀孕期。在怀孕期间,种母兔除维持自身生命活动外,胚胎、乳腺发育和子宫的增长代谢增强等方面都需要消耗大量的营养物质。怀孕种母兔在饲养管理上主要是供给种母兔全价营养物质,保证胎儿正常发育,加强护理防止流产。所以在种母兔交配7天后要马上进行怀孕检查,若确实已经受胎的要做好下列工作。

(1)加强营养。种母兔在怀孕期间(特别是怀孕后期)能否获得全价的营养物质,与胚胎的正常发育和母体健康以及产后的泌乳能力关系密切。对怀孕种母兔在怀孕期间(特别是怀孕后期)给予精饲料喂养,母体健康,泌乳力强,所产仔兔发育良好,生命力强;相反则种母兔消瘦,泌乳减少,仔兔生命力弱。所以,在怀孕期间应给予种母兔营养价值高的饲料。在怀孕后期,饲料的数量和质量与胎儿的生长关系很大,应逐步增加优质青绿饲料,并补充豆饼粕、花生饼粕、豆渣、麸皮、骨粉、食盐等含蛋白质、矿物质丰富的饲料,自受胎到第15天饲料量要相应增加,直到临产前3天才减少精料量,每天只喂较少的精料,但要多给青饲料。

(2)做好护理,防止流产。种母兔流产一般多在怀孕后15~20天内发生。种母兔流产亦如正常分娩一样,要衔草拉毛营巢,但产出来未成形的胎儿多被种母兔吃掉。为了防止流产,不能无故捕捉种母兔,特别在怀孕后期要倍加小心。若要捕捉,应该用两只手操作,一手抓颈部,一手托臀部,并保持兔体不受冲击,轻拿轻放。兔笼附近不可大声惊吵,保持安静。种母兔怀孕15天后,应单笼饲养。如若因条件所限,在怀孕种母兔舍内又养有其他各种家兔(哺乳兔、幼兔、中兔、成兔)时,在每天喂料时应先喂怀孕种母兔。兔笼应干燥,冬季喂饮温水,饲料质量要好,忌喂霉烂饲料,禁止触顶其腹部。毛用兔在此期间应停止采毛、梳毛,以免影响胎儿正常发育。

(3)做好产前准备工作。规模兔场种母兔大多是集中配种,集中分娩。因此,最好将兔笼进行调整。对怀孕已达25天的种母兔均调整到同一兔舍内,以便管理;兔笼和产箱要进行消毒,消毒后的兔笼和产箱应用清水冲洗干净,消除异味,以防种母兔乱抓或不安。消毒好的产箱即放入笼内,让母兔熟悉环境,便于衔草、拉毛做窝。产房要有专人负责,冬季室内要保温,夏季要防暑、防蚊。

5. 哺乳种母兔的饲养管理

种母兔自分娩到仔兔断奶的这段时期为哺乳期。哺乳期的种母兔每天可分泌乳汁60~150毫升,高产的种母兔日泌乳可达150~250毫升,甚至高达300毫升。乳汁的蛋白质含量为10.4%,脂肪含量为12.2%,乳糖含量为18%,灰分含量为2.0%。哺乳种母兔为了维持生命活动和分泌乳汁,每天都要消耗大量的营养物质,而这些营养物质,又必须从饲料中获得。如果喂给的饲料量不足且品质低劣时,哺乳种母兔则得不到充足营养,从而动用大量的体内贮存。在生产实践中,哺乳种母兔也常因营养不足、养分入不敷出、能量消耗过大而影响健康和产奶量。因此,哺乳种母兔应当增加饲料量,同时,除喂给新鲜的青绿饲料外,还应补加一些精料和矿物质饲料。另外,必须供给充足清洁的饮水,以满足哺乳母兔对水分的要求。在管理上,每天要清理兔笼舍,换除肮脏垫草,每周应消毒兔笼,更换垫草,饲喂用具每次喂料都要洗刷干净,保持清洁卫生。要经常检查种母兔的泌乳情况,对种母兔的乳房、乳头也要经常检查,如发现乳房有硬块、乳头红肿情况,要及时治疗。

6.仔兔的饲养管理

从出生到断奶这段时期的家兔称为仔兔。这一时期可视为家兔由胎生期转至独立生活的一个过渡阶段。胎生期的家兔在母体子宫内发育,营养由母体供给,温度恒定;出生后,环境发生急剧变化,而这一阶段的仔兔由于机体生长发育尚未完全,体温调节能力差,适应能力弱,抵抗力差。初生仔兔的体重一般在45～65克,在正常发育情况下,出生后一周的仔兔体重应比出生时增加一倍。图6-5和图6-6分别为4日龄、10日龄仔兔。

图6-5　4日龄仔兔

图6-6　10日龄仔兔

仔兔饲养管理依其生长发育特点可分睡眠期、开眼期两个阶段。

（1）睡眠期。

仔兔出生后至开眼的时间,称为睡眠期。在这个时期内饲养管理的重点是早吃奶,吃足奶。仔兔出生前尽管可以通过母体胎盘获得一部分免疫抗体,但是从母乳中吸收免疫球蛋白仍然是很重要的。由于兔奶营养丰富,又是仔兔生长发育的直接来源,所以这一阶段的仔兔如不能早吃奶、吃足奶,则死亡率极高。因此,在仔兔出生后6～10小时内,须检查种母兔哺乳情况,发现没有吃到奶的仔兔,要及时让种母兔喂奶。自此以后,每天均须检查几次。检查仔兔是否吃到足量的奶,是仔兔饲养上的基本工作。

仔兔生下来后就会吃奶,护仔性强的种母兔,能很好地哺喂仔兔。仔兔吃饱奶时,安睡不动,腹部圆胀,肤色红润,被毛光亮;饿奶时,仔兔在窝内很不安静,到处乱爬,皮肤皱缩,腹部不胀大,肤色发暗,被毛枯燥无光,如用手触摸,仔兔头向上窜,"吱吱"嘶叫。仔兔在睡眠期除吃奶外,全部时间都是睡觉,仔兔的代谢很旺盛,吃下的奶汁大部分被消化吸收,很少有粪便排出来。因此,睡眠期的仔兔只要能吃饱奶、睡好,就能正常生长发育。

在生产实践中,初生仔兔吃不到奶的现象常会出现。这时我们必须查明原因,针对具体情况,采取有效措施。①如初产母兔,产仔后不会照顾自己的仔兔,甚至不给仔兔哺乳,以至仔兔缺奶挨饿,如不及时处理,会导致仔兔死亡。在这种情况下,必须及时采取强制哺乳措施。方法是将母兔固定在巢箱内,使其保持安静,将仔兔分别安放在母兔的每个乳头旁,嘴顶母兔乳头,让其自由吮乳,每日强制4～5次,连续3～5日,母兔便会自动喂乳。②如出现有些母兔产仔数多、有些母兔产仔头数少的情况。多产的母兔乳不够供给仔兔,仔兔营养缺乏,发育迟缓,体质衰弱,易于患病死亡;少产的母兔泌乳量过剩,仔兔吸乳过量,引起消化不良,甚至腹泻消瘦死亡。在这种情况下,应当采取调整仔兔的措施。可根据母兔泌乳的能力,对同时分娩或分娩时间先后不超过1～2天的仔兔进行调整。方法是:先将仔兔从巢箱内拿出,按体形大小、体质强弱分窝;然后在仔兔身上涂上种母兔的尿液,以防被种母兔咬伤或咬死;最后把仔兔放进各自的巢箱内,并注意种母兔哺乳情况,防止意外事情发生。调整仔兔时,必须注意:两只种母兔和它们的仔兔都是健康的;被调仔兔的日龄和发育与其种母兔的仔兔大致相同;要将被调仔兔身上粘上的巢箱内的兔毛剔除干净;在调整前先将种母兔离巢,被调仔兔放进哺乳种母兔巢内,经1～2小时,使其粘带新巢气味后才将种母兔送回原笼巢内。如若种母兔拒哺调入仔兔,则应查明原因,采取新的措施,如重调其他种母兔或补涂种母兔尿液,减少或除掉被调仔兔身上的异味等。

管理仔兔的常见方法如下。

①全窝寄养。一般是在仔兔出生后,母兔死亡,或者良种母兔要求频繁配种、扩大兔群时所采取的措施。寄养时应选择产仔少、乳汁多而又是同时分娩或分娩时间相近的母兔。为防止寄养母兔咬异味仔兔,在寄养前,可在被寄养的仔兔身上,涂上寄养母兔的尿,在寄养母兔喂奶时放入窝内。一般采取上述措施后,母兔不再咬异窝仔兔。

②人工哺乳。如果仔兔出生后母兔死亡,无奶或患有乳房方面的疾病不能喂奶,又不能及时找到寄养母兔时,可以采用人工哺乳的措施。人工哺乳的工具可用玻璃滴管、注射器、塑料眼药水瓶,在管端接橡胶乳头即可。喂饲以前要煮沸消毒,冷却到 37~38 ℃时喂给,每天 1~2 次。人工哺乳可用牛奶、羊奶或炼乳等代替兔乳(1 周内加 1~1.5 倍水稀释,1 周后加少许水,2 周后可用全奶)。喂饲时要耐心,在仔兔吸吮同时轻压橡胶乳头或塑料瓶体。但不要滴入太急,以免误入气管呛死。不要滴得过多,以吃饱为限。

③防止吊乳。吊乳是养兔生产实践中常见的现象之一。主要原因是母兔乳汁少,仔兔不够吃,较长时间吸住母兔的乳头,母兔离巢时将正在哺乳的仔兔带出巢外;或者母兔哺乳时,受到骚扰,引起惊慌,突然离巢。吊乳出巢的仔兔,容易受冻死亡,所以饲养管理上要特加小心,当发现有吊乳出巢的仔兔应马上将仔兔送回巢内,并查明原因,及时采取措施。如果是母兔乳汁不足引起的吊乳,应调整母兔日粮,适当增加饲料量,多喂青绿饲料,补以营养价值高的精料,以促进母兔分泌出质好量多的乳汁,满足仔兔的需要。如果是管理不当引起的惊慌离巢,应加强管理工作,积极为母兔创造哺乳所需的环境条件,保持母兔的安静。如果发现吊在巢外的仔兔受冻发凉时,应马上将受冻仔兔放入温箱取暖。或将仔兔全身浸入 40 ℃温水中,露出口鼻呼吸,只要抢救及时,措施得法,大约 10 分钟后便可救活仔兔,待皮肤红润后即擦干身体放回巢箱内。

④保温。仔兔出生时全身无毛,出生后 4~5 天才开始长出茸茸细毛,这个时期的仔兔对外界环境的适应力差,抵抗力弱。因此,冬春寒冷季节要防冻,夏秋炎热季节要降温、防蚊,平时要防鼠害、兽害。要认真做好清洁卫生工作,保持垫草的清洁与干燥。仔兔身上盖毛的数量随天气而定,天冷时加厚,天热时减少。如果是长毛兔,应酌情加以处理,因长毛兔毛长而细软,受潮挤压,结成毡块,仔兔卧在毡块上面,不能匿入毛中,保温力差。用长毛铺盖巢穴,由于仔兔时常钻动,颈部和四肢往往会被长毛缠绕,造成残疾或死亡。因此,用长毛兔的毛垫巢,还必须先将长毛剪碎,并且掺杂一些短毛,这样就可避免结毡。裘皮类兔毛短而光滑,经常蓬松,不会结毡,仔兔匿居毛中,可随意活动,而且保温力也较高。为了节省兔毛,也可以用新鲜棉花拉松后代替褥毛使用。由于兔的嗅觉很灵敏,不可使用被粪便污染的旧棉絮或破布屑。初生仔兔,必须立即进行性别鉴定,淘汰多余的公兔。长毛兔哺乳 4~5 只仔兔,皮用兔哺乳 5~6 只仔兔为宜。可根据种母兔产仔数量进行调整。此外,晚上应取出巢箱,放在安全的地方。

(2)开眼期。

仔兔出生后 12 天左右开眼,从开眼到离乳,这一段时间称为开眼期。仔兔开眼时间与发育有关,发育良好的开眼早。仔兔若在出生后 14 天开眼,体质往往很差,容易生病,要加强护养。

仔兔开眼后,精神振奋,会在巢箱内往返蹦跳;数日后跳出巢箱,叫做出巢。出巢的迟早依母乳多少而定,母乳少的早出巢,母乳多的迟出巢。此时,由于仔兔体重日渐增加,母兔的乳汁已不能满足仔兔的需要,常紧追母兔吸吮乳汁,所以开眼期又称追乳期。这个时期的仔兔要经历一个从吃奶转变到吃固体饲料的变化过程,由于仔兔胃的发育不完全,如果转变太突然,常常造成死亡。所以在这段时期,饲养重点应放在仔兔的补料和断奶以及管理上。实践证明,抓好、抓紧这项工作,就可促进仔兔健康生长。

①抓好仔兔的补料。皮用兔出生后 16 日龄,毛用兔出生后 18 日龄,就开始试吃饲料。这时应给少量易消化而又富有营养的饲料,并在饲料中拌入少量的矿物质、抗生素等消炎、杀菌、健胃药物,以增强体质,减少疾病。仔兔胃小,消化力弱,但生长发育快,在喂料时要少喂多餐,均匀饲喂,逐渐增加。一般每天喂给 5~6 次,每次份量要少一些,在开食初期哺母乳为主,饲料为辅;到 30 日龄时,则转变为以饲料为主,母乳为辅,直到断乳。在过渡期间,要特别注意缓慢转变的原则,使仔兔逐步适应,才能获得良好的效果。

②抓好仔兔的断奶。仔兔在断奶前要做好充分准备,如断奶仔兔所需用的兔舍、食具、用具等应事先进

行洗刷与消毒。断奶仔兔的日粮要配合好。小型仔兔 40～45 日龄,体重 500～600 克,大型仔兔 40～45 日龄,体重 1000～1200 克,就可断奶。过早断奶,仔兔的肠胃等消化系统还没有充分发育形成,对饲料的消化能力差,生长发育会受影响。在不采取特殊措施的情况下,断奶越早,仔兔的死亡率越高。根据实践观察,30 天断奶时,成活率仅为 60%;40 天断奶时,成活率为 80%;45 天断奶时,成活率为 88%;60 天断奶时,成活率可达 92%。但断奶过迟,仔兔长时间依赖母兔营养,消化道中各种消化酶形成缓慢,也会引起仔兔生长缓慢,对母兔的健康和每年繁殖次数也有直接影响。所以,仔兔的断奶应以 40～45 日龄为宜。

仔兔断奶要根据全窝仔兔体质强弱而定。若全窝仔兔生长发育均匀,体质强壮,可采用一次断奶法,即在同一日将母子分开饲养。离乳母兔在断奶 2～3 日内,只喂青绿饲料,停喂精料,使其停奶。如果全窝仔兔体质强弱不一,生长发育不均匀,可采用分期断奶法。即先将体质强的分开,体弱者继续哺乳,经数日后,视情况再行断奶。如果条件允许,可采取移走种母兔的办法断奶,避免环境骤变,对仔兔不利。

③抓好仔兔的管理。仔兔开食时,往往会误食母兔的粪便,如果母兔有球虫病,就易于感染仔兔。为了保证仔兔健康,应分笼饲养,但必须每隔 12 小时给仔兔喂一次奶。仔兔开食后,粪便增多,要常换垫草,并洗净或更换巢箱,否则,仔兔睡在湿巢内,对健康不利。要经常检查仔兔的健康情况,察看仔兔耳色,如耳色桃红,表明营养良好;如耳色暗淡,说明营养不良。

7. 幼兔和青兔的饲养管理

从断奶到 3 月龄的小兔称幼兔。这个阶段的幼兔生长发育快,抗病力差,要特别注意护理。断奶仔兔必须养在温暖、清洁、干燥的地方,以笼养为佳。笼养初期时,每笼可养兔 3～4 只。饲喂由麸皮、豆饼等配合成的精料及优质干草为宜。因为兔奶中的蛋白质、脂肪含量分别为 10.4% 和 12.2%,高于牛奶 3 倍,所以用喂成年兔的饲料是很难养活幼兔的。所喂饲料要清洁新鲜,青草要洗净晾干后再喂。应少喂多餐,青绿饲料一天 3 次,精料一天 2 次,此外可加喂一些矿物质饲料。

仔兔断奶后正是换毛时期,体内新陈代谢旺盛,需要营养较多,所以饲料给量应相应增加。毛用兔 2 月龄要把乳毛全部剪掉,以促进其生长发育。剪毛以后的仔兔,要加强护理,对体弱的毛用兔要精心喂养,注意防寒保温,否则很容易死亡。3～6 月龄的仔兔称青年兔(亦称中兔)。青年兔食量大,生长发育快。饲养以粗饲料为主,适当补充矿物质饲料,加强运动,使它得到充分发育。青年兔已开始发情,为了防止早配,必须将公母兔分开饲养。对 4 月龄以上的公兔要进行选择,凡是发育优良的留做种用,单笼饲养。凡不宜留种的公兔应及时去势采用群饲。

8. 不同用途兔的饲养管理

(1)毛兔的饲养管理。

毛兔的饲养管理与家兔的饲养管理原则基本相同。毛兔的采食量随着采毛周期(一般 3 个月采一次毛)和毛的生长情况而变化,采毛后的第 1 个月,毛兔的采食量最大,因这时兔体毛短或裸露,大量体热被散发,需要补充大量的能量;经 2 个月,兔毛已长到一定的长度,此时是兔毛长得最快的阶段,因此必须保证毛兔吃饱吃好;3 个月后,毛长到一定长度,此时毛兔的采食量相应减少了,所以在饲养毛兔时,必须根据采毛后的不同阶段和采食量的变化规律,细心调节饲料。

毛兔的饲喂方法有 2 种。①采毛后第 1 个月,每兔(成年)喂 190～210 克干饲料,第 2 个月喂 170～180 克,第 3 个月喂 140～150 克。②采毛后 1 个月内任意采食,第 2 个月以后都采用定时定量饲喂。在法国和德国,采用让毛兔每周停食一天的喂法,排空兔胃,减少毛兔吃进去的毛在胃内积存而形成毛球的危险性。根据采毛周期来进行科学饲喂,有利于毛兔的健康和促进毛的生长,可以获得更多的好毛。毛兔采毛后兔体裸露,夏季要防止太阳直射,冬天要注意保暖,适当增加营养。母兔在临近分娩时不要剪毛,以免营养得不到及时补充而影响胎儿发育。母兔采毛时间可以安排在配种前,到分娩时毛还较短,便于仔兔吮乳。平时要定期梳毛,及时清除草屑、粪便,防止食入兔毛而引起毛球病,发现疥癣要及时治疗、隔离。

(2)肉兔的饲养管理。

肉兔的饲养管理是为了改善兔肉品质,提高产肉性能,使肉兔生产出又多又好的兔肉。作为肉兔的有新西兰兔、加利福尼亚兔、日本大耳兔、哈白兔、塞北兔等，近年来又引进了德国的齐卡杂交配套系（三系配套）和法国的布列塔尼亚杂交配套系（四系配套），这些肉兔都表现出了十分良好的产肉性能，饲养到90天左右即可屠宰，兔肉鲜嫩，口味好。但是这些配套系也存在着制种成本较高，饲养的集约化程度要求严格的问题，在农村大面积推广尚有难度。如果利用这些配套系中的快速生长系与肉兔常见品种（如新西兰兔）进行二元杂交生产商品兔，则在短时期内就能取得很明显的经济效益。幼兔育肥一般不去势，成年兔去势后可提高兔肉品质，提高育肥效果。肉兔的饲喂方式，一般采用全价颗粒饲料任其自由采食，营养成分是根据肉兔的营养需要而配制的。适合肉兔的温度通常是5～25℃，同时需减少光照和活动范围，尽量保持安静，不让肉兔运动，以达到迅速生长目的。肉兔采用全价颗粒饲料自由采食时，增重快，饲料报酬高，采用颗粒料饲喂时，一定要供给足够的饮水。

肉兔的肥育以在骨架生长发育完成以后进行效果最好。因为在肥育过程中，短期内所增加的体重主要是肌肉和脂肪。如用幼兔或中兔肥育，由于骨骼所限，反不如骨骼已经长成的瘦兔进行肥育的效果好。肥育的原理，就是一方面增加营养的储积，另一方面减少营养的消耗，以使同化作用在短期内大量地超过异化作用，这就是使食入的养分除了维持生命外还有大量营养储积体内，形成肉与脂肪。由于构成肉和脂肪的主要原料是蛋白质、脂肪和淀粉，因此，肥育肉兔时，必须以精料为主，在肥育肉兔的消化吸收能力的限度以内充分供给精料。最适于做肥育的饲料有大麦、麸皮、燕麦、豌豆、马铃薯、山芋等。在肥育以前应先有一段准备期（10～15天），在这个阶段逐渐变换饲料成分。给饲的方法是少量多餐，以改变肉兔的习惯，最后完全喂给精料，正式给饲前半小时，先给少量以引起食欲。为了使肉兔皮毛充分丰润，多在冬季宰兔，即在11月至翌年2月之间。肥育肉兔由于缺少运动和光照，身体抵抗力比较差，容易患病，因此要特别注意环境卫生。肉兔的肥育期依据品种本身的生长特点和商品兔收购要求，一般在90～120日龄，体重在2～2.5kg时屠宰较为理想，饲料效率也最高。

（3）獭兔的饲养管理。

獭兔是比较著名的裘皮用兔，它不仅毛皮珍贵，产肉性能也较好。其生长发育表现在体重的逐渐增长和毛皮的渐趋成熟。体重的增长规律是前期生长快，后期相对较慢。其生长速度主要受遗传因素和环境因素（营养、管理、气候等）的影响，在性别上也有一定的差异，一般公兔的生长速度明显低于母兔。

獭兔出生后第3天开始长绒毛，并有固有色型出现；15日龄被毛光亮；15～30日龄被毛生长最快，以后就停止生长；60日龄开始换胎毛；4～4.5月龄第一次年龄性换毛；5～6月龄被毛光润并呈标准色彩，此时体重为2.75～3.0千克，即可取皮，产肉性能也好。獭兔在5～6月龄时毛皮质量较好，产肉率也较高，皮肤面积可达111平方厘米，已能符合等级皮的要求。如从毛皮成熟而言，能在第二次换毛后取皮最好，但饲养期要延长2个月，增加了饲养成本。在5～6月龄取皮有利于提高经济效益。饲养獭兔的主要目的是为了获取优质裘皮，一般在青年兔时期取皮，是因为此时期体内代谢旺盛，獭兔生长发育快。为了能满足此时期獭兔的生长发育需要，不仅要有全面的营养供应，而且此时饲料数量供应必须充足。此时的营养浓度是，每千克日粮中消化能为11.30～11.72兆焦，蛋白质含量为16%～18%（前期18%，后期16%），粗脂肪含量为3%～5%，粗纤维含量为10%～12%，钙含量为0.5%～0.7%，磷含量为0.3%～0.5%，并掌握好日粮营养"前期高后期稍低"的原则。

獭兔的管理应做好以下工作。①分群饲养工作。对断奶后的幼公兔除留种外应全部去势，按体型大小、年龄、强弱分群，每笼一群，每群4～5只（笼面积约为0.5平方米）。淘汰种兔按性别分群，每群2～3只，短时期群养取皮，群兔常有斗殴现象，应注意及时调整，如有不合群的獭兔可单笼饲养。②做好清洁卫生，兔舍内笼位要勤打扫，经常保持兔舍、兔笼清洁卫生、干燥，这样有利于獭兔裘皮质量。③做好疾病防治工作，兔群应定期注射兔瘟疫苗和巴氏杆菌疫苗，以免兔瘟病的传入造成损失。④对疥癣、真菌感染等皮肤病应及时采取措施，进行隔离治疗。

9. 不同季节的饲养管理

家兔的生长发育与外界环境条件紧密相连。不同的环境条件对家兔的影响是不同的，因此，养兔就应根据家兔的习性、生理特点和季节地区特点,采取科学的饲养方法,确保家兔健康,促进养兔业的发展。

(1)春季的饲养管理。

我国南方春季多阴雨,湿度大,适于细菌繁殖,家兔患病多,死亡率在全年为最高(尤其是幼兔)。此时青绿饲料水分含量多,干物质含量相对减少。而家兔经过一个冬季,身体比较瘦弱,又处于换毛时期,因此,春季在饲养管理上应注意防湿、防病。

①抓好兔的吃食关。

不喂带泥浆和堆积发热的青绿饲料,不喂霉烂变质的饲料(如烂菜叶等),下雨以后割的青草,要晾干再喂。在阴雨多、湿度大的情况下,要少喂水分高的青绿饲料,增喂一些干粗饲料。为了增强兔的抗病能力,在此季节可在饲料中拌入一定量的大蒜、抗生素等,以防止腹泻。对换毛期的家兔,应给予新鲜幼嫩的青绿饲料,并适当给予蛋白质含量较高的饲料。

②抓好环境的清洁卫生。

笼舍要清洁干燥,每天应打扫笼舍,清除粪尿,冲洗粪槽。做到舍内无臭味,无积粪污物。食具、笼底板、产箱要常洗刷,常消毒,兔舍要求通风良好,地面可撒上草木灰、石灰,借以消毒、杀菌和防潮。

③加强检查。

每天都要检查幼兔的健康情况,发现问题及时处理。在北方的春季,温度适宜,雨量较少,多风干燥,阳光充足,比较适于家兔生长、繁殖,是饲养家兔的好季节。

(2)夏季的饲养管理。

夏季高温多湿,家兔因汗腺不发达,常受炎热影响而导致食量减少。这个季节对仔兔、幼兔的威胁大。因此夏季在饲养管理上应该注意降温防暑和精心喂饲。

①降温防暑。

兔舍应当阴凉通风,不能让阳光直接照射在兔笼上,笼内温度超过 30 ℃时,可在地面泼些凉水降温,露天兔场一定要及时搭凉棚或早种南瓜、葡萄等瓜藤植物,遮阳降温;室内笼养的兔舍要打开窗门,让空气对流。毛用兔须将被毛连同头面毛全部剪短,同时兔笼不要太挤。

②精心喂饲。

夏季中午炎热,家兔往往食欲不振,早餐要提早喂,晚上要推迟喂,还要注意多喂青绿饲料;供给充足饮水,并在饮水中加入 2%的食盐,以补充体内盐分的消耗;饲料中亦可适当加入一些预防球虫的药,如氯苯胍,苯乙腈等。

③搞好卫生。

食盆每天洗涤一次,笼内要勤打扫,地面要用消毒药水喷洒,消灭蚊、蝇。

(3)秋季的饲养管理。

秋季天高气爽,气候干燥,饲料充足,营养丰富,是饲养家兔的好季节,应抓紧繁殖。但成年兔秋季又进入换毛期,换毛的家兔体弱,食欲减退,应多供应青绿饲料,并适当给予蛋白质含量较高的饲料。这个时期,早晚温差大,容易引起仔兔、幼兔的感冒、腹泻等疾病,甚至造成死亡。

(4)冬季的饲养管理。

冬季气温低,天气冷,日照短,青草缺,北方尤甚。因此,冬季在饲养管理上应注意防寒保温。

兔舍中的温度应经常注意保持平衡,不可忽高忽低。否则家兔易感冒。气温在 0 ℃以下,要加强保温措施,室内笼饲的兔舍门窗要关闭。室外笼养的笼门要挂上草帘,进行保温。白天应使家兔多晒太阳,夜间严防冷风侵入。长毛兔采毛后应多加置巢箱一个,内放干草,以备夜间栖宿。此外应注意气候的变化情况,不要在寒潮来时采毛。

冬季青绿饲料少,应每天喂一些青绿饲料或菜叶、胡萝卜,以补充维生素。日粮的给量要比其他季节增加 1/3,并加喂能量高的饲料,如大米等。冬季喂干饲料应当调制后再喂,不能喂冰冻的饲料;同时要注意饮水,在低温下以饮温水为宜。冬季夜长,晚上要增喂一次。

◇ 任务实施

一、家兔饲养管理日程及饲喂技术

（一）喂料技术

1. 看兔喂料技术

不同家兔喂料量及饲料组成不同,要灵活掌握。看重(体重)喂料,看胎(胎儿数、妊娠时间)喂料,看膘(体况)喂料,看仔(仔兔数多少、日龄及发育)喂料,看槽(饲槽剩料与否)喂料,看粪(粪便状态及多少)喂料。

2. 粉料湿拌技术

家兔喜食颗粒饲料和多汁饲料,不喜食粉料。但我国多数兔场以粉料为主。因此,在饲喂前应用净水拌料饲喂。加水多少,依不同饲料组成和季节而异,握在手中,饲料应成团,伸开手,饲料团有裂缝为宜。

3. 匀料技术

饲料投放在饲槽中,如一时吃不了,用手搅拌一下,可刺激家兔采食,在家兔自由采食情况下此举大为有效。

4. 夜饲技术

因为家兔具有夜行性,夜间采食多于白天,应将 60％ 以上的饲料在日出前和日落后投喂。

5. 粗、青、精料搭配技术

不同类型的饲料,饲喂时要有先后顺序,一般先粗、后青、再精。但在夜饲时最后一次可投喂青、粗饲料。

6. 暗光育肥技术

育肥兔以暗光饲养效果最佳,其光照强度以可以看到料槽和水槽为宜。

（二）饲养管理日程安排

1. 兔群检查

每天早晨饲喂前应检查兔群,主要检查兔舍温度、湿度、供水系统、空气新鲜度、兔群状态、粪便状态、有无死伤、母兔分娩、母兔发情状态和剩料情况等。

2. 喂料

宜少喂勤添,次数因兔而异。家兔采食、休息等要有规律性。饲喂次数一般为成兔每天 4 次,仔幼兔每天 6 次。

3. 饮水

实行自动饮水的兔场,供水系统应随时保证有水。其他兔场饮水在喂料前或喂料时进行。

4. 清粪

一天 1 次,安排在早晨第一次喂料喂水之后。

5. 卫生消毒

一般 1~2 周 1 次,疫病流行期间一天 1 次。药物消毒要在粪便清理之后,最好在中午进行。

6. 配种

实行人工授精的兔场,7~10 天配种 1 次,一般兔场每天都可配种,通常在早晨饲喂半小时之后进行。若实行复配应间隔 4 h。

7. 摸胎

在配种后 8~10 天早饲前空腹进行。

8. 产前准备

在母兔妊娠 28 天进行。

9. 防疫仔兔

在断乳前后预防接种。成年兔每年春秋季各 1 次,时间相对固定。接种前可投放抗应激药物。

10.仔兔管理

(1)人工辅助哺乳每天 1 次,在早饲前进行,约 5 分钟。

(2)仔兔补料从 16～17 日龄开始,在仔兔笼(箱中)中进行,每天 5～7 次。

(3)打耳号在断奶前或断奶时同时进行。

(4)断乳在产后 28～35 天进行。

11.兔场管理

兔场作息时间及饲养管理日程表如表 6-3 所示。

表 6-3　兔场作息时间及饲养管理日程表

项目	工作内容	说明

二、家兔妊娠诊断

1.材料准备

解剖刀、外科剪、镊子,妊娠母兔和空怀母兔若干只。

2.操作步骤

(1)首先用空怀母兔反复练习家兔妊娠诊断方法要领,即抓兔、保定和检查方法,进而掌握母兔内部生殖器官的部位。

(2)在上述练习的基础上,再检查妊娠母兔。具体操作如下:一只手抓住兔的双耳和颌皮,兔头朝向检查者,另一只手拇指与其余四指呈八字形张开,从兔的腹侧伸入腹下,从前向后沿腹壁推移,到腹腔最后部位即两后肢之间时,手指合拢,通过手的前后滑动,用手指肚去感觉腹腔内容物的状况和胚胎的形状、大小、弹性及光滑度。如母兔没有怀胎,则腹内柔软如棉;如母兔已经怀胎,则内容物为扁圆形,两个子宫重叠时呈连珠状,且胚胎有弹性,手感光滑。8～10 天的胚胎如花生米大小,15 天的胚胎如小红枣,20 天的胚胎如核桃,22～23 天的胚胎可触到胎儿较硬的头骨。

(3)剖杀空怀母兔和妊娠母兔各 1 只,观察二者内部生殖器官有何异同,并注意胎儿在腹中的状态。

(4)注意事项。

①操作要谨慎,以免用力过猛造成流产。

②检查时,要通过手掌的前后滑动,用手指肚去感觉内容物,而不应用手指去捏,以免造成胚胎死亡,引起流产。

③检查时应注意胚胎与粪球的区别。因为粪球与 8～10 天的胚胎大小相近,可以从形状、位置、弹性和光滑度等方面加以区别。胚胎呈扁圆形,光滑,有弹性和肉样感,位置靠下;而粪球呈球形,表面粗糙,没有弹性和肉样感,位置靠上紧贴脊梁,并与直肠宿粪相接。

④母兔的妊娠诊断最好在早饲前空腹时进行。

◇　**任务反思**

(1)简述麸皮、玉米面、草粉、豆饼各 25% 的饲料合适的料水比。

(2)根据饲养管理日程安排,为某兔场制定作息时间和饲养管理日程安排表。

(3)简述家兔妊娠诊断操作要领及注意事项。

(4)记录实验结果,并与剖解结果相对照,然后加以分析。

◇ 学习评价

评价内容	自我评价	教师评价	总评
制定兔场日常管理安排表			
能够鉴别诊断母兔妊娠			
掌握家兔日常饲喂要点及登记			
总计			

注:评分标准为 10 分制,10 分为优,7 分为良,5 分为有待提高。

项目 7　家兔的选育与繁殖

◇ 项目导入

小时候,同学送了两只小兔给我喂养,并告诉我:这是一只公兔和一只母兔,等养大了,就可以有很多小兔子了。当时我听了非常高兴,憧憬着未来我养了很多小兔的情景。

事实上,这种随意选择兔子来繁殖的方法是不妥当的,因为近亲交配会产生种群退化、易感疾病等情况。但是非专业饲养就没有这样的理念,这也是导致目前我们国家本地兔种退化并被外来种源取代的原因之一。

2019 年,国家提出"农业种质资源是保障国家粮食安全与重要农产品供给的战略性资源,是农业科技原始创新与现代种业发展的物质基础"。我们必须学会家兔选育与繁殖的基本技术。

本项目包含 4 个任务:(1)选种;(2)选配;(3)选育;(4)繁殖。

任务 7.1　家兔的选种

◇ 任务目标

知识目标:

1. 了解选种的目的。

2. 掌握不同角度选种的具体方法。

技能目标:

1. 能进行家兔体形外貌鉴定。

2. 会对家兔进行常用生产性能鉴定的测定。

兔的选育

◇ 任务准备

一、选种的目的

家兔的选种即选择品质优良的符合种用要求的个体留作种用,把不符合种用要求的个体淘汰或改作商品生产用。家兔选种的目的在于提高兔群品质和生产性能,并使种兔的优良性能稳定地遗传给后代。

搞好家兔的选种,是科学养兔的重要组成部分,是提高家兔生产水平的关键。如果能够选出优秀的个体留作种用,兔群的品质就会提高,在相同的饲养管理条件下获得的经济效益更高。长期坚持选种不仅能起到保持良种的作用,还可以选育出新的良种。相反,如果不选种,有缺陷的、生产性能低下的个体也留作种用,兔群的品质只会越来越低劣。因此,养兔必须坚持严格选种。

二、选种方法

家兔的选种和其他家畜的选种基本一样,要防止片面选择,不可把着眼点只放在个体的体质、外貌和生产力上,还要重视家系和后裔鉴定,考察其繁殖的实际效果。目前生产中较为常用的方法有个体选择和家系选择两种。

1. 个体选择

根据个体本身性状的高低选留种兔称为个体选择,这种方法简便易行。在一般情况下,当性状遗传力较高,个体本身有这种性能表现时,个体选择效果较好。对于显性性状(如公兔不产仔)和活体上不能度量的性状(如肉兔的屠宰率),个体选择法不适用。

个体选择主要根据体形外貌和生产性能来鉴定,对于不同用途的家兔,应有不同的要求。肉兔主要选择体形外貌符合品种特征和肉用体形、生长快、育肥时间短、产肉性能好、耗料少、成活率高、繁殖力强的个体留作种用。毛兔除按常规选种要求外,主要选择性状是产毛量和毛的品质,体重和产仔数要求达到各系标准即可,不宜过高追求,因为体重过大,往往导致毛料比增大,从而提高生产成本;产仔过多,会影响母兔的产毛量。獭兔选种除考虑体型大小、生长速度、体质情况外,重点是毛皮质量(品质和色泽)。

种公兔要求种性纯,必须健康无病、生长发育良好、体质健壮、性情活泼、睾丸发育良好、性欲强(可用母兔试验),生长受阻、单睾、隐睾或行动迟钝、性欲不强者不能留作种用。种母兔要求奶头数在 8 个以上,发育匀称、饱满。对种母兔选择重点考查其繁殖性能和母性。如果连续 7 次拒绝或连续空怀 2~3 次,连续 4 胎产活仔数低于 4 只的母兔应被淘汰,泌乳力不高、母性不好的母兔不能留作种用。应选受胎率高、产仔多、泌乳力高、仔兔成活率高、母性好的母兔留作种用。

(1)体形外貌鉴定。

不同品种或品系的家兔,具有不同的外貌特征。选留什么品种,其体形外貌必须符合该品种特征。如加利福尼亚兔,毛色一定要有"八点黑"。家兔的体形外貌是其内部生理机能和解剖构造的外部表现,生产用途不同的家兔有不同的外形,从外形上不仅可以识别不同的品种,在一定程度上还能了解或判断家兔的健康、生长发育状况、生产性能和主要生产用途。家兔的体形外貌鉴定常用目测(肉眼观察)和用手触摸的方法进行,主要鉴定部位及要求如下。

①头颈部。头的大小应与体躯比例协调,过大过小均为缺陷,一般公兔的头较母兔显得粗重,头过大的家兔往往偏于粗糙类型,头过小则偏于细致类型。耳的形状、大小和长短应符合品种特征,家兔两耳应直立,否则属于遗传缺陷或是不健康的象征。眼睛应明亮有神,无眼垢和泪痕,眼球颜色符合品种特征,如新西兰白兔、日本白兔、加利福尼亚兔等眼球为粉红色,否则是品种不纯的表现。门齿整齐、上下咬合不错位,牙齿畸形(如门齿过长)和"牛眼"兔不能留作种用。肉用品种颈短而粗;皮用品种颈较长,头颈结合线明显。要求肌肉发达,肉髯大小适宜,如果颈脊薄,或肉髯过度发达,则是发育不良、体质疏松的表现。

②体躯。颈肩结合良好,与体躯协调,胸部应宽而深,背应宽广、平直,臀部应宽圆、丰满,臀短而下垂的兔,不宜留作种用。用手触摸脊椎,如果脊椎骨如盘珠凸起,表明体质较弱。膘情鉴别标准如下。

a. 一类膘,用手抚摸腰部脊椎骨,无算盘珠状的颗粒凸出,双背脊为八九成膘。过肥则暂不宜作种用。

b. 二类膘,用手抚摸腰部脊椎骨,无算盘珠状的颗粒凸出,用手抓起颈背部皮肤,兔子使劲挣扎,说明体质健壮,一般为七八成膘,是最适宜的种用体况。

c. 三类膘,用手抚摸脊椎骨,有算盘珠状的颗粒凸出,用手抓起颈背部,皮肤松弛,挣扎无力,一般为五六成膘,需加强饲养管理后方能作为种用。

d. 四类膘,全身皮包骨头,手摸脊椎骨有算盘珠状的颗粒凸出,手抓起颈背部无力挣扎,一般为三四成膘。这种兔不能作为种用,应酌情淘汰。

③四肢。四肢应强壮有力,肌肉发达,粗细与体躯协调,肢势端正,行走自如,伸展灵活,无异常表现。有缺陷的家兔不宜留作种用。

④被毛。被毛应浓密、富有光泽和弹性,色泽符合品种特征,毛稀或粗乱无光是体质纤弱或病态的表现,不宜留作种用。毛兔的被毛应洁白、光亮、浓密、松软,无结块,细毛含量高,粗毛含量低,被毛密度大。獭兔被毛应"短、密、细、平、美、牢",即绒毛丰富平整,毛纤维直立而且有弹性,枪毛含量少。在生产中检测被毛密度可直接用手抓臀部、体侧被毛,如感觉紧密厚实,表明毛密度大,如手感空松稀薄,则密度小;也可将背部或体侧的被毛向逆毛方向吹开形成漩涡,根据漩涡中心露出皮肤面积大小进行评定。如所露皮肤缝隙小,不明显的被毛密度则大,反之密度小。最好是看不到皮肤,或不超过 4 平方毫米,不超过 8 平方毫米为良好,不超过 12 平方毫米为合格。

⑤体重。商品兔肉用兔、兼用兔都要求有较大的体重,体大表明生长发育良好,产肉性能高,标准化饲养的商品代肉兔,70 日龄达到 2.0 kg 以上。长毛兔的体重应符合该品种的标准,如达不到最低体重标准,表明生长发育不良,不能留作种用。

⑥其他。公兔要求睾丸大而匀称,弹性强,性欲旺盛;隐睾、单睾都不能留作种用。母兔要求母性好,产仔率高,有 4～5 对乳头,外阴部洁净、无粪尿污染或溃烂斑。产前不拉毛营巢、产后不肯哺乳、有吃食仔兔恶癖的母兔都应淘汰;经常咬人的公、母兔均不宜留种。

(2)生产性能鉴定。

现将全国家兔育种委员会推荐试行的家兔常用生产性能指标及计算方法介绍如下。

①体重。称重应在早晨饲喂草料及饮水之前进行。应称取初生窝重(产后 12 小时内存活仔兔的全部重量)、断奶重(断奶个体重和断奶窝重两个指标)、70 日龄重、3 月龄重,以后每月称重一次,周岁以后,每年称重一次。

②体尺。一般测 3 月龄、初配和成年时的体长和胸围,长毛兔在剪毛以后进行,体尺测量应与称重同时进行。体长指从鼻端到坐骨端的直线长度,胸围指肩胛骨后缘绕胸部一周的长度,以皮尺度量。

③成活率。常用的有断奶成活率、幼兔和商品兔成活率。计算方法为:

$$断奶成活率＝断奶仔兔数/产活仔兔数×100\%$$

$$幼兔成活率＝3 月龄幼兔成活数/断奶仔兔数×100\%$$

$$商品兔成活率＝出栏数(交付屠宰数)/入舍幼兔数×100\%$$

④繁殖性能。主要包括受胎率、产仔数、产活仔兔数和泌乳力等。产仔数指母兔的实产仔兔数,包括死胎、畸形胎。产活仔兔数则指母兔产的活仔数,按连续三胎平均数计算。产仔数有胎产仔数和年产仔数两个指标。泌乳力用 21 天仔兔窝重来表示(包括寄养仔兔)。

$$受胎率＝一个发情期配种的受胎数/参加配种的母兔数×100\%$$

⑤产肉性能。主要指标有生长速度、饲料转化率、屠宰率。

$$生长速度(克/天)＝统计期内兔增重/统计期饲养日数$$

$$饲料转化率＝统计期内饲料消耗量/统计内兔增重×100\%$$

$$屠宰率＝胴体重/宰前活重×100\%$$

胴体重有全净膛和半净膛两项。全净膛指放血、去皮、去头、去尾、去前脚(腕关节以下)、去后脚(跗关节以下)及剥除内脏的屠体。半净膛指在全净膛的基础上保留肝、肾和腹壁脂肪。宰前活重指屠宰前停食 12 小时以上的空腹重。

⑥产毛性能。主要指标有产毛量、产毛率、毛料比和兔毛品质。产毛量指成年兔个体产毛量,又分为估测产毛量和全年实际剪毛量的累计数。估测产毛量以个体 9 月龄时剪毛量的 4 倍乘矫正系数来计算,毛的生长期为 90 天,并注明剪毛季节。产毛率指 1 年估测产毛量占同期体重的百分率。

$$毛料比＝统计期内饲料消耗量(折成可消化能和可消化蛋白质)/统计期内剪毛量×100\%$$

衡量兔毛品质的指标有毛的长度、细度、强度、伸度、结块率和粗毛率等。检验的毛样均从十字部采取。兔毛长度分毛丛长度和毛纤维长度。毛丛长度指兔体毛的自然长度,从背部到臀部测 3～4 个毛丛长度的平均数。毛纤维长度指剪下的毛纤维单根的自然长度,测量 100 根的平均数。毛的细度以微米为单位,测量单根兔毛纤维中段直径,数量 100 根。兔毛的强度和伸度靠仪器进行测定,操作应按照仪器的使用说明和要求进行,各测 20 根取平均数。

$$兔毛结块率＝同次结块重量／一次剪毛重量×100\%$$
$$粗毛率＝粗毛重（包括两型毛量）／平方厘米毛重量×100\%$$

2. 家系选择

根据家系均值的高低决定留种或淘汰的选择方法称为家系选择。家系选择适用于一些遗传力较低的性状,如繁殖力、泌乳力和成活率等。因为遗传力低的性状受环境因素的影响较大,如果只根据个体选择准确性较差。采用家系选择法能比较正确地反映家系的基因型,选择效果较好。家系选择的主要形式有系谱选择,同胞、半同胞测验和后裔鉴定等。

(1)系谱选择。系谱是种兔的家谱,系谱中有祖先的编号及其主要性能。系谱选择就是根据系谱记载资料(如生长发育、生产性能等)进行分析评定、选择的一种方法。按遗传规律,对子代品质影响最大的是亲代(父母代),其次是祖代、曾祖代,离当代愈远的祖先,其遗传影响越小。一般应用系谱选择时,重点考虑 2～3 代以内的祖先。

(2)同胞、半同胞测验。同胞、半同胞主要是指同父同母的全同胞家系和同父异母或同母异父的半同胞家系。采用同胞、半同胞测验进行家系选择所需的时间短、效果好。家兔的利用年限较短,采用同胞、半同胞测验的选择方法,在较短时间内就可得出结果,优良的种兔就可留种繁殖,能缩短世代间隔,加快育种进程。进行同胞、半同胞测验时,遗传力愈低的性状,同胞、半同胞数愈多,测定效果就愈好。

(3)后裔鉴定。这是通过对后代性能的评定来判断种兔遗传性能的一种选择方法。一般多用于公兔。具体做法:选择一批外形、年龄、胎次、生产性能、繁殖性能、系谱结构基本一致的母兔,在相同的饲养管理条件下,用不同的公兔配种,每只公兔至少配 10～20 只母兔,然后对其产仔数、后代的生长发育、饲料转化率、毛皮品质等性能进行综合评定,以判断公兔的种用价值高低,决定是否留作种用。

3. 多性状选择

在实际育种工作中,为了使种兔的几个主要性状(如毛用兔的产毛量、兔毛品质、生长发育,肉用兔的产肉力、繁殖力、生活力)符合理想型要求,通常采用多性状选择法。大体可分为三种。

(1)顺序选择法。就是先把所要选择的性状,按先后顺序排列成一定的次序,然后一个一个地依次进行选择,在第一个性状达到理想要求后,再选择另一个性状。这种方法适用于选择呈正相关遗传的性状,如果所选性状呈负相关遗传时,往往会出现此升彼降的现象,不能达到选种的效果。这种方法耗时较长。

(2)独立淘汰法。当同时选择几个性状时,先对所选每一个性状规定出最低标准,当各个性状都达到最低标准时就留种,其中某一个性状达不到标准时就淘汰。这种方法能比较全面地照顾各种性状,但容易淘汰掉某些性状优秀的家兔个体。

(3)指数选择法。选择时根据各个性状在经济上的重要程度,分别规定评定分数,然后选出总分最高的个体作为种兔。这种方法兼顾了各个性状的权重,既缩短了时间,也不易漏掉某些性状特别优秀的个体。

4. 综合鉴定

把种兔的个体鉴定、系谱鉴定、同胞鉴定和后裔鉴定融为一体,对种兔做出最可靠的评价,称为综合鉴定。种兔的各项性能在特定的时期内表现,因此鉴定和选择需分阶段进行。

以肉兔的综合鉴定项目为例介绍如下。

(1)断乳阶段的选择。刚断乳外形还没固定,主要选择体重指标,对断乳体重大的幼兔,结合系谱鉴定及同窝同胞在生长发育上的均匀性进行选择。

(2)3 月龄时的选择。通过 3 月龄体重、断乳到 3 月龄的平均日增重、同胞的育肥性能进行选择。

(3)初配时的选择。根据外形鉴定、初配体重进行选择。对种公兔进行性欲和精液品质检查,严格淘汰繁殖性能差的公兔。

(4)1 岁以后的选择。淘汰多次配种不孕的母兔;第三胎仔兔断乳后,由产活仔数、断乳活仔数和断乳窝重计算选择指数,参考第一、二胎受胎的交配次数,评定其繁殖性能。

(5)根据后代品质的选择。当种兔的后代已经有生产记录时根据它们后代的品质对种兔进行遗传性能的鉴定。

◇ **任务实施**

对家兔进行体形外貌鉴定。

1. 动物及材料准备

提供 10 只种公母兔,准备体形外貌评分标准一套。

2. 人员准备

学生 2～3 人一组,分别对 10 只种兔进行体形外貌评分。

3. 操作步骤

首先观察整体是否具备本品种特征,打分。

然后依次观察并触摸头部、躯体、被毛、四肢等部位,打分。

最后计算出总分并排序,选出优秀的个体。

◇ **任务反思**

(1)选种的内涵和目的分别是什么?

(2)个体选择有哪些方法? 具体怎么操作?

(3)家系选择有哪些方法? 如何实施?

◇ **任务评价**

评价内容	教师评价	学生自评	总评
能区分不同选种方法			
会对家兔进行体形外貌评分			
了解家兔生产性能鉴定方法			
学会利用家系选择方法			
总计			

注:评分标准为 10 分制,10 分为优,7 分为良,5 分为有待提高。

任务 7.2　选　　配

◇ **任务目标**

> **知识目标:**
>
> 1.了解选配的内涵和作用。
>
> 2.掌握不同选配方法。
>
> **技能目标:**
>
> 1.掌握家兔品质选配。
>
> 2.能解决家兔近交衰退问题。

◇ 任务准备

选配就是按照生产目标,采用科学的方法指定种兔的交配,有意识地组合后代兔的遗传基础,以达到培育和利用优良种兔的目的。有了优良的种兔,不一定能产生优良的后代,因为后代的优劣不仅取决于种兔的遗传特性,还取决于种兔双方的生理状况和它们之间的亲和力,也就是说,取决于种兔配对组合是否合适。因此,在进行家兔选种的同时,还要搞好选配,选种是选配的基础,选配则是选种的继续,是提高兔群品质和发挥良种效应的重要技术措施。

1. 选配方法

(1)同质选配。

同质选配就是将性状相同或性能表现一致的优秀种兔进行交配,以期把这些性状在后代中得以保持和巩固,使优秀个体数量不断增加,群体品质得到进一步提高。例如,为了提高体重和生长速度,就应选择生长速度快、体重大的种兔进行配种,使所选性状的遗传性能进一步稳定下来。在进行同质选配时,必须注意不能选择具有同样缺点的种兔进行配种,尤其是体质外形上的缺点。应选择结构匀称、体质结实的种兔配种,否则会带来不良后果。

(2)异质选配。

异质选配就是将具有不同优良性状或同一性状但优劣程度不一致的种兔进行交配,以期获得兼备双亲不同优点的后代或以优改劣,提高后代的生产性能。例如用生长发育快的公兔配产仔数高的母兔,或用体型大的公兔配体型中等的母兔,以期获得长势快、产仔数高的后代或体型较大的后代。

(3)年龄选配。

根据种兔的年龄进行的选配称为年龄选配。种兔随着年龄的变化遗传稳定性有所变化,其生活力和生产性能都不一样。壮年时的生活力最强,生产性能最高,实践证明,壮年种兔交配所生的后代,生活力和生产性能表现最好。在生产实践中,应尽量避免老年兔配老年兔,青年兔配青年兔,老年兔与青年兔间相互交配,应该由壮年兔相互交配,或用壮年公兔配老年母兔和青年母兔,青年公兔配壮年母兔,年龄过大的兔或未到初配年龄的兔应严禁配种繁殖。

年龄选配原则如下。

壮年公兔×壮年母兔

壮年公兔×青年母兔

壮年公兔×老年母兔

壮年母兔×青年公兔

壮年母兔×老年公兔

禁止采用以下选配方式。

青年公兔×青年母兔

青年公兔×老年母兔

老年公兔×老年母兔

老年公兔×青年母兔

(4)亲缘选配。

相互有亲缘关系的种兔之间的选配称为亲缘选配,如交配双方无亲缘关系,则称非亲缘选配。相互有亲缘关系的个体之间必定有共同祖先,共同祖先越近的后代之间的亲缘关系也越近。一般把交配双方到共同祖先的世代数在6代以内的种兔交配称为近亲交配,简称近交。而6代以外的亲缘关系,因祖先对后代的影响极为微弱,可以称为非亲缘选配。

近交只限于品种或品系培育时使用,一般生产场应尽可能避免(尤其是全同胞、亲子之间或半同胞交配),防止近交衰退。

近交衰退是对近交后代产生各种不良现象的总称,包括生长发育缓慢、繁殖力和生产性能下降、抗病力和存活率降低、畸形兔出现、死亡率增加等。

防止近交衰退可采用下列方法。①加强育种计划。在种兔群内最好以公兔为中心建立一些亲缘关系较远的"系",以后可以有计划地利用这些"系"进行交配,以避免不恰当的近交。②建立严格的淘汰制度。严格淘汰品质不良的隐性纯合子,一定要选择体格健壮、性能优良的公母兔留作种用。③加强饲养管理。近交后代遗传性能比较稳定,种用价值也可能较高,但生活力较差,表现为对饲养管理条件要求较高。如能满足要求,就可暂时不表现或少表现出近交衰退影响,所以对近交后代必须加强饲养管理。④保持一定数量的基础群。为避免不必要的亲缘选配,在种兔场内必须保持一定数量的基础群,尤其是公兔数量。一般种兔场至少应有 10 只左右的种公兔,而且应保持有较远的亲缘关系。必要时还可输入同品种、同类型而无亲缘关系的公母兔进行血液更新,来丰富种兔场的遗传结构。

2. 选配原则

根据制定的目标,应综合考虑种兔的品质、血缘和年龄关系进行选配。一般生产中尽量避免近交,种公兔的品质应优于母兔,以利充分发挥优良种公兔的作用。及时对交配结果进行总结,选择亲和力好的种兔配种。

◇　**任务实施**

根据某家兔繁育场繁殖配种记录,分析采取了哪些选配方法。并做出适当评价。

1. 材料准备

根据家兔繁育场的繁殖配种记录表,制作种用公母兔系谱及个体评价资料。

2. 人员准备

以 4～5 人为一组,由组长领队,分别对提供的记录表格涉及的种公母兔个体进行列表、标记、分析,最后做出统一评价结果。

3. 操作步骤

(1)将与配公母兔用表格列出其血缘、品质特性。

(2)对照配种记录列出每对与配双方,判定采取的选配方法。

(3)将所有选配方法分类汇总,对兔场繁殖方案作出评价。

◇　**任务反思**

(1)家兔选配的内涵和作用是什么?

(2)家兔有哪些选配方法?

(3)近交是如何定义的? 怎样合理使用近交?

◇　**任务评价**

评价内容	教师评价	学生自评	总评
能区分不同选配方法			
会对家兔进行品质选配			
会对家兔进行亲缘选配			
学会利用选配原则			
总计			

注:评分标准为 10 分制,10 分为优,7 分为良,5 分为有待提高。

任务 7.3　繁 育 方 法

◇ **任务目标**

知识目标：
1. 了解纯种繁育的概念。
2. 掌握纯种繁育与杂交育种的区别。
3. 了解经济杂交的方法。

技能目标：
1. 能指导家兔场进行品系繁育。
2. 会进行经济杂交,利用优良家兔的杂种优势进行生产。

◇ **任务准备**

根据育种目的的不同,家兔的繁育方法可分为纯种繁育和杂交两种。

一、纯种繁育

纯种繁育(简称纯繁),就是指同一品种或品系内的公、母兔进行配种繁殖和选育的方法。纯种繁育包括本品种选育和品系繁育,其目的在于保留和提高与亲本相似的优良性状,淘汰、减少不良性状,并稳定地遗传给后代,同时增加品种内优秀家兔的数量。这种方法在地方良种的选育和提高、保种、引入品种的繁育中普遍采用。

1. 本品种选育

本品种选育指在同一个品种内,通过选种、选配、品系繁育和定向培育等技术措施,以提高或改进品种的遗传性能的繁育方法。主要目的是:①保持和发展品种的优良特性,克服品种内的某些缺点;②为培育新品种提供原始材料;③为经济杂交提供亲本。

2. 品系繁育

品系就是指品种内来自相同祖先的后裔群。这种群体一般性状良好,而且在某一个或几个性状上表现特别突出,它们之间既保持一定的亲缘关系,同时彼此间也较为相似。它是品种内部的结构单位。通常一个品种至少应当有 4 个以上的品系,才能保证品种整体质量的不断提高。

品系繁育是充分利用优质种公兔及其优秀后代,建立高产和遗传性稳定的兔群的繁育方法。通过品系繁育,丰富品种的遗传结构,有意识地控制品种内部的差异,以此来促进整个品种的发展。

品系繁育的方法如下。

(1)系祖建系是指在兔群中选择出特别优良的种公兔,然后选择没有亲缘关系但具有共同特点的优良母兔 5~10 只与之交配,在后代中继续通过选种选配,使之具有该品系优点的后代。

(2)近交建系是指选择遗传基础比较丰富、品质优良的种兔通过高度近交,如父女、母子或全同胞、半同胞交配,使加性效应基因累积和非加性效应基因纯合,然后在此基础上通过选种选配。近交建系的优点是时间短,效果显著。缺点是可能使有害隐性基因纯合,引起生命力下降。

(3)表型建系是指根据生产性能和体型外貌,选出基础群,然后闭锁繁殖,经过几代选育就可培育出一个新品系或新品种。这样建立的品系也称群系。这种方法简单易行,各地养殖专业户都可采用。

(4)合成建系法是指由两个及以上品系相互杂交而得到的新的品系。

(5)相互反复选育法是指根据两个品系或品种正反杂交后代的生产性能、繁殖性能和生活力等进行选育而得到的品系,又称专门化品系。这是国外家兔品系繁育广泛采用的一种繁育方法。例如,要选择家兔的多胎性,先将品系 A 的公兔与品系 B 的母兔交配,根据后代 AB 的产仔数选择 A 系最好的公兔与本品系的母兔繁殖,这样循环往复,就能得到一个特性已经加强而且与 B 系的配合力已经过考验的 A 系。同样,把 B 系的公兔用 A 系的母兔进行检验,使 B 系也能得到进一步的改进。

二、杂交

不同品种或品系,即不同种群之间的个体选配,称为杂交。杂交所生后代称为杂种。在多数情况下,杂交可以产生杂种优势,即后代的生活力和生产性能等不同程度地优于双亲,用于商品生产。杂交也可以育成新品种(育成杂交)。目前,在生产中常用的杂交方式有以下几种。

1.经济杂交

为了提高商品兔的生产性能和经济效益,常常利用不同品种间的杂交以生产出具有杂种优势的后代。在开展经济杂交时须注意:不是所有杂交都能产生杂种优势,因此,应进行杂交组合试验(配合力测定),选择适合当地环境条件及饲养管理水平的杂交父本和母本。

家兔常用经济杂交方法有以下几种。

(1)单杂交(二元杂交)。采用两个品种(或品系)的公母兔交配(见图 7-1)。杂交一代一般具有生命力强、生长发育快、产毛性能高等优点。

(2)三元杂交。在单杂交基础上利用杂交一代的母兔与第三个品种(或品系)的公兔交配进行杂交利用(见图 7-2),充分利用了杂交一代母兔的优良生产性能。

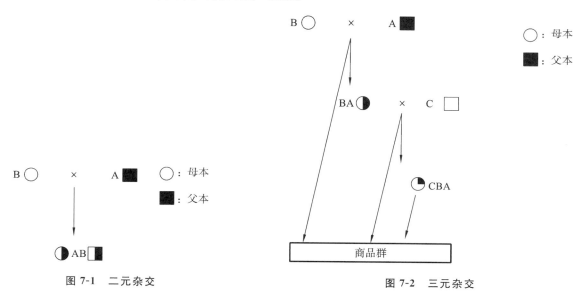

图 7-1　二元杂交　　　　　　　　　　　　图 7-2　三元杂交

(3)轮回杂交。有两品种轮回杂交(见图 7-3)和三品种轮回杂交,家兔很少采用。

(4)四元杂交(双杂交)。四元杂交可以利用 4 个品种(系)的遗传互补,以及个体与母本和父本的最大杂种优势(见图 7-4)。先将两个品种(系)两两杂交,再将其杂交一代相互杂交,最后得到综合了四个品种(系)优点的杂交后代。目前国外部分优良配套系(例如法国伊拉配套系肉兔)都选择了这一方法,既保证了后代优良生产性能,又能控制种资源不被杂化。由于引进一个品种(系)的费用是昂贵的,使得专业种兔繁育场和生产场之间的界限更加清晰明了。

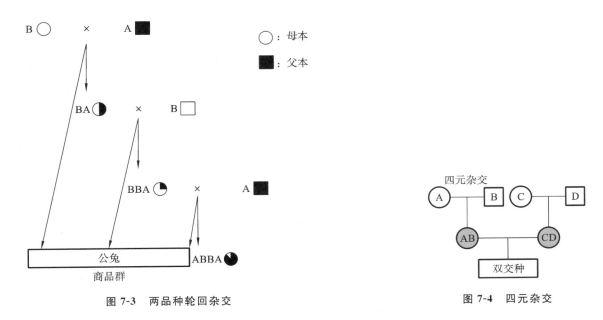

图 7-3 两品种轮回杂交   图 7-4 四元杂交

2. 育成杂交

育成杂交主要用于新品种(或新品系)的培育,大多数品种都是用这种方法育成的。育成杂交一般包括杂交、固定、提高三个阶段。

杂交阶段:即通过两个或两个以上品种的公母兔杂交,使各个品种的优点尽量在杂种后代中结合,改变原有家兔类型,创造新的理想类型。

固定阶段:即当杂交后代达到理想型后即可停止杂交,进行横交固定。也就是选择杂交后代中的优秀个体,进行自群繁育,使理想类型得以固定。为了迅速固定优良性状,在横交固定阶段可大胆采用亲缘交配。

提高阶段:通过大量繁殖已经固定的理想型,迅速增加家兔数量,扩大新品种的分布地区和范围,同时要不断完善品种的整体结构和提高品种质量,完成一个品种应该具备的品种的整体结构,开展品系繁育,准备鉴定验收。

3. 导入杂交

导入杂交又称引入杂交。当一个品种仅具有某些缺点时,就可采用能弥补这些缺陷的另一品种或品系进行导入杂交,以克服某一明显缺点,使原品种更趋完善。一般只杂交一次,然后从第一代杂种中选出优良的公母兔与原品种的母、公兔回交,再将第二代或第三代中(含外血不超过 1/8~1/4)的理想型进行自群繁育、横交固定(见图 7-5)。引入外血过高,则不利于保持原品种的优良特性。

4. 级进杂交

级进杂交又称改造杂交(见图 7-6)。参加杂交的两个品种可分为改良品种与被改良品种,一般用当地母兔(被改良品种)与引进的优良公兔(改良品种)交配,获得的杂交后代再与改良品种重复杂交,使当地被改良品种的血缘成分越来越少,改良品种的血缘成分越来越多,达到理想要求后,停止杂交进行自群繁育。目的是改良与提高被改良品种不足之特性。

◇ **任务实施**

调查某种兔繁殖场,了解其采取了哪些繁育方法。

1. 调查内容

对当地种兔场或家兔养殖场进行调查,收集繁殖档案或问询生产管理人员,综合信息得出结论。

2. 人员准备

以 5~8 人为一组,选定一个组长,给成员分配调查任务,2~3 人询问生产管理人员,3~5 人收集近两年

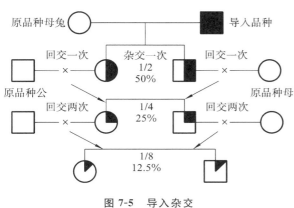

图 7-5　导入杂交

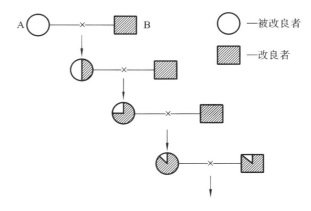

图 7-6　级进杂交

兔场繁殖档案,最后共同汇总数据得出结论。

3.操作步骤

询问内容如下。

(1)本场饲养了哪些品种(系)家兔?

(2)公兔与母兔配种时是否考虑同一品种(系)?

(3)配种时采用近交的程度如何?

(4)不同世代的交配有没有进行区分?

收集繁殖档案内容如下。

(1)统计不同品种(系)交配的数量。

(2)统计相同品种(系)交配的数量。

(3)统计同世代交配的数量。

(4)统计不同世代交配的数量。

(5)统计优良种公兔数量。

(6)统计优良种公兔后代在群体中的数量。

由以上内容得出兔场采取了哪些繁育方法,并适当提出建议。

◇　**任务反思**

(1)什么是纯种繁育? 包括哪几方面的工作?

(2)家兔品系繁育有哪些方法?

(3)家兔经济杂交有哪些方法? 杂交育种有哪些方法?

◇　**任务评价**

评价内容	教师评价	学生自评	总评
能区分纯种繁育与杂交育种			
能区分经济杂交和杂交改良			
会区分家兔品种品系			
总计			

注:评分标准为 10 分制,10 分为优,7 分为良,5 分为有待提高。

任务 7.4　家兔的繁殖

知识目标:

1.了解家兔生殖生理特点。

2.掌握家兔配种方法。

3.熟悉家兔妊娠诊断方法和提高家兔繁殖力的措施。

技能目标:

1.会熟练观察母兔发情行为并进行配种。

2.能针对性制定提高养兔场繁殖力措施。

兔的繁殖

◇ 任务准备

家兔的繁殖的学习内容包括六个部分:家兔的生殖器官,家兔的生殖生理,家兔的配种方法,妊娠诊断,提高家兔繁殖力的措施,影响家兔繁殖力的主要因素。

一、家兔的生殖器官

1.公兔的生殖器官

公兔的生殖器官主要包括睾丸、附睾、输精管、副性腺、阴茎和阴囊。

(1)睾丸和附睾。

公兔有左右两个睾丸,呈卵圆形,是产生精子和分泌雄激素的器官。其位置及大小因年龄而异。幼兔的睾丸位于腹腔内,一般 3 月龄后睾丸通过腹股沟管下移到阴囊内,但因家兔的腹股沟管短而宽,且终身不封闭,因此,睾丸可自由地通过腹股沟管回移到腹腔去。在检查成年公兔的睾丸时,一定要注意这一特点,尤其不宜把公兔腹部朝上去观察阴囊和睾丸,而应让公兔按正常姿势蹲在台面上或拧住家兔的头颈向上提离地面后,用手去触摸睾丸,以免误认为是单睾或隐睾。

附睾是精子成熟和贮存的地方。兔子的附睾很发达,由附睾头、附睾体和附睾尾三部分组成。精子通过附睾期间具有后熟作用,以增强其生命力。

(2)输精管。

输精管是附睾的延伸部分,由附睾尾开始,经腹股沟管上升入腹腔,另一端与尿道相连。其肌肉层较发达,交配时收缩力强,能将精子从附睾尾排送到尿生殖道,射出体外。

(3)副性腺。

副性腺主要包括精囊及精囊腺、前列腺、旁前列腺和尿道球腺。它们分泌的各种性腺液主要构成精清,供给精子营养,并稀释从附睾出来的浓稠精液,有利于精子运行。在自然交配时,副性腺分泌物还可在母兔阴道中凝固,形成阴道栓,防止精液外流。

(4)阴茎。

阴茎是公兔交配和排精排尿的器官。主要由海绵体构成,平静时缩在包皮内,长 2.5 cm,勃起时全长 4~5 cm,呈圆柱状,伸出包皮。兔阴茎包括阴茎根、阴茎体和阴茎游离端,前端游离稍弯曲,交配时可形成明显的膨大龟头。

（5）阴囊。

公兔的阴囊用于容纳和保护睾丸,调节睾丸温度,以保证睾丸能产生正常的精子。

2. 母兔的生殖器官

母兔的生殖器官主要包括卵巢、输卵管、子宫、阴道和外生殖器。

（1）卵巢。

母兔有左右两个卵巢,呈卵圆形、淡红色,位于肾脏后方,以短的系膜悬于第五腰椎横突附近的体壁上。主要作用是产生卵子和分泌雌性激素。

（2）输卵管。

输卵管是输送卵子和卵子受精的器官。左右各一条,由输卵管系膜悬挂于腰下,其前端形成喇叭口,开口朝向卵巢。成熟的卵子从卵巢落入喇叭口,由于输卵管肌肉的蠕动及管壁纤毛的运动,使卵子沿输卵管向子宫方向运动。

（3）子宫。

子宫是供胚胎生长发育的器官。家兔子宫属双子宫类型,即有一对独立的子宫体和子宫颈,长约 7 cm,左右两个子宫是隔离的,两个子宫颈都独立开口于阴道前端,没有子宫体和子宫角之分。

（4）阴道。

阴道是母兔的交配器官,也是胎儿产出和尿液排出的通道。位于直肠的腹侧,膀胱的背面,紧接子宫的后端。阴道长 7.5～8 厘米,分为固有阴道和阴道前庭两部分。二者除有相同的功能外,也是尿液排出的通道。阴道前庭以阴门开口于体外。

（5）外生殖器。

外生殖器或称外阴部,包括阴门、阴唇和阴蒂三部分。阴道末端开口处叫阴门,阴门两侧突起处叫阴唇,两阴唇联合处有一小突起叫阴蒂。

二、家兔的生殖生理

（1）性成熟和初配年龄。

家兔长到一定月龄,性器官发育成熟。公兔睾丸能产生成熟的精子,母兔卵巢能产生成熟的卵子,并表现出发情等行为,交配能受孕,称为兔子的性成熟。达到性成熟的月龄因品种、性别、个体、营养水平、遗传因素等不同而有差异。小型兔 3～4 月龄,中型兔 4～5 月龄,大型兔 5～6 月龄达到性成熟。

家兔达到性成熟,不宜立即配种,因为此时兔体各器官仍处于发育阶段。如过早配种繁殖,不仅影响自身的发育,造成早衰,而且受胎率低,所产仔兔弱小,死亡率高。当然,初配时间也不宜过迟,过迟配种会减少种兔的终身产仔数,影响效益。家兔的初配年龄应晚于性成熟。在较好的饲养管理条件下,适宜的初配月龄为:小型品种 4～5 月龄,中型品种 6～8 月龄,大型品种 7～8 月龄。在生产中也可以体重来确定初配时间,即达到该品种成年体重的 75％ 左右时进行初配。

（2）发情及发情表现。

母兔性成熟后,由于卵巢内成熟的卵泡产生的雌激素作用于大脑的性活动中枢,引起母兔生殖道一系列生理变化,出现周期性的性活动（兴奋）表现,称为发情。

母兔发情主要表现为:活跃、兴奋不安、爱跑跳,在笼内来回跑动,顿足、不时用后脚拍打笼底板,发出声响。有的母兔食欲下降,常在料槽或其他用具上摩擦,俗称"闹圈"。性欲旺盛的母兔主动向公兔调情爬胯,甚至爬胯其他母兔。发情母兔外阴部在间情期黏膜苍白、干涩;发情初期呈现粉红色（见图 7-7）;发情盛期时呈潮红或大红色（见图 7-8）,水肿湿润;发情后期为紫红色、皱缩。其颜色由粉红到大红再变成紫红色需要经过 3～4 天,称发情持续期。自然交配的最佳时间为发情盛期;人工授精以排卵刺激后 2～8 小时输精为宜。

但也有部分母兔（外来品种居多）的外阴部并无红肿现象,仅出现水肿、腺体分泌物等现象（见图 7-9）。当公兔爬胯时,发情母兔先逃避几步,随即便伏卧、抬尾迎合公兔。

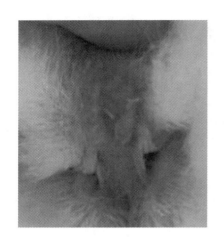
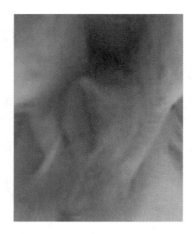
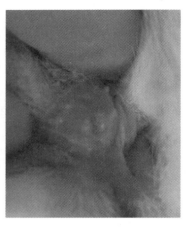

图 7-7　发情初期（粉红色）　　　　图 7-8　发情盛期（大红色）　　　　图 7-9　外阴部无颜色和肿大变化

（3）家兔的发情周期与交配。

母兔的发情周期不像其他家畜有准确的周期性，变化范围较大，一般为 8～15 天，多数在 14 天左右，发情持续期为 3～4 天。由于家兔是刺激性排卵动物，若母兔发情后未与公兔交配，成熟的卵泡经 10～16 天被吸收，新卵泡又开始发育，形成母兔的发情周期。

母兔最适宜的配种时间为阴部大红时，正如谚语所说："粉红早、红紫迟、大红正当时。"如果母兔没有明显的红肿现象，则在阴部特别湿润时配种适宜。

（4）妊娠和妊娠期。

公母兔交配后，在母兔生殖器官中，受精卵逐渐形成胚胎及胚胎发育至产出前所经历的一系列复杂的生理过程就叫妊娠，完成这一发育过程的整个时期就叫妊娠期。家兔的妊娠期一般为 30～31 天，变动范围为 28～34 天。妊娠期的长短因品种、年龄、胚胎数量、营养水平和环境等不同而有所差异。大型品种比小型品种怀孕期长，老龄兔比青年兔怀孕期长，胚胎数量少的比数量多的怀孕期长，营养状况好的比差的母兔怀孕期长。临产母兔，尤其是母性强的母兔，产前食欲减退甚至拒食，乳房肿胀并可挤出乳汁。

公母兔交配后约 15 min，精子即可游至母兔输卵管的壶腹部，在此经过 6～10 小时的获能过程后具备受精能力，其保持受精能力的时间为 30～32 小时。母兔卵细胞在接受交配刺激后 10～12 小时排出，经 4～6 分钟即达到输卵管的壶腹部，在此停留 4～6 小时以后失去受精能力。卵子受精能力最强是在排出后 2 小时内。母兔是双子宫动物，受精后 72～75 小时胚胎进入子宫，两侧子宫均可着床，7.5 天后胎膜与母体子宫黏膜相连，形成胎盘。

（5）分娩。

胚胎发育成熟，由母体内排出体外的生理过程，称为分娩。分娩前母兔外阴部肿胀充血，黏膜潮红湿润，在产前数小时甚至 1～2 天开始，母兔乳房充盈，腹部凹陷，食欲降低，叼草、用嘴拉下胸腹部毛，在产仔箱内做窝。分娩前几个小时，精神紧张，跳进跳出产仔箱。但少数初产母兔或母性不强的个体，产前征兆不明显。母兔分娩一般不需人工照料，分娩时阵痛，排出胎水，最后呈犬坐姿势，仔兔便顺次产出（连同胎衣）。每产出一只仔兔，母兔便将脐带咬断，吃掉胎衣，舔干仔兔身上的血污和黏液。分娩时由于体力消耗较大，容易感到口渴，应及时供给清洁的饮水。母兔分娩完成后会跳出巢箱找水喝，如口渴又无饮水的情况下可能会导致母兔食仔的情况发生，因此要引起特别重视。母兔的产程一般都较顺利，分娩一般只需 20～30 分钟，少数需 1 小时以上（见图 7-10）。

管理上要做好配种记录，在预产期前 3～4 天将母兔放入产仔箱，置干净、柔软的垫草；产前 1～2 天不论母兔是否已拉过腹毛，可人工代拉乳房周围腹毛，暴露乳头，刺激乳腺，利于产后哺乳。分娩期间应保持环境安静，防止因惊扰而致分批产仔的情况发生，影响仔兔的成活率。

（6）繁殖利用年限。

家兔的繁殖能力，过了壮年期之后，随着年龄的增长而下降。所以，种兔繁殖的最佳年龄是 1～3 岁，1

图 7-10　分娩后的母兔与仔兔

岁之前虽已达到繁殖年龄,但在生理等方面未达到完全成熟,而 3 岁以后则进入老年期,繁殖力明显下降。因此种兔利用年限一般是 2 年,视饲养管理的好坏和种兔体质状况可适当延长或缩短,如体质健壮,使用合理,可适当延长。频密繁殖时,母兔按所产的胎次确定淘汰时间,一般产 10～12 胎即被淘汰。对繁殖力较差、体质下降较快的母兔要及时淘汰。

三、家兔的配种方法

家兔的配种方法主要有 3 种,即自然配种、人工辅助配种和人工授精。

1. 自然配种

公、母兔混养在一起,任其自由交配,称为自然配种。自然配种的优点是配种及时、方法简便、节省人力。缺点是容易发生早配、早孕,公兔追逐母兔次数多,体力消耗过大,配种次数过多,容易造成早衰,而且容易发生近交,无法进行选种选配,容易传播疾病等。在实际生产中,不宜采用此法配种。

2. 人工辅助配种

人工辅助配种就是将公、母兔分群、分笼饲养,在母兔发情时,将母兔捉入公兔笼内配种。与自然配种相比,人工辅助的配种优点是能有计划地进行选种选配,避免近交和滥交,能合理安排公兔的配种次数,延长种兔的使用年限,能有效防止疾病传播。在目前生产中,宜采用这种方法配种。

具体操作步骤如下:将经检查、适宜配种的母兔捉入公兔笼内。公兔即爬胯母兔,若母兔正处发情盛期,则略逃几步,随即伏卧任公兔爬胯,并抬尾迎合公兔的交配。当公兔阴茎插入母兔阴道射精时,公兔后躯卷缩,紧贴于母兔后躯上,并发出“咕咕”叫声,随即由母兔身上滑倒,顿足,并无意再爬,表示交配完成。此时可把母兔捉出,将其臀部提高,在后躯部用手轻轻拍击,以防精液倒流。然后将母兔捉回原笼,做好配种记录工作。

如果母兔发情不接受交配,可以采取强制辅助配种,即配种员用一只手抓住母兔耳朵和颈皮固定母兔,另一只手伸向母兔腹下,举起臀部,以食指和中指固定尾巴,露出阴门,让公兔爬胯交配。或者用一细绳拴住母兔尾巴,沿背颈线拉向头的前方,一只手抓住细绳和兔的颈皮,另一只手从母兔腹下稍稍托起臀部固定,帮助抬尾迎合公兔交配。

人工辅助配种注意事项如下。

(1)严格检查公母兔的健康状况。凡体质瘦弱、性欲不强、患有疾病的家兔一律不参加配种;患有恶癖或生产性能过低的家兔应严格淘汰。

(2)配种前应清洗、消毒兔笼。公兔笼内污物必须清除干净。配种前数日应剪除家兔外生殖器周围的长毛,毛用兔最好在配种前剪毛一次,既方便配种,又可提高受胎率。

(3)要在公兔笼内配种。配种时必须把母兔放入公兔笼内,不能把公兔放入母兔笼内,以防环境变化,分散公兔精力,延误交配时间。当公兔辨明性别后公兔便会追逐母兔,如果母兔接受交配,就会后肢站立举尾迎合,公兔阴茎插入阴道后立即射精,并发出“咕咕”叫声,表示交配已顺利完成。

（4）注意公母兔间的选择性。配种时要注意公母兔之间的选择性，如果发情母兔放进公兔笼内后长时间奔跑，逃避公兔，或伏在笼内，尾部紧压阴部，公兔几经调情仍拒绝交配，可采用人工强制配种。

（5）配种后检查母兔。配种结束后应立即将母兔从公兔笼内取出，检查外阴部，有无假配。如无假配现象，即可将母兔臀部提起，并在后躯部轻轻拍击一下，以防精液倒流，然后将母兔送回原笼。并及时做好配种登记工作。

（6）掌握好配种频率。一般情况下，一只体质健壮、性欲旺盛的公兔，每天可配1～2次，连续配种2天后可休息1天。若遇母兔集中发情，则可适当增加配种次数，但切忌滥交，以免影响公兔健康和精液品质。

（7）编制配种计划。无论何种家兔品种，均要根据选种、选配原则，编制配种计划。防止近交，做好配种记录。

（8）注意配种时间。春、秋两季最好选在上午，夏季选在清晨和傍晚，冬季宜选在中午。

（9）饲养公母比例要适当。采用人工辅助交配种公母兔的比例以1∶8为宜，即每只健康的成年公兔在一般情况下可以担负8只母兔的配种任务。

（10）定期检查分析配种受胎情况。有条件的地方应定期检查公兔的精液品质，及时发现配种受胎能力差的种兔，随时淘汰。

3. 人工授精

人工授精就是不用公兔直接交配，而是人工采取公兔的精液，经品质检查、稀释后，再输入到母兔生殖道内，使其受胎。目前家兔的人工授精已经是养兔业中最经济、最科学的配种方法。其优点在于能充分利用优良种公兔，提高兔群质量，迅速推广良种，还可减少种公兔的饲养量，降低饲养成本、减少疾病传播，克服某些繁殖障碍（如公母兔体型差异过大等），便于集约化生产管理，但需要有熟练的操作技术和必要的设备（见图7-11）等。

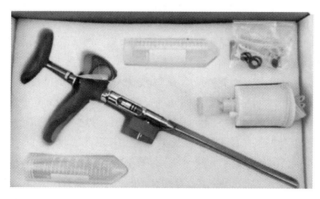

图 7-11　全套人工输精器械

1）人工授精具体操作技术。

（1）采精，包括假阴道的准备和采精方法。

①假阴道。专门生产的定型的兔用采精假阴道主要由外壳、内胎和集精瓶3部分组成。一般可用硬质橡皮管、PVC塑料管、试管或竹管代替外壳，管长8～10厘米，直径3～3.5厘米。在外壳的中间钻一直径为0.5～0.7厘米的小孔，并安装活塞，以便由此注入热水和吹气调节压力大小。内胎可用手术用的乳胶指套或避孕套代替，要求密封性要好，使用的塑料对精子无毒害作用，长14～16厘米。集精瓶可用口径适当的小试管或小玻璃瓶代替。

②采精。公兔须经过训练才能采精。首先选择体质健壮、性欲旺盛的公兔，经常接近公兔，训练公兔的胆量；定期使公兔与母兔接触，但不准交配，以便提高公兔的性欲。经数日之后，将发情母兔放入公兔笼中，采精者右手固定母兔的头部，左手握假阴道置于母兔两后肢之间。当公兔爬跨母兔交配之际，采精者左手把握假阴道，使母兔后躯举起，待公兔阴茎挺出后，采精者根据阴茎挺出的方向调整假阴道口的位置。当公兔阴茎一旦插入温度、压力适宜而且润滑的假阴道口时，前后制动数秒钟，即向前一挺，后肢卷缩，向左侧倒

去，并伴随"咕"的一声尖叫，这就是射精的表现。随即放开母兔，将假阴道竖立、减压，使精液流入集精管中，然后取下集精管，塞上消毒的瓶塞，进行精液的品质检查或稀释处理等操作（见图 7-12）。

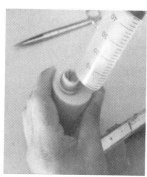

图 7-12　采精操作

一般性欲较强的公兔，经过几次训练之后，便可顺利采取精液。逐渐可以用兔皮做一台假兔，甚至采精者戴一兔皮手套，握住假阴道，均可顺利达到采精的目的。特别是经用假阴道采精训练成熟并已成习惯的公兔，看到采精人员穿好工作服，准备采精时，即主动跟随前后不离，等待采精。

（2）精液的品质检查。

精液的肉眼检查主要检查射精量、颜色、气味等。

①家兔射精量。一次正常为 0.5～2.5 毫升，平均 1 毫升。过多可能是副性腺病变导致分泌物增加，过少可能是采精技术不当或繁殖机能下降。

②精液颜色。正常公兔的精液颜色为乳白色或略带黄色。当有其他颜色时，表明公兔生殖器发生疾患，精液不能使用。

③气味。兔的精液一般无味或略有腥味。如有腐败臭味，说明精液中混入化脓性分泌物，应停止使用，对公兔停止采精，及时诊治。腥味过大往往可能是混入了尿液。

④云雾状。透过集精瓶，肉眼仔细观察时可看见精液呈雾状翻滚运动现象，即云雾状。当精子密度较大而且活力较高时才会出现云雾状。它也是衡量精子整体活动状态的肉眼观察指标。

⑤pH 值。公兔正常精液的 pH 值为 6.8～7.25。

精液的显微镜检查是在 200～400 倍显微镜下检查精子活力、密度和畸形率等。

a.精子活力。精子活力是指在显微镜下整个视野中呈直线运动的精子比率。精液采出后在 35～37.5 ℃下进行活力测定。方法是用玻棒取一滴精液在载玻片上，加以盖片，盖片时防止产生气泡，然后在 200～400 倍显微镜下观察。要求精子活力在 0.6 以上。往往同时估测密度。

b.精子密度。公兔的精子密度估测，在显微镜视野中精子的间距小于一个精子的宽度为"密"，在显微镜视野中精子的间距大于一个精子的宽度为"稀"，在显微镜视野中精子的间距等于一个精子的宽度为"中"。如要精确计算密度则应借助生理学常用的血细胞计数板来进行计算。用于繁殖的精子要求密度为"中"以上。

c.精子畸形率。取 1 小滴被测精液于载玻片上，然后加 1～2 滴生理盐水，将精液和生理盐水振荡混匀，再将样品滴以拉片形式制成抹片，切忌将精液推拉而人为造成精子损伤。用 0.5% 龙胆紫酒精或蓝墨水染色 3 分钟，自然干燥、水洗后即可镜检。查数不同视野的 500 个精子，计算出其中所含的畸形精子数，求出百分率。要求畸形率不能超过 20%。

（3）精液的稀释。公兔一次射精量不大但每毫升中含有 2 亿～5 亿个精子，稀释目的在于增加精液量，扩大输精母兔数量。一般稀释 5～10 倍。通过稀释可以充分发挥优良种公兔的价值，而且可以通过稀释缓冲精液的酸碱度，增加精子营养及生命力，延长精子寿命。

稀释液最好现用现配，常有以下几种。

①葡萄糖卵黄稀释液。无水葡萄糖 7.6 克加蒸馏水 100 毫升，充分溶解，过滤，密封，煮沸 20 分钟后冷

却至25～30 ℃,再加入1～3毫升新鲜卵黄及青霉素、链霉素各10万单位,摇匀溶解,贴好标签备用。

②蔗糖卵黄稀释液。取蔗糖11克加蒸馏水至100毫升。配制法同上。

③柠檬酸钠卵黄稀释液。柠檬酸钠2.9克,加蒸馏水至100毫升。配制法同上。

④牛奶卵黄稀释液。鲜牛奶或奶粉5克或10克,加蒸馏水至100毫升。配制法同上。

⑤柠檬酸钠葡萄糖稀释液。柠檬酸钠0.38克,无水葡萄糖4.5克,卵黄1～3毫升,青霉素、链霉素各10万单位,加蒸馏水至100毫升。

稀释方法为用吸管吸取事先预热与精液等温(25～30 ℃)的稀释液(见图7-13～图7-14),沿试管壁缓慢加入精液中,用玻璃棒轻轻搅动,使其混合均匀,避免用力摇晃。稀释后的精液应做一次镜检,一般情况下精子活力有所提高,若精子活力下降明显,说明稀释液不合格或操作不当,应尽快找出原因。稀释后保证每毫升精液活力旺盛的精子数量在1000万以上。

图7-13　恒温用水浴锅

图7-14　水浴保温稀释液

(4)精液的保存与运输。

①低温保存。刚采出来的新鲜精液,放到体温环境只能存活几小时。低温保存法是在精液中添加稀释液进行液态保存,在低温环境的保温瓶中,0～4 ℃情况下存活时间可达45小时。但降温时应以每分钟降温0.5～1 ℃为宜,注意不可降温过快。

②精液的运输。鲜精保存时间短,只宜短途运输。一般只需存放于一个广口保温瓶或大保温杯即可,并随季节和气温决定是否在保温瓶中加冰块。运输时容器装满盖紧,瓶口无空间,以减少振动。容器外要裹几层纱布或毛巾,特别是放冰块时必须这样做,这样既能保护精液,也能缓冲低温直接接触容器,防止对精子的冷打击。

③输精。包括同期发情处理、刺激排卵和输精方法几个环节。

④同期发情。生产中为了便于组织生产,便于对母兔进行同时配种,实现同时产仔、同时断奶、同时育肥出栏的高效生产,往往要对母兔进行同步发情处理。通常在人工输精前50～60小时使用孕马血清促性腺激素在每只母兔颈部皮下注射30国际单位,也可用雌二醇等进行诱导发情。

⑤刺激排卵。母兔为诱导排卵动物,排卵发生在交配或性刺激后10～12小时,在给母兔人工输精前应先进行促排卵处理,即刺激母兔排卵。方法是每只母兔肌肉注射2～5微克促排卵素3号,也可使用绒毛膜促性腺激素50国际单位或黄体素50国际单位等。注射后需在6小时内进行输精。

⑥输精方法。使用经过消毒的兔专用玻璃输精器或输精枪。助手用左手抓住兔双耳和颈皮,右手将尾巴翻压在背部并抓起尾部及背部皮肉,将后驱向上,头向下,腹部面向输精员固定好。输精员左手拇指在下,食指在上,按压外阴,将外阴部翻开,右手持玻璃输精器或输精枪沿阴道壁轻插入阴道内,遇到阻力时,向外抽一下,并换一个方向再向内插,插入6～8厘米为宜,将0.5毫升稀释液注入阴道子宫颈口。输精后将输精器缓缓抽出,并用力拍拍母兔臀部,以防精液逆流。单人操作可采用倒提法,可把母兔头颈部轻夹于两膝之间(或倒放于圆桶内),一只手抓提母兔臀和尾部,另一只手持输精器进行输精。输精操作如图7-15～图7-17所示。

图 7-15　双人输精操作

图 7-16　单人输精操作装置

图 7-17　单人输精操作

2）人工授精注意事项。

采精频率：要想获得理想的配种效果，必须有品质良好的精液，健康公兔每天采精 1～2 次，连续 5～7 天休息一天。

严格消毒：在人工授精过程中使用的所有器具，都必须清洗干净，严格消毒。如果消毒不严，不仅影响精液品质，影响受胎率，还可导致母兔生殖道疾病。

稀释液应现用现配，抗生素可在临用前添加。

输精管最好一兔一根，以防疾病传播。

四、妊娠诊断

母兔配种后，判断其是否妊娠的技术就是妊娠诊断。妊娠诊断的方法有复配检查法、称重检查法和摸胎检查法 3 种。

1. 复配检查法

在母兔配种后 7 天左右，将母兔送入公兔笼中复配，如母兔拒绝交配，表示可能已怀孕。相反，若接受交配，则可认为未孕，但此法准确性不高。

2. 称重检查法

母兔配种前先行称重，隔 10 天左右复称一次，如果体重比配种前明显增加，表明已经受孕，如果体重相差不大，则视为未孕。

3. 摸胎检查法

在母兔配种后 10 天左右，用手触摸母兔腹部，判断是否受孕，称为摸胎检查法，在生产实际中多用此法诊断。具体做法为：将母兔捉放于桌面或平地，一只手抓住母兔的耳朵和颈皮，使兔头朝向摸胎者，另一只手拇指与其余四指呈"八"字形，掌心向上，伸向腹部，由前向后轻轻沿腹壁摸索（见图 7-18）。若感腹部松软如棉花状，则未受孕。若摸到如花生仁大小的球形物滑来滑去，并有弹性，则是胚胎。摸胎检查法操作简便，准确性较高，但要注意动作轻，检查时不要将母兔提离地面悬空，更不要用手指去捏数胚胎数，以免造成流产。

妊娠诊断未孕者，应及时进行补配，减少空怀母兔，以提高母兔繁殖力。

五、提高家兔繁殖力的措施

影响家兔繁殖力的主要因素有品种、年龄、个体、营养、配种制度和管理、气温、光照、生殖器官疾病等。为了提高家兔繁殖力，一般可采取以下措施。

1. 注意选种和合理配种

严格按选种要求选择符合种用的公、母兔，要防止近交，公、母兔保持适当的比例。一般商品兔场和农户，公母比例为 1∶8～1∶10，种兔场纯繁以 1∶5～1∶6 适宜。在配种时要注意公兔的配种强度，合理安排公兔的配种次数。

图 7-18　摸胎检查手法

2. 加强配种公母兔的营养

从配种前两周起到整个配种期,公母兔都应加强营养,尤其是蛋白质和维生素的供给要充足。

3. 适时配种

适时配种包括选择适时配种季节和配种时间。虽然家兔可以四季繁殖产仔,但盛夏炎热,多有"夏季不孕"现象发生,即公兔性欲降低,精液品质下降,母兔多数不愿接受交配,即使配上,产弱仔、死胎也较多。繁殖一般不宜在夏季,春、秋两季是繁殖的好季节。冬季也可取得较好的效果,但须注意防寒保温。适时配种,除安排好季节外,母兔发情期内还要选择最佳配种时期,即在发情中期配种。

4. 人工催情

在实际生产中遇到有些母兔长期不发情,拒绝交配而影响繁殖,除加强饲养管理外,还可采用激素、性诱等人工催情方法。激素催情可用雌二醇、孕马血清促性腺激素等诱导发情。促排卵素 3 号对促使母兔发情、排卵也有较好效果。性诱催情对长期不发情或拒绝配种的母兔,可采用关养或将母兔放入公兔笼内,让其追、爬胯后捉回母兔,经 2～3 次后就能诱发母兔分泌性激素,促使其发情、排卵。

5. 重复配种和双重配种

重复配种是指第一次配种后,再用同一只公兔重配。重复配种可增加受精机会,提高受胎率和防止假孕,尤其是长时间未配过种的公兔,必须实行重复配种。这类公兔第一次射出的精液中,死精子较多。双重配种是指第一次配种后再用另一只公兔交配,双重配种只适宜于商品兔生产,不宜用于种兔生产,以防弄混血缘。双重配种可避免因公兔原因而引起的不孕,可明显提高受胎率和产仔数。在实施中须注意,要等第一只公兔气味消失后再与另一只公兔交配,否则,因母兔身上有其他公兔的气味而可能引起斗殴,导致咬伤母兔。

6. 配种后检查

及时检胎,减少空怀。

7. 正确采取频密繁殖

频密繁殖又称"配血窝"或"血配",即母兔在产仔当天或第二天就配种,泌乳与怀孕同时进行。采用此法,繁殖速度快,但由于哺乳和怀孕同时进行,易损坏母兔体况,种兔利用年限缩短,自然淘汰率高,需要良好的饲养管理和营养水平。因此,采用频密繁殖生产商品兔,一定要用优质的饲料满足母兔和仔兔的营养需要,加强饲养管理,对母兔定期称重,一旦发现体重明显减轻时,就停止血配。在生产中,应根据母兔体况、饲养条件,交替采用频密繁殖、半频密繁殖(产后 7～14 天配种)和延期繁殖(断奶后再配种)三种方法。

8. 创造良好的环境,保持适当的光照强度和光照时间

做好保胎接产工作,怀孕期间保证饲料质量;防止惊扰,不让母兔受到惊吓,以免引起流产。

六、影响家兔繁殖的因素

1. 环境因素

一切作用于家兔机体的外界因素,统称为环境因素,如温度、湿度、气流、太阳辐射、噪声、有害气体、致病微生物等。温度对家兔的繁殖性能有较为明显的影响。气温超过 30 ℃,即引起家兔食欲下降、性欲降低。高温可影响公兔性欲,如果持续高温,可使公兔精子减少,甚至不产生精子。高温过后能很快恢复,但精液品质的恢复则需要两个月左右的时间。因为精子的产生到精子的成熟排出需要一个半月时间。这就是立秋后天气凉爽,母兔发情,而家兔(特别是长毛兔)不易受胎的主要原因。

所以,立秋后必须对种兔进行半个月的营养补饲。低温寒冷对家兔繁殖也有一定影响。由于家兔要御寒,消耗较多的营养,低于 5 ℃就会使家兔性欲减退,影响繁殖。

致病微生物往往伴随着温度和湿度对家兔的繁殖产生影响。因为家兔喜干厌湿、喜净厌污,潮湿污秽的环境,往往导致病原微生物的滋生,引发肠道病、球虫病、疥癣病,影响家兔健康,从而影响家兔的繁殖。

强烈的噪音、突然的声响能引起家兔死胎或流产,甚至由于惊吓使母兔吞食、咬死仔兔或造成不孕。这些都是影响家兔繁殖的不良因素。

2. 营养因素

实践证明,高营养水平往往引起家兔过肥,过肥的母兔卵巢结缔组织沉积了大量脂肪,影响卵细胞的发育,排卵率降低,造成不孕。营养水平过低或营养不全面,对家兔的繁殖也有影响。因为家兔的繁殖性能很大程度上受脑垂体机能的影响,营养不全面直接影响公兔精液品质,也使母兔脑垂体机能下降,分泌激素能力减弱,卵细胞不能正常发育,造成母兔长期空怀不孕。

3. 生理缺陷

生理缺陷如母兔阴道狭窄、公兔的隐睾和单睾等。隐睾或单睾说明公兔产生精子的能力较差,配种不能使母兔受胎或受胎率不高。患有子宫炎、子宫留有死胎也是影响母兔繁殖的因素。

4. 使用不当

母兔长期空怀或初配年龄过迟,往往造成卵巢机能减退,妊娠困难。公兔休闲期可能出现短暂的不育现象。公兔长期不配种也是影响繁殖的因素。

5. 种兔年龄老化

实践证明,种兔的年龄明显地影响其繁殖性能。1~2 岁的公母兔随着年龄的增长,繁殖性能提高,2 岁以后,繁殖性能逐渐下降,3 岁后一般失去繁殖能力,不宜再作种用。

◇　**任务实施**

家兔发情鉴定及人工辅助配种的实施。

1. 动物准备

在家兔养殖场繁殖季节,准备未配种的成年母兔若干,公兔数只。

2. 人员准备

2 人一组,每组负责 3~5 只母兔的配种任务,相互帮助,同时配合操作,并做好配种记录。

3. 操作步骤

(1)观察母兔是否发情或处于发情的哪个阶段。

(2)对于未发情和不处于发情盛期的母兔做好记录,作为下次配种依据。

(3)将发情盛期的母兔捉出放在参与配种的公兔笼内进行交配,同时仔细观察交配过程是否成功。

(4)交配成功后,捉回母兔放回原笼,并做好交配记录。

(5)对于交配未成功情况的分析原因,如是发情鉴定有误按第(2)步处理,如是公母不匹配则可换公母进行交配。

(6)总结人工辅助交配的各环节,写出体会。

◇　**任务反思**

(1)区别自然交配和人工辅助交配各自的优缺点。

(2)家兔人工授精有哪些关键步骤和注意事项?

（3）如何实现生产中的"四同期"（同期发情、同期配种、同期产仔、同期出栏）？

（4）要充分实现家兔繁殖力强的优势应从哪些方面入手？

◇ 任务评价

评价内容	教师评价	学生自评	总评
能正确鉴别母兔发情			
能顺利进行人工辅助配种			
能正确填写繁殖记录表			
会进行人工输精			
会进行妊娠诊断			
会提前进行分娩准备			
总计			

注：评分标准为 10 分制，10 分为优，7 分为良，5 分为有待提高。

项目8　兔病的防治

◇ 项目导入

　　兔病包括传染病、内科病、外科病及产科病等,而危害最严重的当数传染病,其次是寄生虫病以及各种群发病。这些疾病往往大批发生,发病率和死亡率很高,严重时甚至全群覆灭,对养兔业影响巨大。然而临床上,兔病是可以预防和治疗的,通过科学的饲养和管理,可将损失降到最低限度,从而保证养兔业健康持续发展。

　　本项目将要学习3个任务:(1)兔病预防基础知识;(2)兔病的诊疗技术(3)常见兔病的诊断与防治。

任务8.1　兔病预防基础知识

◇ 任务目标

知识目标:

1.掌握兔病防治的基本原理和措施。

2.掌握家兔正确的给药方法。

技能目标:

1.能熟练对生产中的各环节进行消毒。

2.能正确使用药物。

3.能对家兔进行基本的健康检查。

兔病预防
基础知识

◇ 任务准备

一、家兔的健康检查

　　家兔的健康检查很重要,应及时发现病兔,采取有效防治措施,从而终止疾病的传播,减少经济损失。家兔的健康检查一般采用看、问、查三步进行。

1.看

(1)看外貌。健康兔营养良好,躯体匀称,体态丰满,被毛光亮,生长牢固,眼睛有神,反应灵敏;而病兔则体躯矮小瘦弱,被毛粗乱无光,换毛迟缓或成片脱毛,眼睛无神,对外界刺激反应迟钝。

(2)看采食。健康兔食欲旺盛,对经常吃的食物嗅后立即采食,且采食速度快;对陌生食物,则吃的速度变慢;如兔子拒食是疾病最早的症状,应引起注意。

(3)看粪便。正常粪便呈球形、大小均匀、表面光泽,呈黑褐色。病兔的粪便稀、软、不成形、大小不一,粪球一头尖、酸臭、带黏液或带血等。

(4)看呼吸。健康兔呈胸腹式呼吸,即呼吸时胸部和腹部运动协调,强度一致。病兔则呼吸急促,不协调,呈单纯的胸式或腹式呼吸。

(5)看鼻液、听咳嗽。健康兔的鼻孔清洁干净。病兔的鼻孔不洁,鼻液增多,有痒感,打喷嚏,频频咳嗽。

(6)看排尿。病兔排尿失禁或带疼痛感,排尿量和排尿次数过多或过少。

2. 问

询问当地兔场有何种疾病发生,情况如何,急性还是慢性,经何部门确诊,何种药物有效。尤其是引进种兔时,要问清楚当地有无疫情,应避免从有急性传染病的地区或兔场引进品种。

3. 查

查是在看和问的基础上对家兔进一步地检查。查体温、查呼吸、查粪便和卵,查是否带菌,查某些病的抗体。查的目的就是防止将带细菌、带病毒、带寄生虫的家兔引进自己的兔群。另外对新购入的家兔,还要进一步隔离检查,确定无疾病后方可合群饲养。

二、家兔传染病的预防

1. 传染病预防基础知识

传染病是由病原微生物(细菌、病毒)引起的一类疾病。病原微生物经一定的传播途径侵入兔体后,家兔如果没有抵抗力,病原微生物就可以在兔体内大量生长繁殖,使家兔发病。病兔还可通过粪便、尿液等向体外排出病原微生物,引起健康兔的感染与发病。

由个体发病引起群体发病,即传染病的流行。传染病的流行需具备三个基本条件:传染来源、传播媒介、易感兔群。发病兔和带有病原微生物的兔是传染源,因为它可向外界排出病原体。被污染的土壤、空气、饲料、饮水、工具、用具以及携带病原微生物的猫、狗、老鼠都可能成为传播媒介。易感兔群指对某些传染病没有抵抗力的兔群。切断任何一环,传染病的流行即终止。消灭传染来源,切断传播媒介,使没抵抗力的兔群变为有抵抗力的兔群,是制定传染病预防措施的主要依据。

2. 传染病的综合预防措施

(1)引进种兔时把好检疫关。不到疫区或发病场引进种兔,应请兽医协助检疫,对购入的新兔隔离观察一段时间,确实无病才能混群。

(2)自繁自养。选养健康的优种公兔和母兔,自行繁殖仔兔。防止因引进兔源而带入兔病,造成传染病的传播。

(3)加强饲养管理。按家兔不同时期合理搭配饲料,保证其营养需要。做到冬防寒、夏防暑,为其创造通风、干燥、干净卫生的生活环境。将家兔养肥养壮,增强抗病能力,同时谢绝参观,禁止非饲养人员随意进入兔舍。

(4)搞好环境卫生和消毒。坚持每天清扫兔舍和兔笼的粪便和污物,并将其堆集发酵。兔舍和兔笼要进行消毒。

(5)做好预防接种。给家兔接种疫苗是激发兔体产生特异性抵抗力的防病手段,有目的、有计划地进行预防接种是控制家兔传染病的有效措施。对于某些传染病如兔瘟、兔巴氏杆菌病等,预防接种能起到关键作用。在某些传染病的多发地区或受到邻近兔场某些传染病威胁时,应及时接种疫苗。当兔场发生了某种传染病时,对其他假定健康的家兔也要紧急接种疫苗,这样可以避免疾病流行而造成更大损失。

(6)药物预防。定期或不定期地给兔群投以药物,也是预防传染病的有效措施。选用价廉、有效、安全的药物,添加到饲料或饮水中,可收到明显的预防效果。如呋喃唑酮可减少沙门氏菌和大肠杆菌病的发生,磺胺二甲基嘧啶能降低败血波氏杆菌、巴氏杆菌病的发病率,氯苯胍可预防球虫病的发生。应注意长期使用某种药物会产生耐药性,在实际生产中,需要更换药物,选择使用敏感药物。

三、常用消毒药

(1)氢氧化钠是常用的消毒药之一。可配成 1%～3%溶液喷洒消毒。在溶液中加入 5%～10%的食盐,可提高消毒效果。

(2)草木灰的有效成分是氢氧化钠和碳酸钠。将其配成 20%～30%的溶液,其消毒效果与氢氧化钠相似。农村取材方便,可节省开支。

(3)碳酸钠(食用碱)用热水配成 4%的溶液洗刷或浸泡饲槽和饮水用具,可消毒兔舍。

(4)漂白粉是一种被广泛应用的消毒药,常配成 1%～5%的溶液。

(5)过氧乙酸是一种强氧化剂。用 0.5%～5%的过氧乙酸消毒,对细菌、病毒都有较好的防治作用。

(6)甲醛溶液常配成 2%～4%的水溶液,可用于兔笼、饮饲用具、地面消毒。可采用蒸发甲醛溶液,对兔舍熏蒸消毒,消毒效果甚佳。因其对呼吸道有刺激,所以不能带兔熏蒸,熏蒸消毒完毕将气体放出后才能将家兔放入笼舍。

(7)次氯酸钠是一种新型的广谱消毒药,常配成 0.3%～2%的溶液进行兔舍消毒。

(8)二氯异氢尿酸钠是一种新型的广谱消毒药,配成 1%～4%的溶液对用具、兔舍等进行消毒,对细菌和病毒均有显著的杀灭作用。

(9)苗毒敌(农乐)是一种复合酚的新型消毒药。0.5%～1%的溶液对细菌和病毒均有很高的杀灭效果,也可采用熏蒸消毒。

(10)百毒杀是一种季铵盐类的消毒药。对细菌和病毒都有较好的杀灭作用。3000 倍稀释可对兔舍、兔笼、饮饲用具等进行消毒。

四、常用疫苗

(1)兔瘟疫苗用于预防兔瘟病。目前市售的为组织灭活苗,是一种均匀的混悬液。对 1 月龄以上的断奶兔皮下注射 1 毫升,7 天可产生免疫力,免疫期为 6 个月。成年种兔每年接种 2 次。保存时该疫苗温度不能过高,亦不能冰冻,否则疫苗将失效,生产中如疫苗出现明显分层,则不能继续使用。

(2)兔黏液瘤疫苗用于预防家兔黏液瘤病,是一种兔肾细胞弱毒疫苗。按瓶签说明,用生理盐水稀释,对断乳以后家兔皮下或肌肉注射 1 毫升,注射后 4 天产生免疫力,免疫期为 1 年。

(3)巴氏杆菌灭活苗用于预防巴氏杆菌病。对 1 月龄以上的断奶家兔皮下注射 1 毫升,7 天产生免疫力,免疫期为 6 个月。种兔每年接种 2 次。

(4)支气管败血波氏杆菌灭活苗用于预防支气管败血波氏杆菌病。对产前 2～3 周的孕兔和配种时的青年兔或成年兔及断奶前一周的仔兔,一律皮下或肌肉注射 1 毫升,7 天产生免疫力,免疫期为 6 个月。

(5)魏氏梭菌灭活苗用于预防魏氏梭菌肠炎。对 1 日龄以上的兔皮下注射 1 毫升,7 天产生免疫力,免疫期为 4～6 个月。种兔每年接种 2 次。

(6)兔伪结核灭活苗用于预防伪结核耶新氏杆菌病。对断奶前一周的仔兔及青年兔、成年兔一律皮下或肌肉注射 1 毫升,7 天产生免疫力,免疫期为 6 个月。种兔每年接种 2 次。

(7)沙门氏杆菌灭活苗用于预防沙门氏杆菌病。对断乳前 1 周的仔兔,怀孕初期的母兔,以及青年兔、成年兔一律皮下或肌肉注射 1 毫升,7 天产生免疫力,免疫期为 6 个月。种兔每年接种 2 次。

(8)大肠杆菌灭活苗用于预防兔大肠杆菌病。对 20～30 日龄的仔兔肌肉注射 1 毫升,7 天产生免疫力,免疫期为 4 个月。

(9)联苗注射一次可预防两种及两种以上的疾病。如魏巴二联苗,同时预防魏氏梭菌和巴氏杆菌病。巴瘟二联苗,同时预防巴氏杆菌病和兔瘟。兔瘟二联苗,同时预防魏氏梭菌和兔瘟。

以上介绍的疫苗除黏液瘤疫苗须冰冻保存外,其他疫苗均不宜冰冻保存,可置于 4～8 ℃环境中,有效期为 6 个月。接种时,皮下注射以颈部皮下较好,注射前用碘酊或酒精消毒,以防伤口感染化脓。

五、常用药物

1. 抗生素

(1)青霉素对兔葡萄球菌、李氏杆菌、兔螺旋体均有较好的效果。如抗菌防治效果不理想或产生了耐药性,可改用红霉素、多粘菌素、泰乐菌素、新生霉素等抗生素。

(2)磺胺类药物是人工合成的化学药品,具有抗菌谱广、价格低的特点,可对巴氏杆菌、大肠杆菌、李氏杆菌病进行防治。常用的有磺胺嘧啶、磺胺二甲嘧啶、磺胺间二甲氧嘧啶,可口服或肌肉注射,每千克体重注射 0.2～0.3 克,每日 2 次。

三甲氧苄啶和二甲氧苄啶是抗菌剂。与磺胺并用能够增加其疗效。一般采用增效剂一份,磺胺和抗生素 5 份配合应用。

(3)呋喃类药是一类人工合成的药物。最常用的是呋喃唑酮,用于家兔大肠杆菌、伤寒杆菌病的防治,每千克体重口服 10～20 毫克。

2. 抗球虫药

(1)氯苯胍对多种畜禽的球虫病有效。如预防兔球虫病,每千克饲料中需添加 150 毫克氯苯胍,如治疗则需添加 300 毫克。

(2)盐霉素主治畜禽的球虫病。如预防兔球虫病,每千克饲料中添加盐霉素 25 毫克,如治疗则添加 50 毫克。

(3)莫能菌素对畜禽球虫有良好的防治作用。如预防兔球虫病,每千克饲料中添加 25 毫克,如治疗则添加 50 毫克。

(4)球痢灵又叫硝苯酰胺,如预防兔球虫病,每千克饲料中添加 125 毫克,如治疗则添加 250 毫克。

3. 抗螨虫药

(1)敌百虫配成 1%～3% 溶液可对兔体局部涂擦,5% 的溶液可用于药浴。

(2)溴氢菊酯对兔螨虫有很强的驱杀作用,用棉籽油稀释 1000 倍涂擦于患部。

(3)速灭菊酯对兔螨虫有良好的杀灭作用,可用水稀释 2000 倍涂擦患部。

(4)阿维菌素又叫阿福丁,对兔螨病有很好的防治效果,参照每千克体重 0.3 克剂量,口服,半年内均有预防效果。

4. 其他常用药物

(1)鱼肝油内含维生素 A 和维生素 D,可用于治疗因维生素 A、维生素 D 缺乏引起的发育不良、视觉障碍、佝偻病等。每只家兔每次口服 1 毫升,每千克饲料中添加 10 毫升。

(2)酵母内含 B 族维生素,可治疗因维生素 B 缺乏引起的消化不良和神经症状。每只家兔每次服用 1～2 毫升。

(3)人工盐助消化,可治疗消化不良。每只家兔每次口服 1～2 克。

(4)大黄苏打片可治消化不良,每只家兔每次口服 1～2 克。

(5)乳酶生可治疗消化不良,每只家兔每次口服 2～3 片。

(6)液状石蜡治疗便秘、腹胀。每只家兔每次口服 10～15 毫升。

(7)次碳酸钙片治疗一般性腹泻,每只家兔每次口服 2～4 片。

(8)阿尼利定可治疗因感冒引起的发烧,每只家兔每次肌肉注射 0.5～1 毫升。

六、家兔的给药方法

1. 内服

该方法操作简便,适用于多种药物。可拌料自食、投服、灌服等。

(1)拌料自食。适用于毒性小、无不良气味的药物,按一定比例将药物拌入饲料或水中,由家兔自食或饮用。

（2）投服。适用于药量少、有异味的药物。在家兔拒食时,由助手保定,操作者固定兔头并握着面颊使口张开,用筷子或镊子夹取药片送入口中,使其吞下。

（3）灌服。适用于有异味药物或拒食的家兔。助手将家兔保定,操作者用汤勺或注射器、滴管将药液从口角缓缓灌入,注意千万不要误入气管;或用胃管插入食道直接送入胃中,切忌投入肺中。

2. 直肠灌药

当发生便秘、毛球病时,可将家兔侧卧保定,然后将后躯抬高,用涂有润滑油的胶管或塑料管,插入肛门,进入直肠 8～10 厘米,将药液灌入,然后让其自然排出。注意药液的温度应接近体温。

3. 注射给药

该方法用药药量准确,家兔吸收快。临床上有皮下注射、肌肉注射、静脉注射和腹腔注射等。

（1）皮下注射。

选颈部、肩前、股内侧或腹部皮肤松弛易移动的部位局部剪毛,用碘酊或酒精消毒后,将药液注入。该方法主要用于疫苗接种。

（2）肌肉注射。

选臀肌或大腿肌肉丰满处,局部消毒,针头垂直刺入一定深度、回抽无回血后,将药液缓缓注入。注意不能伤及血管、神经和骨骼。

（3）静脉注射。

首先由助手保定,固定头部,消毒耳朵外缘,然后用手指捏着耳尖并夹住,压迫静脉向心端,使耳静脉充血怒张,以 15°倾角将针头刺入血管,并使针头平行进入血管一定深度,回抽见血后,缓缓注入药液。注完后拔出针头,用酒精棉球压迫针口防止出血。注意在注射前要排净注射器内空气,以免形成栓塞死亡。另外油类药物不能采用静脉注射。

（4）腹腔内注射。

此方法可用于补充体液。注射部位在腹部下方,用碘酊或酒精棉球消毒。首先使家兔后躯抬高或倒提后肢,然后向腹内进针,回抽无血液、无气体后即可注药。注意进针不能太深,以防损伤内脏。药量多时应加温,使其温度与体温相同。

（5）气管内注射。

在颈部上三分之一正中线处摸到气管,消毒后将针头垂直刺入,回抽有气体后缓缓滴注药液。此方法用于治疗气管、肺等疾病。

◇ **任务实施**

家兔的捕捉及保定。

1. 目的要求

分组进行操作,每组 3～5 人。要求每位组员能掌握家兔的捕捉,进一步熟练掌握家兔的保定。

2. 任务材料

家兔、手术台、保定箱。

3. 方法步骤

（1）家兔的捕捉。

疾病的诊断和治疗、母兔的发情鉴定及妊娠检查等,均需要先捕捉家兔。抓住家兔两耳或后肢是错误的捕捉方法。抓住两耳或后肢会使兔挣扎或跳跃,损伤耳、腰、后肢,致使脑缺血或充血。对成年家兔直接抓腰部会损伤皮下组织或内脏,可能会造成孕兔流产。

正确的方法是:对仔兔,因其个体小、体重轻,可以直接抓其背部皮肤,轻松抓起,切不可抓握太紧;对幼兔应悄悄接近,先用手抚摸,消除兔的恐惧感,静伏后大把连同两耳将颈肩部皮肤一起抓住,兔体平衡,不会挣扎;对成年家兔,方法同幼兔,但由于成年兔体重大,操作者需两手配合。一只手捕捉,另一只手置于股后托住家兔臀部,以支持体重。这样既不会伤害家兔,也能避免家兔抓伤人。

(2)家兔的徒手搬运。

以一只手大把抓住两耳和颈肩部皮肤,虎口方向与兔头方向一致,将兔头置于另一手臂与身体之间,上臂与前臂呈 90°夹住兔体,手置于家兔的股后部,以支持家兔的体重。搬运中应遮住兔眼,使家兔无不适感。

(3)兔的保定。

①徒手保定法。

a.一手连同两耳将家兔颈肩部皮肤大把抓起,另一手抓住臀部皮肤和尾,使腹部向上(见图 8-1)。此保定方法适用于眼、腹、乳房、四肢等疾病的诊治。

图 8-1　徒手保定法

b.同成年家兔捉兔方法不同的是,将家兔的口、鼻从臂部露出。此保定方法适用于口、鼻的采样。

②器械保定法。

a.包布保定。用边长 1 米的正方形或正三角形包布,其中一角缝上两根 30～40 厘米长的带子,把包布展开,将家兔置于包布中心,把包布折起包裹兔体,露出兔耳及头部,最后用带子围绕兔体并打结固定。此法适用于耳静脉注射、经口给药或胃管灌药。

b.手术台保定。将家兔四肢分开,仰卧于手术台上,然后分别固定头和四肢。市售有定型的小动物手术台。适用于家兔的阉割术、乳房疾病治疗及腹部手术等。

c.保定筒、保定箱保定。保定筒分筒身和前套两个部分,将家兔从筒身后部塞入,当兔头在筒身前部缺口处露出时,迅速抓住两耳,随即将前套推进筒身,两者合拢卡住兔颈。保定箱分箱体和箱盖两部分,箱盖上挖有一个半圆形缺口,将家兔放入箱内,拉出兔头,盖上箱盖,使兔头卡在箱外。它适用于治疗头部疾病、耳静脉注射及内服药物。

③化学保定法。

主要是应用镇静剂和肌松剂,如静松灵、戊巴比妥钠等使家兔安静,无力挣扎。

4.考核要求

各小组任务完成之后由教师随机抽取 1～2 名成员考核本任务所学内容,被抽取成员的成绩计入小组所有成员的平时成绩。

◇ **任务反思**

(1)常用消毒药有哪些?

(2)常用疫苗有哪些?怎么使用?

(3)如何给药预防传染病?

◇ **学习评价**

评价内容	自我评价	教师评价	总评
掌握兔病防治的基本原理和措施			
掌握家兔正确的给药方法			
能熟练对生产中的各环节进行消毒			
能正确使用药物			
能对家兔进行基本的健康检查			

注:评分标准为 10 分制,10 分为优,7 分为良,5 分为有待提高。

任务 8.2　常见兔病的诊断与防治

知识目标：

1. 掌握家兔常见疾病的种类。

2. 掌握家兔常见疾病的防治措施。

能力目标：

1. 能鉴别家兔常见的疾病。

2. 能对家兔常见的疾病进行科学的预防。

◇ 任务准备

兔病分为兔常见的传染病、兔常见的寄生虫病及兔其他常见疾病。

一、兔常见的传染病

1.巴氏杆菌病（出血性败血病）

（1）病原。多杀性巴氏杆菌为革兰氏阴性、两端钝圆、呈卵圆形的短小杆菌。组织病料涂片，经姬姆萨或瑞特氏法染色，菌体两极着色较深。

（2）流行特点。30%～75%的家兔上呼吸道黏膜和扁桃体带有巴氏杆菌，但无症状。当各种因素（气温突变、饲养管理不良，长途运输等）使兔体抵抗力降低时，体内的巴氏杆菌大量繁殖，其毒力增强，从而引发疾病。本病一年四季均可发生，但春秋两季较为多见，呈散发或地方性流行，主要经消化道或呼吸道感染。

（3）症状和病理变化。症状和病变因病菌的毒力、感染途径与病程不同而异，常分为以下几型。

①败血型。多呈急性发作，常在1～3天死亡。精神沉郁，不食，体温40 ℃以上，呼吸急促，流浆液性或脓性鼻液，有时发生下痢。死前体温下降，全身颤抖，四肢抽搐。有的无明显症状而突然死亡。剖检可见：鼻黏膜充血并附有黏稠分泌物；喉与气管黏膜充血、出血，其管腔中有红色泡沫；肺严重充血、出血、水肿；心内外膜有出血斑点；肝脏肿大，淤血，变性，并常有许多坏死小点；肠黏膜充血、出血；胸、腹腔有较多淡黄色液体（见图8-2）。

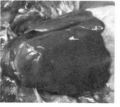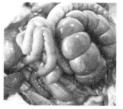

(a) 胸腔积液　　　　(b) 肺脏出血　　　　(c) 肝脏坏死　　　　(d) 肠鼓气

图 8-2　兔巴氏杆菌病剖检

②亚急性。常由鼻炎型与肺炎型转化而来，病程1～2周，终因衰竭而死亡。主要症状为流黏脓性鼻液，常打喷嚏，呼吸困难。体温稍高，食欲减退。有时见腹泻，关节肿胀，眼结膜发炎。剖检可见：肺出现纤维素

性胸膜肺炎变化,甚至有脓肿形成;胸腔积液;鼻腔与气管黏膜充血、出血,并附有黏稠的分泌物;淋巴结色红、肿大。

③鼻炎型。比较多见,病程可达数月或更长。主要症状为流出浆液性、黏液性或黏脓性鼻液。病兔常打喷嚏和咳嗽,用前爪抓擦鼻部,造成鼻孔周围的被毛潮湿、黏膜甚至脱落,上唇和鼻孔周围皮肤发炎、红肿。黏脓性鼻液在鼻孔周围结痂和堵塞鼻孔,造成呼吸困难并发出鼾声。如病菌侵入眼、耳、皮下等部,可引起结膜炎、角膜炎、中耳炎、皮下脓肿和乳腺炎等。剖检可见:鼻黏膜潮红、肿胀或增厚,有时发生糜烂,黏膜表面附有浆液性、黏液性或脓性分泌物。鼻窦和副鼻窦黏膜也充血、红肿,窦内有分泌物积聚。

④肺炎型。常呈急性发作。虽有肺炎病变发生,但临诊上难以发现肺炎症状,有的很快死亡,有的仅食欲不振、体温较高、精神沉郁。肺病变的性质为纤维素性化脓性胸膜肺炎。眼观病变多位于尖叶、心叶和膈叶前下部,包括实变、膨胀不全、脓肿和灰白色小结节病灶。肺胸膜与心包膜常有纤维素附着。

⑤中耳炎型。也称斜颈病。单纯的中耳炎常无明显症状,但如病变蔓延至内耳及脑部,则病兔出现斜颈症状,严重时兔向头颈倾斜的一侧滚转,直到抵住围栏为止。如脑膜和脑实质受害,则可出现运动失调和其他神经症状。剖检可见化脓性鼓室内膜炎和鼓膜炎。一侧或两侧鼓室内有白色奶油状渗出物;鼓膜破裂时这种渗出物流出外耳道。如炎症由中耳、内耳蔓延至脑部,则可见化脓性脑膜脑炎变化。

⑥其他病型。兔巴氏杆菌病也可表现为化脓性结膜炎、子宫内膜炎(母兔)、附睾与睾丸炎(公兔)以及各处皮下与脏器的化脓性炎症。眼结膜和子宫黏膜呈化脓性卡他变化,其表面有脓性分泌物,子宫腔积脓。其他组织器官主要是脓肿形成。

(4)鉴别诊断。

本病因表现多种病型,故应和下列疾病鉴别。

①兔瘟。见兔瘟鉴别诊断。

②兔支气管败血波氏杆菌病。虽有卡他性鼻炎或肺脓肿。但无中耳炎,病原为多形态的支气管败血波氏杆菌。

③葡萄球菌病。主要病变为脓肿和脚皮炎。脓肿多发生于皮下和肌肉,肺和其他内脏少见。无化脓性鼻炎、中耳炎等病变。

(5)防治。

①兔群应自繁自养,禁止随便引进种兔;必须引进时,应先检疫并观察1个月,确定健康者方可进场。

②加强饲养管理与卫生防疫工作,严禁畜、禽和野生动物进场。

③有本病的兔场可用兔巴氏杆菌苗或禽巴氏杆菌苗作预防注射。

④一旦发现本病,立即采取隔离、治疗、淘汰和消毒措施。

⑤治疗可用以下药物:链霉素每兔5万～10万单位、青霉素2万～5万单位,混合一次肌肉注射,一日2次,连用3天;庆大霉素每兔4万单位,1次肌肉注射,一日2次,连用3天;磺胺二甲基嘧啶内服量每千克体重0.1克,每日1次,肌肉注射量每千克体重0.07克,每日2次,连用4天。

2.沙门氏杆菌病(副伤寒)

(1)病原。主要是沙门氏杆菌属中的一些革兰氏阴性杆菌,包括鼠伤寒沙门氏杆菌和肠炎沙门氏杆菌。

(2)流行特点。断奶幼兔和怀孕25天后的母兔易发病。病兔是最主要的传染源。当健康兔食入被病菌污染的饲料,抵抗力降低,体内的病原菌繁殖和毒力增强时,均可引起发病。经消化道感染或内源性感染;幼兔可经子宫内或脐带感染。

(3)症状。除少数病兔无明显症状而突然死亡外,多数病例有腹泻症状。粪便稀,有黏性,内含泡沫。体温升高,沉郁,不食,喜饮水,消瘦。母兔从阴道排出黏脓性分泌物,阴道黏膜潮红、水肿,孕兔常发生流产并死亡,未死而康复者不易再受孕。流产胎儿体弱,皮下水肿,很快死亡(见图8-3)。

(4)病理变化。急性病例无特征病变,一些脏器充血、出血,胸腹腔有浆液或纤维素性渗出物。肠黏膜充血、出血,黏膜下层水肿。肠淋巴滤泡和淋巴集结肿胀,局部坏死形成溃疡,溃疡表面附着淡黄色纤维素坏死物。盲肠蚓突黏膜有粟粒大的坏死结节。肝有灰黄色小坏死灶。脾肿大、充血。肠系膜淋巴结增大、水肿。流产病兔的子宫粗大,子宫腔内有脓性渗出物,子宫壁增厚,黏膜充血,有溃疡,其表面附着纤维素坏死物。未流产病兔的子宫内有死胎或液化的胎儿(见图 8-4)。阴道黏膜充血,表面有脓性分泌物。

图 8-3　子宫内胎儿死亡①

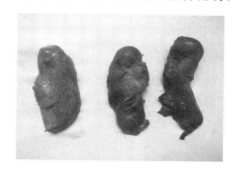

图 8-4　死胎②

(5)防治。

①搞好日常环境卫生,防止孕兔及幼兔与传染源接触。

②定期用鼠伤寒沙门氏杆菌诊断抗原普查兔群,检出的阳性兔隔离治疗。

③孕前与孕初母兔皮下或肌肉注射鼠伤寒沙门氏杆菌灭活菌苗,每兔 1 毫升;疫区兔场每兔每年接种 2 次。

(6)治疗。

氯霉素肌肉注射,每次每千克体重 20～25 毫克,每日 2 次,连用 3～4 天;氯霉素口服,每千克体重 20～25 毫克,每日 2 次,连用 3 天,也可用土霉素、链霉素;琥珀酰磺胺噻唑,每千克体重 0.1～0.3 克,每日分 2～3 次内服;大蒜洗净捣烂,加适量凉开水灌服,每日 3 次,连用 5 天。

3. 大肠杆菌病(黏液性肠炎)

(1)病原。主要为 O 血清型的致病性大肠埃希氏杆菌,革兰氏阴性,呈椭圆形。该菌为肠道正常寄生菌,在一定条件下可大量繁殖,产生毒素并引起发病。

(2)流行病学。本病可因内、外源性致病性大肠杆菌产生毒素而发生,主要侵害 20 日龄与断奶前后的仔兔和幼兔,即 1～3 月龄多发,而成年兔很少发病。第一胎仔兔和笼养兔的发病率较高。

(3)症状。主要表现为下痢和流产,同时精神沉郁、食欲不振、腹部膨胀、磨牙、四肢发凉和消瘦。粪粒细小,两头尖,带有胶样黏液(见图 8-5),后期常为混有黏液的水泻(见图 8-6)。粪黄,无血无臭。青年兔与成年兔发病一般表现为拉软粪(见图 8-7);老年兔常出现便秘症状,粪球细小。多于 3～5 天死亡。最急性病例无任何症状便突然死亡。

图 8-5　胶冻样稀粪③

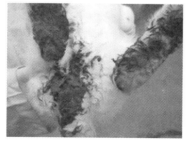

图 8-6　稀粪污染肛周、双脚④

图 8-7　软粪⑤

(4)病理变化。肛门及后肢被毛黏附粪便。整个胃肠道有卡他性炎症,气体较多,胃壁明显水肿,结肠与回肠壁呈灰白色,黏膜有重度黏液性卡他,肠腔内有大量黏稠的无色胶样物,如图 8-8～图 8-10 所示。粪粒细长或粪便较少,并被胶样物包裹,空肠黏膜淤血色红,有的出血。有的心、肝有点状坏死;胆囊肿胀,充满浓稠胆汁;肺水肿、充血、出血;脾肿大;肾脏有点状出血;膀胱充盈。

①②③④⑤　(图片来源:韦峰,中国养兔,2022)。

图 8-8　腹部膨大①

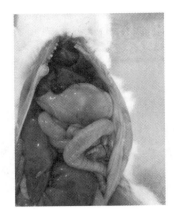

图 8-9　胃胀气、膨大,小肠内充满
半透明黏液和气体②

图 8-10　肺水肿、充血、出血③

（5）防治。加强饲养管理,保持兔舍卫生。仔兔断奶前后,不能突然更换饲料。常发生本病的兔场,可用本场分离到的大肠杆菌制成氢氧化铝甲醛苗进行预防注射,20～30 日龄的仔兔肌肉注射 1 毫升。

（6）治疗。链霉素肌肉注射,每千克体重 20 毫克,每日 2 次,连用 4～5 天;氯霉素肌肉注射,每千克体重 20～25 毫克,每日 2 次,连用 4～5 天;氯霉素口服,每次每千克体重 20～25 毫克,每日 3 次,连用 5 天;呋喃唑酮口服,每千克体重 15 毫克,每日 3 次,连用 3 天;磺胺脒(每千克体重 100 毫克)、呋喃唑酮(每千克体重 15 毫克)、酵母片(1 片)混合口服,每日 3 次,连用 4～5 天。也可用大蒜酊或大蒜泥口服治疗。

4. 坏死杆菌病

（1）病原。病原为坏死梭状杆菌,为多形性革兰氏阴性细菌,小者呈球杆状,从病灶新分离的为长丝状,染色时因原生质浓缩而呈串珠状。本菌广泛存在于自然界,也是健康动物扁桃体和消化道黏膜的常在菌。

（2）流行特点。病兔的分泌物、排泄物所污染的外界环境是主要的传染源。主要通过损伤的皮肤、口腔和消化道黏膜而感染。本病常为散发,偶呈地方性流行或群发。幼兔比成年兔更易感染发病。

（3）症状。病兔不能吃食,流涎。口、唇与齿龈黏膜坏死,形成溃疡。头、颈、胸前、腿、四肢关节及脚底部皮肤坏死、溃疡(见图 8-11),其皮下与肌肉组织可发生化脓、坏死,坏死物有恶臭气味。

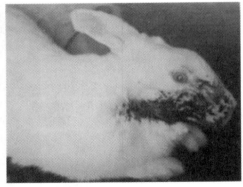

图 8-11　皮肤坏死、溃疡

（4）病理变化。上述口腔黏膜与皮肤及其深层组织有坏死、溃疡与化脓等病变。局部淋巴结肿大,也可能有坏死灶。肝、脾多有坏死或化脓灶。有时见肺坏死灶、胸膜炎、腹膜炎、心包炎。坏死组织有特殊臭味。

（5）鉴别诊断。根据症状、病变和病原菌检查结果一般可做出诊断。但应注意同有化脓性炎及口膜炎的疾病鉴别。

①②③ （图片来源:史玉颖,中国兔业,2018）。

坏死杆菌病表现为以下病症。

①葡萄球菌病。化脓性炎症以形成有包囊的脓肿为特征,脓肿虽多位于皮下或肌肉,但局部皮肤常不坏死和形成溃疡。脓液无恶臭气味。

②绿脓杆菌病。常在肺等内脏和皮下形成脓肿,脓液呈淡绿色或褐色,有芳香气味。

③传染性水疱口炎。虽有流涎症状和口膜炎变化,但口膜炎的病变表现为水疱、糜烂和溃疡。其他组织器官常无病变。

（6）防治。加强饲养管理,保持兔舍卫生,防止皮肤黏膜损伤,如有损伤应及时治疗。局部治疗:首先除去坏死组织,口腔以 0.1％高锰酸钾溶液冲洗,然后涂搽碘甘油或 10％氯霉素酒精溶液,每日 1 次。在皮肤炎症的肿胀期,可用 5％来苏水或 3％过氧化氢溶液冲洗,然后涂抹 5％鱼石脂酒精溶液或鱼石脂软膏;如局部有溃疡形成,清理创面后涂以抗生素软膏(如土霉素软膏、青霉素软膏)。全身治疗:磺胺二甲基嘧啶肌肉注射,每千克体重 0.15～0.2 克,每日 2 次,连用 3 天;青霉素腹腔注射,每千克体重 4 万单位,每日 2 次,连用 3 天;土霉素肌肉注射,每千克体重 20～40 毫克,每日 2 次,连用 3 天;氯霉素肌肉注射,每千克体重 20～25 毫克,每日 2 次,连用 3 天。同时结合对症疗法。

5. 兔支气管败血波氏杆菌病（简称波氏杆菌病）

（1）病原。病原为支气管败血波氏杆菌,为卵圆形至杆状的多形态小杆菌,革兰氏阴性,常呈两级染色。

（2）流行特点。本病多发于气候易变化的春秋两季,主要经呼吸道感染。病菌常寄生在家兔的呼吸道中,故机体因气候突变,感冒、寄生虫病等因素影响使抵抗力降低,或其他诱因如灰尘、强烈刺激性气体的刺激,上呼吸道黏膜脆弱等,都易引起发病。鼻炎型常呈地方型流行,而支气管肺炎型多呈散发性。成年兔常为慢性,仔兔与青年兔多为急性。本病也可和巴氏杆菌病或李氏杆菌病并发。

（3）症状。鼻炎型比较多发,流浆液性或黏液性鼻液,病程一般较短,多能康复。支气管肺炎型较少见,流黏液性或脓性鼻液,鼻炎长期不愈,呼吸加快,食欲不振,逐渐消瘦,病程持续数周至数月,有的发生死亡。

（4）病理变化。鼻炎型表现为鼻黏膜潮红,附有浆液性或黏液性分泌物质。支气管肺炎型常表现支气管黏膜充血、出血,管腔内有黏液性或脓性分泌物。肺有大小不等、数量不一的脓肿,小如粟粒,大如乒乓球。有时胸腔浆膜及肝、肾、睾丸等有脓肿。此外尚可见化脓性胸膜炎、心包炎。病兔内脏如图 8-12 所示。

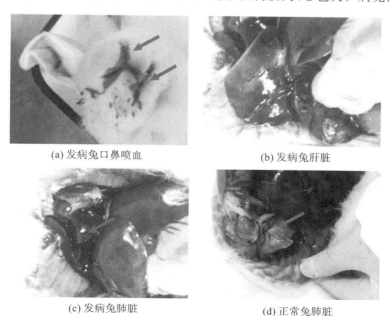

(a) 发病兔口鼻喷血　　　　　　　　　　(b) 发病兔肝脏

(c) 发病兔肺脏　　　　　　　　　　(d) 正常兔肺脏

图 8-12　兔支气管败血波氏杆菌病①

(5)鉴别诊断。本病的主要症状与病变为流鼻液和肺脓肿,与下列疾病鉴别。

巴氏杆菌病:见兔巴氏杆菌病鉴别诊断。

葡萄球菌病:肺脓肿较少见,脓肿原发部位常在皮下和肌肉。

棒状杆菌病:肺、肾、皮下有小化脓灶,病原为鼠棒状杆菌和化脓棒状杆菌,革兰氏阳性,一端较粗大。

(6)防治。

①坚持自繁自养,如引进种兔,应隔离观察1个月;

②加强饲养管理,做好日常兽医卫生防疫工作;

③及时检出有鼻炎症状的可疑兔,给予治疗或淘汰;

④治疗可用抗生素或磺胺药,如卡那霉素,每千克体重10～30毫克,每日2次,连用3～4天,肌肉注射;庆大霉素,每次1万～2万单位,每日2次,连用3～4天,肌肉注射;氯霉素,每千克体重10～25毫克,每日2次,连用3～4天,肌肉注射;链霉素,每千克体重0.5万～1万单位,每日2次,连用3～4天,肌肉注射;磺胺嘧啶,每千克体重0.05～0.2克,每日2次,连用5天,肌肉注射;酞酰磺胺噻唑,每千克体重0.2～0.3克,每日2次,连用5天,口服。肺脓肿病例一般疗效不良,应及时淘汰。

6. 野兔热(土拉杆菌病)

(1)病原。病原为土拉弗朗西斯氏杆菌,革兰氏阴性,但着色不良,用美兰染色呈明显的两极着染。在患病动物血液中为球形,在培养基上则呈多形性,如球形、杆状、长丝状等,在病料中可看到荚膜。

(2)流行特点。病菌通过污染的饲料、饮水、用具以及吸血昆虫而传播,并通过消化道、呼吸道、伤口及皮肤与黏膜而入侵。本病常呈地方性流行,多发生于春末夏初啮齿动物与吸血昆虫繁殖滋生的季节。

(3)症状。急性病例多无明显症状而呈败血症死亡。多数病例病程较长,机体消瘦、衰竭,颌下、颈下、腋下和腹股沟淋巴结肿大、质硬,有鼻液,体温升高,白细胞增多。

(4)病理变化。急性死亡者,无特征病变。如病程较长,淋巴结显著肿大,色深红,切面见大头针头大小的淡黄灰色坏死点;淋巴结周围组织充血、水肿;脾肿大、色深红,表面与切面有灰白或乳白色的粟粒至豌豆大的结节状坏死;肝肿大,有散发性针尖至粟粒大的坏死结节;肾的病变和肝相似。

(5)鉴别诊断。本病淋巴结、脾、肝、肾有特殊的化脓性坏死结节,因此根据病变和细菌检查可作出诊断。但患伪结核病与李氏杆菌病病兔的有些器官也可见坏死灶或坏死结节,应注意鉴别。

伪结核病:灰白色粟粒状结节病变主要位于盲肠蚓突,圆小囊,其次为脾、肝、肠系膜淋巴结。有慢性下痢症状,病原为耶新氏杆菌。

李氏杆菌病:灰白色坏死灶主要位于肝、心、肾,同时有脑炎、流产及单核细胞增多等临诊变化。无淋巴结坏死灶。

(6)防治。

①严防野兔进入兔场,按防疫规定引进种兔。

②消灭鼠类、吸血昆虫和体外寄生虫。

③病兔及时治疗,对病死兔应采取烧毁等严格处理措施。

④剖检时要注意防止感染人。

⑤可用链霉素、氯霉素、卡那霉素等抗生素治疗。

7. 葡萄球菌病

(1)病原。病原为金黄色葡萄球菌,圆形或卵圆形,革兰氏阳性。

(2)流行特点。人和动物均可感染本菌发病,家兔易感,不分年龄。病菌经各种途径(破损的皮肤、黏膜、呼吸道、哺乳母兔的乳头口和破损的乳房皮肤等)进入体内,仔兔吸吮病母兔乳汁也可发病。仔兔和有些敏感兔常呈败血型变化。

(3)症状和病理变化。根据感染部位和病菌在体内扩散情况的不同,常表现为以下几种病型。

①脓肿。原发性脓肿常位于皮下或某一脏器,以后可引起脓毒血症,并而在肺、肝、肾、脾、心等部位发生转移性脓肿或化脓性炎。这些脓肿大小不等,数量不一,初期呈小的红色硬结,后增大变软,有明显包囊,

内含乳白色糊状脓汁。皮下脓肿 1～2 个月自行破溃,流出脓汁,破口久不愈合。偶尔因脏器或浆膜脓肿破裂而引起胸腔或腹腔积脓。

②仔兔脓毒败血症。仔兔出生后 2～3 天,皮肤出现粟粒大的脓疱,1～5 天因败血症而死亡。剖检时肺和心脏多有小脓疱。个别病例的皮肤脓疱可逐渐消失而痊愈。

③仔兔急性肠炎(黄尿病)。因仔兔食入患葡萄球菌病母兔的乳汁而引起,一般全窝发生。仔兔肛门周围和后肢被稀粪污染,粪便腥臭,病兔昏睡,体弱,病程 2～3 天,死亡率高。小肠黏膜充血、出血,肠内有稀薄的内容物。膀胱扩张,充满淡黄色尿液。

④脚皮炎。兔脚掌下的皮肤充血,肿胀、脱毛,继而化脓、破溃并形成经久不愈的易出血的溃疡。病兔不愿走动,小心换脚休息。有的病例转为全身性感染,死于败血症。

⑤乳腺炎。多见于母兔分娩后的头几天。急性时病兔体温升高、沉郁、食欲不振,乳房肿胀、发红,甚至呈紫红色,乳汁中有脓液、凝乳块或血液。慢性时乳房皮下或实质形成大小不一、界限明显的坚硬结节,之后结节软化变为脓肿。化脓性乳腺炎也可发展为全身性脓毒败血症。

(4)防治。

①做好周围环境的日常卫生和消毒工作。

②防止皮肤受伤,有了外伤要及时处理。

③如产仔母兔乳汁过多或过少,可适当调配优质或多汁饲料,以防乳房胀满、乳头管开放、病菌入侵或仔兔咬伤乳头。

④笼饲兔不能拥挤,性暴好斗者应分开饲养。

⑤仔兔产出时用 3%碘酒或 5%龙胆紫酒精涂抹脐带断端,防止脐带感染。

⑥母兔分娩前 3～5 天,饲料中加入仁霉素粉(每千克体重 20～40 毫克)或磺胺嘧啶(每千克体重 0.1～0.15 克)预防。

⑦局部(脓肿、溃疡)按外科常规处理,涂搽 3%碘酒或 5%龙胆紫酒精溶液、青霉素软膏、红霉素软膏等。

⑧全身治疗可用下列药物:新青霉素,内服或肌肉注射,每千克体重 10～15 毫克,每日 2 次,连用 4 天;红霉素与氯霉素联合应用,每千克体重红霉素 10～20 毫克(用 5%葡萄糖溶液稀释,静脉注射,每日 2 次)、氯霉素 5～10 毫克(肌肉注射,每日 3 次)。

8. 伪结核病

(1)病原。伪结核耶新氏杆菌,呈多形态的球状短杆菌,革兰氏阴性,非抗酸染色。脏器触片美蓝染色时,本菌多呈明显的两极着染。

(2)流行特点。病菌在自然界分布甚广,主要经消化道感染,也可由皮肤伤口、交配和呼吸道而感染。啮齿动物是本病菌的贮存所,故家兔很易感染发病。本病多呈散发,偶尔为地方性流行。

(3)症状。本病为慢性消耗性疾病,症状常不明显。严重时表现消瘦、衰弱、食欲不振与下痢。偶见体温升高、呼吸困难,甚至因败血症而死亡的病例。

(4)病理变化。病变和结核病相似,但并不相同。回肠与盲肠交界处的圆小囊和盲肠蚓突壁有多少不等的灰白色坏死结节,呈粟粒状;盲肠蚓突常肿大、肥厚、变硬如小香肠。病变严重时坏死结节数目很多并可融合。上述粟粒状结节也见于淋巴结(尤其肠系膜淋巴结)、脾、肝等脏器。肠黏膜也可增厚,起皱,表面似脑回。因急性败血症死亡者,常无特异性病变。组织上,伪结核病结节主要由中心部的干酪样坏死和外围部的上皮样细胞组成。

(5)鉴别诊断。根据典型病变及其发生部位,一般可作出初步诊断。

9. 魏氏梭菌病

(1)病原。病原为魏氏梭菌(即产气荚膜杆菌),一般可分为 A、B、C、D、E、F 六型。家兔的魏氏梭菌病主要由 A 型引起,少数为 E 型。A 型魏氏梭菌为革兰氏阳性大肠杆菌,两端稍钝圆,无鞭毛,但有荚膜,能形成芽孢,可产生多种毒素。

(2)流行特点。各种年龄和品种的家兔均可感染发病,以 1～3 月龄的幼兔较多发生,纯种毛兔和獭兔较易感染。发病不分季节,但冬、春季一般较多。魏氏梭菌广泛存在于土壤、粪便和消化道中,因此寒冷、饲养不当(特别是当饲喂过多精料时)可诱发本病。消化道是主要传染途径。

(3)症状。主要为腹泻,开始为灰褐色软便,很快变为黑绿色水样粪便,肛门附近及后肢被毛被粪便污染(见图8-13、图8-14)。体温不高,但精神沉郁、食欲不良或厌食。腹泻当日或次日即死。最急性时常无任何症状而突然死亡。

图 8-13　黑绿色水样粪便

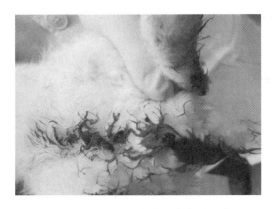

图 8-14　肛门、后肢被毛被粪便污染

(4)病理变化。尸体脱水、消瘦,腹腔有腥臭气味,胃内积有食物和气体,胃底部黏膜脱落,有出血和大小不一的黑色溃疡。肠壁弥漫性充血或出血,小肠充满气体和稀薄的内容物,肠壁薄而透明。肠系膜淋巴结充血、水肿,盲肠浆膜明显出血,盲肠与结肠内充满气体和黑绿色水样粪便,有腥臭气味(见图8-15、图8-16)。心外膜血管怒张,呈树枝状。肝与肾淤血、变性、质脆。膀胱多有茶色尿液。

(5)防治。加强饲养管理,消除诱发因素,精料不宜过多饲喂。严格执行各项兽医卫生防疫措施。预防接种魏氏梭菌灭活苗。发生疫情时,立即采取隔离、消毒、淘汰病兔等措施。

病初用特异性高免血清治疗,每千克体重2~3毫升,皮下或肌肉注射,每日2次,连用2~3天。药物治疗可用下列抗生素:红霉素每千克体重20~30毫克肌肉注射,每日2次,连用3天;卡那霉素每千克体重20毫克肌肉注射,每日2次,连用3天。如配合对症疗法(补液、内服干酵母、胃蛋白酶等消化药),疗效更好。

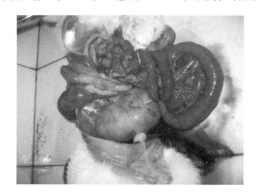

图 8-15　小肠充血、出血[①]

图 8-16　盲肠出血[②]

10. 泰泽氏病

(1)病原。毛样芽孢杆菌,为严格的细胞内寄生菌,形体细长,革兰氏阴性,能形成芽孢。PAS(过碘酸锡夫氏)染色,着色清楚。

(2)流行特点。家兔和其他多种动物均可发病。6~12周龄的家兔最易感染,但断奶前的仔兔和成年兔也可患病。经消化道感染。秋末至春初多发,机体抵抗力下降,多种因素可诱发本病。

(3)症状。发病急,主要症状为严重水泻、脱水、不食和沉郁,多在12~48小时内死亡。个别耐过急性期

[①②]　(图片来源:韦峰,中国养兔,2022)。

的病兔表现为食欲不振,生长停滞。

(4)病理变化。尸体脱水消瘦,后肢染污大量粪便。盲肠充血、出血(见图 8-17),肠壁水肿,黏膜坏死,粗糙或呈细颗粒状。回肠后段与结肠前段也可见上述病变。在较慢性病例中,肠壁因严重坏死与纤维化而增厚,肠腔狭窄。肝脏有许多灰白色坏死点,心肌有灰白色条纹、斑点或片状坏死区(见图 8-18)。

图 8-17 盲肠浆膜弥漫性出血①

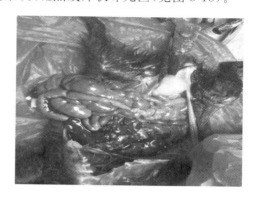

图 8-18 肝脏白色坏死灶②

(5)鉴别诊断。根据病变和流行特点等可作出初诊。如用肝坏死区组织或肠病变部黏膜涂片,经吉姆萨染色或 PAS 染色,在细胞质中发现毛样芽孢杆菌,则可确诊。有腹泻症状和肝坏死灶,因此应和沙门氏杆菌病、大肠杆菌病及魏氏梭菌病鉴别。

(6)防治。加强日常卫生防疫措施,消除各种降低机体抗病力的应激因素。治疗本病可在早期应用土霉素(放入饮水)、青霉素(肌肉注射),有一定效果。治疗无效时应及时淘汰。

11. 兔密螺旋体病(兔梅毒病)

(1)病原。兔密螺旋体是一种细长的螺旋形微生物,革兰氏阴性,但着色差。将病部渗出液或淋巴液涂片固定,吉姆萨染色,效果较好。组织切片可用 Warthin 法染色。用暗视野显微镜可清楚地观察到密螺旋体的形态和运动,因此能确诊本病。

(2)流行特点。本病只发生于家兔和野兔,病原体主要存在于病变部组织。被污染的垫草、用具、饲料是传播媒介,主要在配种时经生殖道感染。幼兔极少发病。育龄母兔的发病率比公兔高,放养兔的发病率比笼养兔高。兔群流行本病时发病率高,但几乎无一死亡。

(3)症状和病理变化。潜伏期 2~10 周。发病后呈慢性经过,可持续数月。全身无明显症状,仅见局部病变。公兔的龟头、包皮和阴囊皮肤,母兔的阴唇和肛门皮肤、黏膜红肿,并形成粟粒大的结节,之后结节及肿胀部位湿润,有黏脓性分泌物并结成棕色的痂,痂皮剥下时可见稍凹陷的溃疡面,溃疡边缘不齐,易出血。病兔因搔抓可将部分泌物中的病原体带至其他部位(如鼻、眼睑、唇和爪等)。慢性者病部呈干燥鳞片状,稍突起,睾丸也会有坏死灶,腹股沟与腘窝淋巴结常肿大。此病对兔性欲影响不大,但母兔则失去配种能力,受胎率下降,所生仔兔活力差。诊断本病可由外生殖器的典型病变作出初步诊断,但确诊应以病原体的检出为根据。

(4)防治。严防引进病兔,严禁用病兔或疑似病兔配种。发现病兔后应及时治疗或淘汰,彻底清除污物,用 1%~2%烧碱水或 2%~3%来苏尔水消毒兔笼和用具等。病兔早期可用新胂凡纳明以灭菌蒸馏水配成 5%溶液,静脉注射,每千克体重 40~60 毫克,必要时 2 周后重复 1 次。同时用青霉素每日 50 万单位,分 2 次肌肉注射,连用 5 天。病变局部用 0.1%高锰酸钾溶液或 2%硼酸溶液冲洗干净后,涂搽碘甘油或青霉素软膏。

12. 兔出血症(兔瘟、兔出血热)

(1)病原和流行特点。病原是兔出血症病毒,存在于病死兔、隐性感染兔与康复兔的组织器官中,并可排出体外,因此成为主要的传染源。粪便、血、尿与病尸所污染的器物及饲养管理人员等为传播媒介。主要

---

①② (图片来源:韦峰,中国养兔,2022)。

传播途径为消化道、呼吸道和皮肤伤口。各种家兔都可患病,但以长毛兔最易感染。3月龄以上的青年兔与成年兔发病率与死亡率可高达90%～100%,月龄越小发病越少,乳兔一般不感染。本病多流行于冬春季节。

(2)症状。临诊特点是发病急、病程短、体温高。急性的病例表现为体温升高达40 ℃以上,精神沉郁,少食或不食,气喘,最后抽搐、鸣叫而死,病程几小时至两天。慢性者较长,有的可耐过而康复,但仍需排毒。

(3)病理变化。口、鼻孔、肛门、阴门等常有血液流出。可视黏膜与皮肤色暗红或紫红。上呼吸道黏膜因淤血、出血呈红色(见图8-19),以气管最为明显。肺淤血、水肿,色红,有出血斑点(见图8-20、图8-21)。心包多有积液,心内外膜出血。

图8-19　口鼻流出血样泡沫①

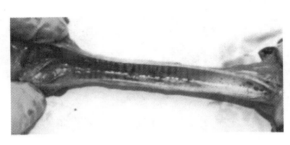
图8-20　气管出血②

图8-21　肺脏出血③

肝淤血肿大,色暗红或红黄,也可见出血和灰白色坏死灶(见图8-22)。肾肿大,色暗红、紫红或紫黑,被膜下可见出血点和灰白色斑点。胆囊肿大,充满暗绿色浓稠的胆汁。脑和脑膜血管明显淤血扩张。胃黏膜潮红,肠浆膜可见出血斑点。淋巴结肿大,有出血。肾器官充血、出血、坏死(见图8-23),有弥漫性血管内凝血;肝细胞弥漫性变性、坏死。

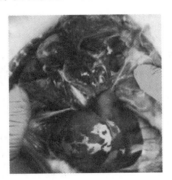
图8-22　内脏出血④

图8-23　肾出血

(4)鉴别诊断。根据流行特点和病理变化一般可作出初步诊断。本病主要呈败血型变化,和兔败血型巴氏杆菌病相似,因此应注意鉴别。但巴氏杆菌病常呈散发或地方性流行,无明显年龄界限;肝表面上有许多坏死点但不显著肿大;呼吸器官、心脏及肠黏膜虽有出血变化,但不及本病的明显;肾不肿大,无明显色泽改变。此外两种疾病的病原不同,巴氏杆菌为两极染色,而本病为病毒。

(5)防制措施。注射疫苗是预防和控制该病的重要手段,一般幼兔35～40日龄时首次免疫注射兔瘟疫苗,每只皮下注射2毫升,60～65日龄进行第二次免疫注射,每只皮下注射1毫升,此后每6个月加强免疫一次,即可达到免疫效果。繁殖母兔使用双倍量疫苗注射。紧急预防应用4～5倍剂量单苗或二联苗进行注射,或者用抗兔瘟高兔血清每兔皮下注射4～6毫升,7～10天后再注射疫苗。另外,加强饲养管理,坚持做

---

① (图片来源:肖璐,中国畜牧兽医,2021)。
② (图片来源:范志宇,江苏农业科学,2020)。
③④ (图片来源:肖璐,中国畜牧兽医,2021)。

好卫生防疫工作,加强检疫与隔离。

二、常见的寄生虫病

家兔常见的寄生虫病有以下五种:球虫病,豆状囊尾蚴病,兔脑炎原虫病,肝片吸虫病,兔螨病(疥癣病)。

1. 球虫病

(1)病原。兔球虫共 10 多种,主要有兔艾美耳球虫、穿孔艾美耳球虫、大型艾美耳球虫与无残艾美耳球虫;其他各种均寄生于肠管上皮细胞,引起肠球虫病,但常为混合感染。随粪便排出的球虫称为卵囊,在显微镜下呈圆形或椭圆形,在外界一定条件下发育成熟而具有侵袭性。

(2)流行特点。本病是家兔常发病,危害严重,多呈地方性流行。1.5 月至 3 月龄的幼兔最易感染发病,死亡率可高达 80%。成年兔和母兔常为带虫者,对幼兔球虫病的传播起重要作用。球虫病耐过者或治愈者,可成为长期带虫者和病原的传播源。家兔经吞入成熟卵囊而感染。断奶、变换饲料、饲养管理与卫生条件不良等均能促使此病的发生和传播。鼠类和蝇类也可散播病原。本病易流行于温暖、潮湿、多雨的季节,北方多在 7~9 月,南方在 5~7 月。

(3)症状。病程持续数日到数周。病初食欲减退,以后废绝,精神沉郁,喜卧,眼、鼻分泌物及唾液增多,体温略升高,贫血,下痢,消瘦,腹胀,尿频或常作排尿姿势,尿色黄而浑浊;肝肿大,肝区触痛,有腹水,也可见到黄疸。此外尚有痉挛、麻痹等神经症状,终因极度衰竭而死亡。

(4)病理变化。尸体消瘦,可视黏膜苍白或黄色。按临诊病理学可分如下两型。

①肠球虫病。胃肠黏膜均有炎性充血甚至出血,肠腔充满气体和褐色糊状或水样内容物。慢性病例的肠黏膜色淡灰,可见灰白色小结节,尤其盲肠蚓突部(见图 8-24)。膀胱积尿,尿色黄而浑浊。血液稀薄。组织上肠黏膜上皮因球虫寄生而坏死脱落,肠腔中有坏死物和大量球虫卵囊。

②肝球虫病。肝肿大,表面和实质有白色或黄白色结节状病变,胆管管壁增厚,切开时,其中有淡黄色浓稠的液体或有坚硬的矿物质。胆囊胀大,胆汁浓稠、色暗,腹腔积液。肝内胆管上皮及管壁结缔组织增生,管腔中有大量球虫(见图 8-25)。

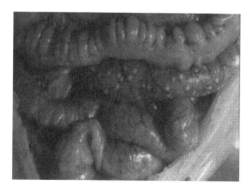

图 8-24　小肠管壁有球虫结节[①]

图 8-25　肝脏实质切面(球虫结节病灶)[②]

(5)诊断。通过病理变化可对本病作出初步诊断。如从粪便中检出卵囊或用肠黏膜、肝结节中的刮取物与胆汁作涂片,检出卵囊、裂殖体与裂殖子等,即可确诊。

(6)防治。加强饲养管理,兔笼、食具应定期消毒;青饲料地严禁用病兔粪作肥料;妥善保存饲草料,防止兔粪污染;兔粪应发酵处理;病兔尸体要深埋或焚烧;种兔须经多次粪便检查,确无球虫卵囊时才可作种用;断奶幼兔和母兔隔离饲管,哺乳期母兔乳房应经常擦洗;供给全价饲料,更换饲草应逐渐过渡;幼兔精料可加适量鱼粉,以增强抗球虫病的能力;消灭鼠类、蝇及其他传染源;合理安排母兔繁殖季节,使幼兔断奶期避开梅雨天气;发现病兔立即隔离治疗或淘汰。

(7)药物预防。

①怀孕 25 天起到仔兔产下 5 天止,母兔应每天饮用 0.01% 碘溶液 100 毫升,停药 5 天,再改用 0.02%

[①②]　(图片来源:韦峰,中国养兔,2022)。

碘溶液,每天 80～100 毫升,连给 15 天。药液应现配现用,当作饮水,或将药物拌入精料中喂给。

②氯苯胍:混饲浓度为 100～150 毫克/千克。

③大蒜、洋葱:适量混于饲料中经常饲喂。

(8)药物治疗。

①磺胺二甲基嘧啶:内服每千克体重 0.01～0.15 克,每日 3 次,连用 3～5 天。

②呋喃唑酮:每千克体重 7 毫克,内服,每日 3 次,连用 3 天。

③球痢灵:混饲治疗浓度为 0.025%,预防浓度为 0.0125%。

④氯羟吡啶:治疗用 0.025%溶液混饲,预防用 0.02%溶液混饲。

2. 豆状囊尾蚴病

(1)病原。豆状囊尾蚴寄生于家兔的脏器,呈球形,似黄豆或豌豆样水泡,透明,其中有一个白色小头节。犬、猫和野生肉食动物吞食了带有豆状囊尾蚴的脏器后,头节从水泡中伸出并长成豆状带绦虫。绦虫成熟后排出含卵节片。家兔食入污染的饲料后,六钩蚴便从卵畔钻出,进入肠壁血管,随血流到达肝脏开始发育(见图 8-26),在肝内穿行 15～30 天后,钻出肝被膜,进入腹腔,在肠系膜、胃网膜等处生长,发育为豆状囊尾物(见图 8-27)。因此,家兔为豆状带绦虫的中间宿主,犬、猫和狐狸等野生动物为终末宿主。

(2)症状。豆状囊尾蚴少量寄生时常无明显症状,大量感染则出现肝炎和消化障碍等表现,如食欲不良、腹胀、精神沉郁、慢性消瘦等。

(3)病理变化。兔体较消瘦,皮下常发生水肿,腹腔有较多液体,肝表面有黑红或灰白色条纹。严重的慢性病例可见肝肿大、硬变,肠系膜、网膜、肝表面等处有多少不一的豆状囊尾蚴。有时囊尾蚴可多达数十或数百个,状似葡萄串。

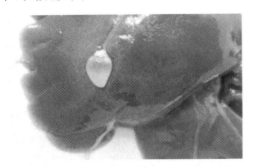
图 8-26　肝脏寄生囊尾蚴[1]

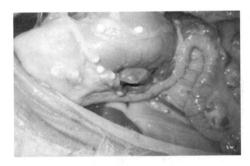
图 8-27　腹腔寄生囊尾蚴[2]

(4)诊断。本病生前难以诊断,剖检发现豆状囊尾蚴即可确诊。

(5)防治。防止犬、猫粪便污染饲料和饮水,不用有豆状囊尾蚴的家兔内脏和肉尸喂犬。兔场不许养犬。可疑病例用吡喹酮试治,每千克体重 10～35 毫克,口服,每日 1 次,连用 5 天;或用阿苯达唑,每千克体重 40 毫克,一次内服。

3. 兔脑炎原虫病

(1)病原。兔脑炎原虫的成熟孢子大小为 205 微米×1.5 微米,呈杆状,两端钝圆,或呈卵圆形。核致密,形圆或卵圆,偏于虫体一端。在神经细胞、内皮细胞、巨噬细胞和其他组织细胞内,可发现无囊壁虫体假囊(虫体集落),其中可含 100 个以上的虫体。假囊和虫体也见于细胞外。

(2)流行特点。病兔的尿液中含有兔脑炎原虫。消化道是主要感染途径,也有可能经胎盘传染。本病广布于世界各地,我国也有报道。发病率为 15%～76%。

(3)症状。本病一般为慢性或隐性感染,常无症状,有时见脑炎和肾炎症状,如惊厥、颤抖、斜颈、麻痹、昏迷、平衡失调及腹泻、蛋白尿等。

(4)病理变化。肾表面密布针尖大的白色小点,或有灰色小凹陷。如肾脏受害严重,则表面呈颗粒状或

---

①②　(图片来源:武传余,浙江畜牧兽医,2019)。

高低不平。组织上主要为间质性肾炎、纤维化和小肉芽肿(由淋巴细胞与浆细胞组成)。肉芽肿也见于脑内,脑内的肉芽肿中心发生坏死,有大量脑炎原虫,外围是淋巴细胞、浆细胞和胶质细胞。肾中的虫体位于肾小管上皮细胞内或游离于管腔中。

(5)防治。目前尚无有效的治疗药物。淘汰病兔、加强防疫和改善卫生条件有利于预防。

4.肝片吸虫病

(1)病原。肝片吸虫寄生于肝脏胆管和胆囊中,虫体似柳叶状。虫体产出的虫卵随胆汁进入肠道,再随粪便排到外界并进入水中,经一定时间后变为幼虫。幼虫钻入中间宿主椎实螺体内,进一步发育,而后离开螺体附着在水草或漂浮于水面上,家兔食入这种水草或饮水即被感染。幼虫从十二指肠穿过肠壁进入腹腔,再经肝黏膜钻入肝脏,通过肝实质进入胆管发育为成虫。

(2)症状。主要表现厌食、衰弱、贫血、消瘦,偶有发热和黄疸。疾病严重时,颌下、胸腹部皮下和眼睑出现水肿。

(3)病理变化。胆管壁明显增粗,呈灰白色索状或结节状,突出于肝脏表面。其切面可见胆管壁增厚,内壁粗糙,管腔内有虫体和糊状物。严重病例可见肝硬化。胆管内有虫体、虫卵、坏死的细胞等,胆管黏膜上皮增生并坏死、脱落,胆管壁结缔组织增生,其中有不少嗜酸粒细胞和单核细胞浸润,腺体也增生。

(4)防治。

①不喂水沟、塘、河边的草。

②驱虫:硫氯酚每千克体重 100 毫克,1 次口服,2 天后再服 1 次。

③治疗:硝氯酚每千克体重 5 毫克内服,3 天后再服 1 次。

5.兔螨病(疥癣病)

(1)病原。寄生于家兔的螨已发现的有痒螨科、疥螨科等,而较常见的 4 种为痒螨科的兔痒螨和兔足螨、疥螨科的兔疥螨和兔背肛螨。痒螨和疥螨的外形大小与结构有所不同。

(2)流行特点。主要通过健兔和病兔接触而感染,也可由兔笼、食槽和其他用具物品而间接传播病原。日光不足、阴雨潮湿及秋冬季节最适于螨的生长繁殖和促使本病的发生,幼兔比成年兔患病严重。本病也可传染给人。兔螨病表现为以下病症。

①兔痒螨病:兔痒螨主要侵害耳部,起初耳根红肿,随后延及外耳道并引起外耳道炎,渗出物干燥成黄色痂皮,如纸卷样塞满耳道内。病耳变重下垂、发痒,病兔经常摇头、搔耳,有时病变蔓延至中耳和内耳,甚至达到脑部,引起癫痫样症状,严重时导致死亡。兔足螨常常寄生于头部、外耳道和脚掌下面的皮肤,引起炎症。传播较慢,易于治疗。

②兔疥螨病:兔疥螨和兔背肛螨一般先在头部和掌部无毛或毛较短的部位(如嘴唇、鼻孔及眼周围)引起病变,后蔓延到其他部位,使家兔产生痒感。病兔搔痒引起炎症,因此皮肤表面发生疱疹、结痂、脱毛以及皮肤增厚和龟裂等变化(见图 8-28、图 8-29)。病兔因代谢障碍而消瘦、贫血,甚至死亡。

图 8-28　兔螨虫脱毛[①]

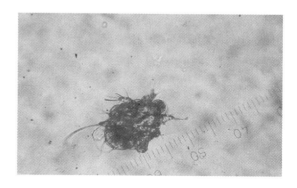

图 8-29　兔痒螨(4 × 16 倍)[②]

①②　(图片来源:郭海宁,黑龙江畜牧兽医,2015)。

(3)组织变化。皮肤上皮因螨虫寄生而不均匀地增生并突出,表皮角化亢进。

(4)诊断和鉴别。根据症状与病变可以作出初步诊断,确诊应查出虫体。螨虫检查法:在病部与健部皮肤交界处用小刀轻刮(以微出血为止)以获取痂皮。刮取物置载玻片上,加1滴50%甘油水溶液或液体石蜡,再加盖玻片后在低倍显微镜下检查虫体。也可将刮取物放入试管中,加10%氢氧化钠溶液,浸泡1～2小时或煮沸1～2分钟,待痂皮等固体有机物溶化,静置20分钟或离心,从管底取沉淀物滴于载玻片上镜检。此外,也可将刮取物放在黑纸上稍加热或置于阳光下,用放大镜或肉眼仔细观察,可见到螨虫在黑纸上爬动。

此病应与毛癣菌病及湿疹区别。毛癣菌病皮肤有脱毛区,脱毛区多为圆形或椭圆形,较光滑、干燥,一般无痂皮或痂皮较少,无痒感;湿疹多发生于腹下,表现为密集的小红点或红疹块,可有脱毛,但痒感不剧烈。

(5)防治。

①经常保持兔舍干燥,定期消毒,发现病兔立即淘汰或隔离治疗。

②药物治疗原则:先去掉痂皮再用药,不要多次连续用药,以免中毒。

③兔舍内严禁处理螨病,毛、痂皮等病料应就地烧毁。

④不宜采用药浴治疗;药物治疗的同时要对笼具等物进行消毒。

(6)药物治疗。

①1%～2%敌百虫水溶液擦洗病部,每日1次,连用2天,1周后再用1次。

②用国产50%的杀虫脒配成0.2%溶液,擦洗或浸泡病部2～3分钟,隔天1次,连治3次。

③用50%辛硫磷乳油剂配成0.1%或0.05%水溶液,涂搽耳壳内外,治疗兔耳螨病。

④0.2%蝇毒磷溶液涂于病部,一般1次即愈。严重病例可隔3～5天后再治1次。

⑤二氯苯醚菊酯乳油(除虫精)1毫克加水2.5～5升,配成2500～5000倍稀释液,涂搽1次。未愈时7天后再治1次。

⑥碘甘油(碘酊3份,甘油7份,混合)灌入耳内,每日1次,连用3天。多用于治疗兔痒螨病。

⑦豆油100毫升煮沸,加入硫黄20克,搅拌均匀,待凉后涂搽病部,每日1次,连用2～3天。

⑧伊维菌素内服或皮下注射,体重每千克0.3毫克。

三、家兔其他常见疾病

家兔其他常见疾病主要有以下六种:肿瘤,中耳炎,肺炎,子宫内膜炎,维生素E缺乏,有机磷农药中毒。

1. 肿瘤

(1)病因。肿瘤是机体某一部分组织细胞在某些内外因素的作用下,形成的一种异常的增生肿块。内因主要受免疫系统、神经系统、内分泌系统、遗传因素、胚胎残存组织、品种、年龄、性别以及营养因素等影响。例如,老龄、雌性、免疫缺陷家兔易发生肿瘤。外部因素主要有物理因素、化学因素和生物因素。例如,机械性的长期刺激,紫外线、电离辐射;2,3-苯并芘,2-苯蒽,偶氮化合物,亚硝胺类化合物等均有致癌作用;病毒、霉菌及其毒素,寄生虫的寄生等均可引起肿瘤发生。

(2)诊断要点。

肿瘤可分为良性肿瘤和恶性肿瘤。

良性肿瘤:呈膨胀性缓慢生长,有时可停止生长,形成包膜;肿瘤呈球形、椭圆形、结节或乳头状,表面光滑整齐,界限明显,一般不破溃;无痛,不易出血,质地软硬均匀一致,有弹性和压缩性;不转移,不复发;除局部的压迫作用外,一般无全身反应。

恶性肿瘤:呈浸润性迅速生长,很少停止生长,不形成包膜;呈多种形态,表面不整齐,界限不明显,常形成溃疡;有痛,易出血,质地软硬不均,无弹性和压缩性;易转移复发;常有贫血、消瘦等恶病质。有条件时应做组织学检查。良性肿瘤也可转变为恶性肿瘤。

家兔的肿瘤常见于腹腔内部器官,肾脏、子宫多发。家兔常见的肿瘤有肾母细胞瘤、子宫腺癌、消化道及生殖道的平滑肌瘤和平滑肌肉瘤、阴道鳞状细胞癌、乳头状瘤病、肝脏肿瘤、乳腺肿瘤、淋巴肉瘤病。

(3)防治措施。对于肿瘤应早期发现,早期诊断,早期治疗。早期可采用手术摘除、切除或结扎。手术时,要注意止血,摘除彻底,防止复发和转移。氢化可的松、地塞米松、丙酸睾酮、己烯雌酚等可抑制肿瘤的生长。体外部肿瘤可采用烧烙疗法或涂中药鸦胆子治疗。方法是:鸦胆子去壳,实仁挤压取油,用油涂于肿瘤根部,每日 2～3 次,一般 7～9 日肿瘤干枯脱落。藤梨根或鲜凤尾草 25 克,水煎内服,每日 1 剂,对肿瘤有抑制作用。

2. 中耳炎

(1)病因。鼓室及耳管的炎症称为中耳炎。鼓膜穿孔、外耳道炎症、感冒、流感、传染性鼻炎或化脓性结膜炎等继发感染,均可引起中耳炎。感染的细菌一般为多杀性巴氏杆菌,可成为兔群巴氏杆菌病的传染来源。中耳炎多发生于青年兔及成年兔,仔兔少见。

(2)诊断要点。单侧性中耳炎时,病兔将头颈倾向患侧,使患耳朝下,有时出现回转、滚转运动,故又称"斜颈病"。两侧性中耳炎时,病兔低头伸颈。化脓时,体温升高,精神不振,食欲不好。脓汁潴留时,听觉迟钝。鼓室内壁充血变红,积有奶油状的白色脓性渗出物,若鼓膜破裂,脓性渗出物可流出外耳道。感染可扩散到脑,引起化脓性脑膜炎。本病多呈慢性,病程可长达 1 年。

(3)防治措施。局部可用消毒剂洗涤,排液;用棉球吸干,滴入抗生素,全身应用抗生素。对重症顽固难治的病兔应淘汰,以减少巴氏杆菌的传播机会。预防措施主要是及时治疗兔的外耳道炎症、流感、鼻炎、结膜炎等疾病,建立健康兔群。

3. 肺炎

(1)病因。本病多由病原菌感染引起,常由于感冒、气管炎或鼻炎继发引起。常见的病原菌有多杀性巴氏杆菌、支气管败血波氏杆菌、金黄色葡萄球菌、溶血性链球菌、肺炎双球菌、绿脓杆菌、肺炎克雷伯氏菌和大肠杆菌等。家兔误咽异物时会引起异物性肺炎,最后往往因细菌继发感染而死亡。

(2)流行特点。多由于气候骤变、寒热不均、贼风侵袭,以及恶劣的舍内环境(如潮湿、通风不良)所致。多数病例发生于 4～8 周龄。

(3)症状。自然发生病例极少能见到有特征性的临床症状。如有症状,可能也仅表现为食欲减退和精神沉郁,常呈败血症而突然死亡。

(4)病理变化。肺的前下部根据病程及严重程度的不同而表现为肺实变、肺膨胀不全、灰白色小结节、肺脓肿等。肺实质可能出现出血性变化,胸膜、肺、心包膜上有纤维素絮片。有的病兔胸腔内充满混浊的胸腔积液。严重时,可见由纤维组织包围的脓肿。病程的后期常表现为脓肿或整个肺叶的空洞。

(5)诊断。由于观察不到明显的临床症状,所以本病的诊断必须依赖于尸体解剖和细菌培养。

(6)防治。加强饲养管理,兔舍要阳光充足,通风保暖,防止贼风侵袭。治疗可用青霉素、链霉素各 20 万国际单位或卡那霉素 20 万国际单位,肌肉注射,每天 2 次,连用 3 天。此外,还可用庆大霉素、氯霉素、磺胺嘧啶钠、土霉素、诺氟沙星等进行治疗。

4. 子宫内膜炎

家兔子宫内膜炎是经产母兔最常见的生殖器官疾患之一,多发生于产后及流产后,患兔常从阴道排出黏液性或脓性渗出物。

(1)病因。通常是在配种时生殖器官直接接触或难产损伤子宫时而发生的感染,也可继发于其他疾病,引起子宫化脓性炎症。

(2)症状。急性者,多发生于产后及流产后,全身症状明显,时常努责,有时随同努责从阴道排出较臭的红褐色黏液或黏液脓性分泌物。慢性症多由急性子宫内膜炎转化而来,全身症状不明显,周期性地从阴道排出少量混浊的黏液,母兔不发情或者即使发情也屡配不孕。

(3)病理变化。阴道流出黏液或黏液脓性分泌物,子宫内积有脓性渗出物或血样暗红色液体,有时子宫内还有已被吸收的胎儿组织或灰白凝乳块状物,子宫内膜出血,并有坏死或增厚的病灶。部分病兔可见子宫内黏稠的干酪样脓肿。

(4)诊断。根据阴道流出物和子宫内膜的炎性变化即可作出诊断。依据病史资料、发病特点和渗出物的性状进行综合分析,鉴定原因,可作微生物检查。李氏杆菌感染时,子宫渗出物多为暗红色;沙门氏菌感染时,病兔常伴有顽固性腹泻;继发感染病例,有时可见子宫内黏稠干酪样脓肿。

(5)防治预防。重点是搞好笼、舍的清洁卫生。定期消毒兔舍、笼具以及各种用具。发现病兔及时隔离治疗,以防交配时相互传播。治疗原则:加强子宫内渗出物的排出,消炎抗菌。可用0.1%高锰酸钾溶液、2%温碳酸氢钠溶液、0.05%呋喃西林溶液、0.1%新洁尔灭冲洗阴道和子宫,冲洗之后涂抹碘甘油、青链霉素等抗菌消炎药物,同时施以全身治疗。

5. 维生素 E 缺乏

维生素 E 是一种抗氧化剂,不仅对繁殖产生影响,而且参与新陈代谢的调节,影响腺体和肌肉的活动;维生素 E 缺乏可导致营养性肌肉萎缩。

(1)病因。维生素 E 缺乏主要与以下三个因素有关:一是饲料中维生素 E 含量不足;二是肝脏疾病;三是饲料中不饱和脂肪酸过多或脂肪酸酸败。

(2)临床症状。病兔身体发硬,进行性肌肉无力,多卧少动,步态不稳,平衡失调。食欲减退或废绝,体重减轻。有的病兔两前肢或四肢置于腹下。母兔受孕率降低,流产或死胎。严重者因全身衰竭而死亡。

(3)病理变化。肌肉萎缩,外观苍白,呈透明样变性。

(4)防治。经常饲喂青绿饲料,如大麦芽、苜蓿等,或向饲料中添加植物油。及时治疗肝脏疾病,特别是肝球虫病。

(5)治疗。在饲料中补加维生素 E,每天每兔1000国际单位,口服,治愈为止。肌肉注射维生素 E 亦可。在饲料中添加硒,有辅助治疗作用。

6. 有机磷农药中毒

有机磷农药中毒是由于兔误食有机磷农药污染的饲草、饲料或驱虫时用药不当而引起的中毒,以瞳孔缩小、肌纤维震颤和中枢神经系统紊乱为特征。

(1)病因。家兔采食了喷洒有机磷农药不久的青菜、蔬菜;或不按规定的方法和剂量驱除体内、外的寄生虫时均能发生中毒。

(2)症状。中毒家兔瞳孔缩小,这是本病的一个典型症状。病兔呕吐、腹泻、腹痛,呼吸困难,尿失禁或尿潴留,流涎。肌纤维性震颤,牙关紧闭,颈部强直,甚至全身抽搐,角弓反张。初期兴奋不安,继而抑制,最后陷于昏迷和呼吸中枢麻痹。

(3)诊断。根据有无农药接触史、临床症状和对病料的毒物分析结果综合判定。

(4)防治与治疗不要用喷洒过有机磷农药的野草、蔬菜喂兔。体表驱虫时应按剂量给药,并注意用药后的表现。有机磷农药中毒后必须迅速抢救。首先,阻止药物继续进入体内,迅速排出胃内容物,并用特效解毒剂与对症疗法。早期应用0.1%硫酸阿托品,每兔皮下注射1~2毫升,隔3~4小时重复注射一次;解磷定(或双复磷)每千克体重20~40毫克,维生素C 0.025克和10%葡萄糖注射液50毫升,混合静脉注射。

◇ **任务实施**

对发病家兔进行病理诊断,制定兔场疾病防治方案。

1. 动物准备

根据家兔养殖场生产情况,出现部分病兔时,由老师带队进行疾病诊断。

2. 人员准备

将病兔分配给学生,配合进行诊疗操作。

3. 操作步骤

(1)外观检查。

(2)粪尿检查。

(3)生理指标检查。

(4)采血或病理解剖检查,同时进行脏器采样显微镜检查。

(5)分析检查结果,制订防治方案。

◇ **任务反思**

（1）试述家兔病毒性出血症的临床症状和病理变化。

（2）简述家兔疾病防治的措施。

◇ **学习评价**

评价内容	自我评价	教师评价	总评
掌握家兔常见疾病的种类			
掌握家兔常见传染病的防治措施			
能鉴别家兔常见传染病			
能鉴别家兔常见寄生虫疾病			
能对家兔常见的疾病进行科学的预防			

注：评分标准为 10 分制，10 分为优，7 分为良，5 分为有待提高。

项目 9　兔产品的加工利用

◇ 项目导入

目前我国的兔业生产主要是兔肉产品、毛皮制品的开发，内脏只有极少数被制成食品，其余的部分未能充分利用。然而家兔全身都是宝，它除了给我们提供肉、毛、皮等畜产品，还有极高的药用价值，家兔产品作为药物使用，最早记载于梁·陶弘景的《名医别录》。李时珍《本草纲目》汇集了前人对家兔品药用的认识和临床经验，并加以阐释：用兔脑作为治疗妇人难产之药；兔屎可用于治疗劳疾发热；兔肝能够明目；兔血能够凉血活血，解胎中热毒⋯⋯

本项目将学习 4 个任务：(1)兔肉的加工利用；(2)兔皮的加工利用；(3)兔毛的加工利用；(4)副产品的利用。

任务 9.1　兔肉的加工利用

◇ 任务目标

知识目标：
1.掌握兔肉的营养特点。
2.了解各种兔肉加工制品。
技能目标：
掌握家兔的宰前准备和屠宰方法。

◇ 任务准备

一、兔肉的营养特点

兔肉具有特殊的食用价值，是理想的保健、美容、滋补肉食品，堪称肉中之王，深受人们的欢迎。我国四川、福建、江西等省素有食兔肉的传统习惯。在民间，历来将兔肉或兔肉药膳作为病人康复及产妇的滋补佳品。《本草纲目》记载："兔肉性寒味甘，具有补中益气，止渴健脾，凉血解热毒，利大肠之功效。"宋朝苏东坡称兔肉为"食品之上味"。俗话说："飞禽莫如鸪，走兽莫如兔"，"要吃两条腿的鸪，四条腿的兔"。自古以来，人们对兔肉就给予很高的评价。

兔肉与其他肉类相比,具有"三高""三低"的营养特点:"三高"即兔肉中蛋白质含量高、矿物质含量高、消化率高;"三低"即脂肪含量低、胆固醇含量低、能量低。如表 9-1～表 9-2 所示。

表 9-1　兔肉与其他肉类营养成分比较

类别	蛋白质/(%)	脂肪/(%)	灰分/(%)	能量/(kJ/100 g)	胆固醇/(mg/100 g)	赖氨酸/(%)	烟酸/(mg/100 g)
兔肉	24.25	1.91	1.52	678	65	9.6	12.8
猪肉	20.08	6.63	1.10	1288	126	3.7	4.1
鸡肉	19.05	7.80	0.96	519	60～90	8.4	5.6
牛肉	20.07	6.48	0.92	1259	106	8.0	4.2
羊肉	16.35	7.98	1.19	1100	70	8.7	4.8

表 9-2　人对几种肉类消化率比较

类别	兔肉	猪肉	鸡肉	牛肉	羊肉
消化率/(%)	85	75	50	55	68

(1)蛋白质含量高。

兔肉中含有人体不能合成的 8 种必需氨基酸,可维持健康和促进生长。兔肉中赖氨酸高于其他肉类。植物性食物缺乏赖氨酸,故人体需经常补充赖氨酸。

(2)矿物质含量丰富。

兔肉中钙的含量多,是儿童、孕妇、老年人及病人的天然补钙食品。

(3)维生素含量以烟酸最多。

人体如缺乏烟酸,会使皮肤粗糙,发生皮炎,故常吃兔肉可补充人体维生素。

(4)胆固醇含量低,磷脂含量高。

血液中磷脂高、胆固醇低时,胆固醇沉积在血管中的可能性就减少。因此,兔肉是高血压、肥胖症、动脉硬化患者和老年人理想的肉食品。

(5)脂肪含量低。

兔肉脂肪含量低,能量也低,符合肉品生产发展的要求。

(6)消化率高。

兔肉肌纤维细嫩,容易消化吸收,其消化率高于其他肉类。因此,兔肉是幼儿、老年人、体弱多病者最为理想的滋补品。

二、宰前准备

为了保证兔产品的质量,对候宰兔必须做好宰前检查、宰前饲养、宰前断食等工作。

1. 宰前检查

进入屠宰场的候宰兔必须具有良好的健康状况,体重不得低于 1.5 千克。候宰兔运入屠宰加工场后,兽医检疫人员应首先了解产地的疫情情况,并将全部兔转入隔离舍饲养,做详细的临床检查和实验室诊断,经确诊凡属健康的候宰兔即可转入饲养场进行宰前饲养,病兔或疑似病兔应转入隔离舍饲养,按《肉品卫生检验试行规程》中的有关规定进行处理。

加工冻兔肉或兔肉制品的原料肉,应以肥度适中、屠宰率高为原则。一般幼兔肉因肉质幼嫩,水分含量较高,脂肪含量较低,所以缺乏风味;老龄兔肉虽风味较浓,但结缔组织较多,肉质坚硬,故质量较差。所以,一般肉兔饲养至 3～4 月龄,体重 2～2.5 千克时屠宰较为适宜。

2. 宰前饲养

候宰兔经兽医人员检疫后可按产地、品种、强弱等情况进行分群、分栏饲养。对肥度良好的兔,所喂饲料应以恢复运输途中蒙受的损失为原则;对瘦弱兔则应采取肥育饲养,以期在短期内迅速增重,改善肉质。由于构成兔肉的主要原料是蛋白质、脂肪和碳水化合物,因此宰前饲养应以精料为主,青绿饲料为辅,尤以大麦、麸皮、玉米、甘薯、南瓜等最为适宜。

候宰兔在运输途中,由于环境的改变和刺激,正常生理机能受到了抑制或破坏,抵抗力降低,血液循环加速,可能导致肌肉组织中的毛细血管充血。为了防止屠宰时放血不全,影响兔肉品质和保存期,在宰前饲养中还必须限制肉兔的运动,以保证休息,解除疲劳,提高产品质量。

3. 宰前断食

候宰兔宰前应断食 12 小时。断食有利于减少消化道中的内容物,便于开膛和内脏整理工作,可防止加工过程中的肉质污染;断食能促使肝脏中的糖原分解为乳酸,均匀分布于机体各部,使屠宰后迅速达到尸僵和增加酸度,抑制微生物繁殖;断食有助于体内的硬脂酸和高级脂肪酸分解为可溶性低级脂肪酸,均匀分布于全身,使肉质肥嫩;断食还可节省饲料,降低成本,保持临宰兔的安静休息,有助于屠宰放血。

临宰兔在断食期间应供给足量饮水。宰前充足饮水,可以保证临宰兔的正常生理机能活动,促使粪便排出,放血完全;充足饮水还有利于剥皮和提高屠宰产品的质量。但在宰前 2~4 小时应停止供水,以避免倒挂放血时胃内容物从食道流出。

三、屠宰方法

家兔的屠宰方法很多,常用的有颈部移位法、棒击法和电麻法等。

1. 颈部移位法

在农村分散饲养或家庭屠宰加工的情况下,最简单而有效的处死方法是颈部移位法。术者用左手抓住家兔后肢,右手捏住头部,将兔身拉直,突然用力一拉,使头部向后扭转,家兔因颈椎脱位而死。

2. 棒击法

通常用左手紧握家兔的两后肢,使头部下垂,用木棒或铁棒猛击其头部,使其昏厥后屠宰剥皮。棒击时须迅速、熟练,否则不仅达不到击昏的目的,且因家兔骚动易发生危险。此法广泛用于小型屠宰场。

3. 电麻法

通常用电压为 40~70 伏、电流为 0.75 安的电麻器轻压家兔耳根部,使家兔触电致死。这是正规化屠宰场广泛采用的方法。采用电麻法常可刺激心跳活动,缩短放血时间,提高宰杀取皮的劳动效率。

四、兔肉加工制品

冻兔肉是我国出口的主要肉类品种之一。冷冻保存不但可阻止微生物生长、繁殖,还能促进物理、化学变化而改善肉质。冻兔肉具有色泽不变、品质良好的特点。

1. 工艺流程

冻兔肉的生产工艺流程如下:

原料→修整→复检→分级→预冷→过磅→包装→速冻→成品。

(1)原料处理。

进入冷冻加工厂加工冻兔肉的原料肉必须新鲜,放血干净,经剥皮、截肢、割头、取内脏和必要的修整之后,经兽医卫生检验未发现任何危及人体健康的病症,方可进行冷冻加工。

(2)分级标准。

我国出口的冻兔肉主要有带骨兔肉和分割兔肉两种。

①带骨兔肉分级标准。

特级:每只净重 1501 克以上。

一级:每只净重 1001~1500 克。

二级:每只净重 601~1000 克。

三级:每只净重 400~600 克。

②分割兔肉分级标准。

前腿肉：自第十与第十一肋骨间切断，沿脊椎骨劈成两半。

背腰肉：自第十与第十一肋骨间向后至腰荐处切下，劈成两半。

后腿肉：自腰椎骨向后，沿脊椎中线劈成两半。

根据不同国家的不同要求，参考出口规格，一般切除家兔的脊椎骨、胸骨和颈骨。

（3）散热冷却。

散热冷却又称预冷。据测定，刚屠宰的胴体温度一般在 37 ℃左右，同时因胴体本身的"后熟"作用，在肝糖分解时还要产生一定的热量，使胴体温度处于上升趋势，如果在室温条件下放置时间过久，由于微生物（细菌）的生长、繁殖，就会使兔肉腐败变质。据试验，在气温 20 ℃左右而又不通风的情况下，一昼夜便可造成兔肉成批变质，温度越高，腐败越快。所以，预冷的目的就是为了迅速排除胴体内部的热量，降低胴体深层的温度并在胴体表面形成一层干燥膜，阻止微生物的生长和繁殖，延长兔肉保存时间，减缓胴体内部的水分蒸发。

冷却间的温度最好维持在 −1～0 ℃之间，最高不宜超过 2 ℃，最低不得低于 −2 ℃，相对湿度最好控制在 85％～90％，经 2～4 小时即可进行包装入箱。

（4）包装要求。

目前，我国出口的冻兔肉包装要求大致如下。

①带骨或分割兔肉均应按不同级别用不同规格的塑料袋套装，外用塑料或瓦楞纸板包装箱，箱外应印刷中、外文对照字样（品名、级别、重量及出口公司等）。上海产的纸箱内径尺码是：带骨兔肉为 57 厘米×32 厘米×17 厘米；分割兔肉为 50 厘米×35 厘米×12 厘米。

②带骨兔肉或分割兔肉，每箱净重均为 20 千克。分割兔肉包装前应先称取 5 千克为一堆，整块的平摊，零碎肉夹在中间，然后用塑料包装袋卷紧，装箱时上下各两卷成"田"字形，四卷再装袋。每箱兔肉重量相差不得超过 200 克。

③带骨兔肉装箱时应注意排列整齐、美观、紧密，两前肢尖端插入腹腔，以两侧腹肌覆盖；两后肢须弯曲使形态美观，以免背向外，头尾交叉排列为好，尾部紧贴箱壁，头部与箱壁间留有一定空隙，以利透冷、降温。

④箱外包装带可用塑料或铁皮，宽约 1 厘米。因铁皮包装带久贮容易生锈，所以大部分冻兔加工厂目前多采用塑料包装带。包装带必须洁净，不能有文字、图案、花纹，不宜采用纸带，以防速冻或搬运时破损、散落。

⑤箱外需打包带三道，即横一竖二，切勿因横面操作不便而不加包带。五分包带需用五分包扣，切忌五分包带用四分包扣，或四分包带用五分包扣，以防箱边破损，兔肉外漏。

2. 冷冻技术

（1）冷冻设施。

目前，我国冻兔加工多采用机械化或半机械化作业，其工艺水平和卫生标准已达国际水平。

冷冻加工间主要包括冷却室、冷藏室和冻结室等。规模中等的冻兔肉加工厂的屠宰间一般都设在厂房的顶楼，所以肉类冷却室也应设在顶楼，以便与屠宰间相接，顺次为冷藏室、冻结室，而冻结室则应设在底楼，以便直接发货或供其他加工间临时保藏之用。冷却室、冷藏室及冻结室内应装有吊车单轨，轨道之间的距离一般为 600～800 毫米，冷冻室的高度为 3～4 米。为了减轻胴体上微生物的污染程度，除屠宰过程中必须注意之外，对冷冻室中的空气、设施、地面、墙壁等乃至工作人员均应保持良好的卫生条件。在冷冻过程中，与胴体直接接触的挂钩、铁盘、布套等只宜使用一次，在重复使用前，须经清洗、消毒、干燥后再用。

（2）冷却条件。

冷却条件主要是指温度、湿度、空气流速和冷却时间等。兔肉冷冻，首先是肌肉纤维中水分与肉汁的冻结，然而冻兔肉的质量与冻结温度与速度有很大关系。据试验，在不同的低温条件下，兔肉的冻结程度是不同的，通常新鲜兔肉中的水分在 −1～−0.5 ℃开始冻结，−15～−10 ℃时完全冻结。如表 9-3 所示。

表 9-3　兔肉在不同温度下的冻结程度

肉温/℃	冻结程度/(%)	肉温/℃	冻结程度/(%)	肉温/℃	冻结程度/(%)	肉温/℃	冻结程度/(%)	肉温/℃	冻结程度/(%)
-0.5	2.0	-2	42.5	-3.5	66.0	-6	83.0	-9	94.5
-1	10.0	-2.5	53.5	-4	71.0	-7	87.0	-10	100
-1.5	29.5	-3	61.0	-5	78.0	-8	91.0	-15	100

根据测定,在整个冷却过程中,冷却初期因冷却介质(空气)和胴体之间的温差较大,冷却速度较快,胴体表面水分蒸发量在开始 1/4 时间内,占总蒸发量的 1/2。因此,空气的相对湿度也要求分为两个阶段,冷却初期的 1/4 时间,相对湿度以维持 95% 以上为宜;冷却后期的 3/4 时间内,相对湿度维持在 90%～95%;冷却临近结束时,应控制在 90% 左右。空气流速是影响冷却时间和程度的重要因素。一般冻兔肉在冷却时,空气流速以每秒 2 米为宜。

(3)冷却方法。

目前我国冻兔肉加工厂都采用速冻冷却法,速冻间温度应在 -25 ℃ 以下,相对湿度为 90%。速冻时间一般不超过 72 小时,试测肉温达 -15 ℃ 时即可转入冷藏。

无冷却设施的小型加工厂应配备适量的风扇、排风扇。炎热季节必须设法使肉温低于 20 ℃,然后直接送入速冻间速冻,使肌肉纤维中的水分和肉质全部冻结。上海冻兔肉加工厂为加快降温,采用开箱速冻法,使 72 小时速冻的时间压缩到 36 小时,既节电,又可提高冻兔肉质量,是一项有效的措施。该厂的具体做法是,打开箱盖,送入管架速冻,待速冻后再行打包转入冷藏。

(4)冷藏条件。

冷藏是将已经冻结的兔肉放至冷藏间贮存待运。合理的冷藏条件是,冷库温度应保持在 -19～-17 ℃ 之间,相对湿度为 90%。冷库内温度升降幅度一般不得超过 1 ℃,在大批量进出货过程中,一昼夜升温不得超过 4 ℃,空气流动以自流、对流为好。如温度忽高忽低,易造成肉质干枯和脂肪发黄而影响质量。

冷藏堆放的方法是,长期冷藏的冻兔肉应堆成方形堆,地面应用不通风的木板衬垫,衬垫高约 30 厘米,堆高 2.5～3 米。在冷库容积和地坪负荷允许的条件下,堆放的体积和密度越大越好,冷库的堆装量越多越能提高冷库的利用率。

肉堆与周围墙壁、天花板之间,应保持 30～40 厘米的距离,距冷却排管 40～50 厘米,肉堆与肉堆之间保持 15 厘米的间距,冷库中间应有运送小车的通道,宽度一般不少于 2 米。

冻兔肉的冷藏期限主要取决于冷藏温度和原料类型等。实践证明,冷库温度愈低,保藏期愈长。在 -4 ℃ 冷库中,保藏期仅 35 天;在 -5 ℃ 条件下,保藏期为 42 天;在 -12 ℃ 条件下,保藏期可达 100 天左右。出口冻兔肉如能保藏在 -19～-17 ℃ 条件下,则能保藏 6～12 个月。

◇ 任务实施

(1)熟知兔肉的营养特点。

(2)兔的宰前饲养。

(3)实训动物及器材装备。兔子 10 只,兔笼 10 个,全价饲料 50 斤。

(4)以 5 人为一个学习小组,每组选出一名组长,由组长安排组员每天完成饲养任务。

(5)宰前饲养计划 10 天,饲养中必须限制家兔的运动,以保证休息,解除疲劳,提高产品质量。

◇ 任务反思

(1)简述兔肉"三高""三低"的营养特点。

(2)为了保证兔产品的质量,对宰前的候宰兔必须做好哪些准备工作?

(3)简述冻兔肉的生产工艺流程。

（4）简述冻兔肉的预冷目的。

◇ **学习评价**

评价内容	自我评价	教师评价	总评
掌握兔肉的营养特点			
了解各种兔肉加工制品			
掌握兔的宰前准备和屠宰方法			
总计			

注：评分标准为 10 分制，10 分为优，7 分为良，5 分为有待提高。

任务 9.2　兔皮的加工利用

◇ **任务目标**

知识目标：

1.了解兔皮的特点。

2.了解兔宰杀取皮的方法。

技能目标：

掌握兔毛皮的品质鉴定方法。

兔皮的加工
与利用

◇ **任务准备**

一、兔皮的特点

獭兔是典型的皮用兔，其皮毛特征包括鲜皮成分、纤维类型、毛皮特征、换毛规律、原料皮的季节特征等。

1.鲜皮成分

组成兔皮的化学成分，主要为水、脂肪、无机盐、蛋白质和碳水化合物等。了解兔皮的化学成分和理化性质，对兔皮的加工、鞣制具有重要意义。

（1）水分。

刚屠宰剥取的兔皮含水分 65%～75%；一般幼龄兔皮的含水量高于老龄兔，母兔皮的含水量高于公兔皮。据测定，真皮层含水量最多，表皮层最少，网状层介于两者之间。鲜皮中的水分，随着干燥时间的延长，水分大量散失，形成过干生皮，由于胶原纤维结合紧密，加工浸水过程中就会导致充水困难，造成生皮难以浸软。

（2）脂肪。

鲜皮中的脂肪含量占皮重的 10%～20%，主要存在于表皮层、乳头层和皮脂腺中，其次为网状层和皮下组织。脂肪对兔皮的加工鞣制有极大影响，含脂过多的生皮在鞣制加工前必须进行脱脂处理。

（3）无机盐。

鲜皮中含有少量的无机盐，占鲜皮重的 0.3%～0.5%，主要是钠、钾、镁、钙、铁、锌等。一般表皮层中含钾盐多,真皮层中含钙盐多。白色兔毛中含有较高的氯化钙和磷酸钙,深棕色兔毛中含有较高的氧化铁。

(4)碳水化合物。

鲜皮中的碳水化合物占皮重的1‰～5‰,从真皮层到表皮层,从细胞到纤维均有分布,有葡萄糖、半乳糖等单糖及糖原、黏多糖等。酸性黏多糖在基质中具有润滑和保护纤维的作用。

(5)蛋白质。

鲜皮中的蛋白质含量占皮重的20％～25％,是毛皮的重要组成成分,结构和性质极其复杂。

真皮的主要成分为胶原蛋白和弹性蛋白。胶原蛋白不溶于水、盐水、稀酸、稀碱和酒精。在鞣制加工过程中,胶原蛋白经稀酸或其他鞣剂处理后,能保持柔软、坚固等特性。所以,在生皮贮存期间或鞣制加工过程中,应尽可能防止胶原蛋白受损;弹性蛋白不溶于水、稀酸及碱性溶液,但易被胰酶和饱和石灰溶液分解。鞣制加工过程中就是利用这一特性来除去弹性蛋白,以增加成品的柔软性和伸长性。

表皮和兔毛的主要成分是角蛋白。它不溶于水、酸、碱溶液,具有抗酶作用。白蛋白、球蛋白、粘蛋白和类蛋白主要存在于血液、淋巴和纤维之间,白蛋白和球蛋白易溶于水、酸和碱溶液,遇热凝固。粘蛋白和类蛋白则不溶于水和中性盐溶液,但能溶于稀碱溶液,可被酸性蛋白酶和粘蛋白酶分解。在兔皮鞣制加工的准备工序中必须除去白蛋白、球蛋白、粘蛋白和类蛋白,以利鞣剂、加油剂、染料等渗入皮层内。

2. 兔毛类型

獭兔被毛的特点是绒毛含量高,枪毛含量低。如果一张獭兔皮,枪毛含量过高,且突出于绒毛面,就失去了獭兔毛皮的特点。

据测定,獭兔被毛中的枪毛含量为4％～7％,绒毛含量为93％～96％。从不同部位看,枪毛含量以肩部最高,背部次之,臀部最低。从不同性别看,母兔被毛中的枪毛含量高于公兔。獭兔被毛中的枪毛含量除受遗传因素影响外,主要受外界温度和饲养管理条件的影响。不良的饲养管理条件会引起枪毛含量增加。总而言之,獭兔毛皮的主要特点在于:绒毛短密柔软,色泽光润美观,拉力、弹性、抗磨力强,保温性能好,是毛皮工业中的优质制裘原料。

3. 换毛规律

獭兔的正常换毛现象是对外界环境的一种适应表现,换毛时间可分为年龄性换毛和季节性换毛。

(1)年龄性换毛。

年龄性换毛主要发生在未成年的幼兔和青年兔。第一次年龄性换毛始于仔兔出生后30日龄左右,直至130～150日龄结束,尤以30～90日龄最为明显。据观察,120日龄以内的獭兔被毛多呈空疏、细软,不够平整,随日龄增长而逐渐浓密、平整。獭兔皮张以第一次年龄性换毛结束后的毛皮品质为好,屠宰剥皮最合算。

第二次年龄性换毛多在180日龄左右开始,210～240日龄结束,换毛持续时间较长,有的可达4～5个月左右,且受季节性影响较大。如第一次年龄性换毛结束时正值春、秋换毛季节,往往就会立即开始第二次年龄性换毛。

(2)季节性换毛。

季节性换毛主要是指成年兔的春季换毛和秋季换毛。春季换毛,北方地区多发生在3月初至4月底,南方地区则为3月中旬至4月底。秋季换毛,北方地区多在9月初至11月底,南方地区则为9月中旬至11月底。

季节性换毛的持续时间长短与季节变化情况有关,一般春季换毛持续时间较短,秋季持续时间较长。另外,也受獭兔年龄、健康状况和饲养水平等的影响。

(3)换毛顺序。

据观察,獭兔的换毛顺序一般先由颈部开始,紧接着是前躯背部,再延伸到体侧、腹部及臀部。春季换毛与秋季换毛顺序大致相似,只有颈部毛在春季换毛后夏季仍不断地褪换,而秋季换毛后则无此种现象。

獭兔换毛期间体质较弱,消化能力降低,对气候环境的适应能力也相应减弱,容易受寒感冒。因此,换毛期间应加强饲养管理,供给容易消化、蛋白质含量较高的饲料(特别是含硫氨基酸丰富的饲料),这对被毛的生长、提高獭兔毛皮的品质尤为重要。

4.季节特征

从獭兔被毛的褪换规律可以看出,宰杀取皮季节不同,皮板与毛被的质量也有很大差异。

(1)春皮。自立春(2月)至立夏(5月),气候逐渐转暖,这时所产的皮张底绒空疏,光泽减退,板质较弱,略显黄色,油性不足,品质较差。

(2)夏皮。自立夏(5月)至立秋(8月),气候炎热,经春季换毛后已褪掉冬毛,换上夏毛。这时所产的皮张,被毛稀短,缺少光泽,皮板瘦薄,多呈灰白色。毛皮品质最差,制裘价值最低。

(3)秋皮。自立秋(8月)至立冬(11月),气候逐渐转冷,且饲料丰富,早秋所产的皮张,毛绒粗短,皮板厚硬,稍有油性;中秋皮毛绒逐渐丰厚,光泽较好,板质坚实,富含油性,毛皮品质较好。

(4)冬皮。自立冬(11月)至立春(2月),气候寒冷,经秋季换毛后已全部褪换为冬毛。这时所产的皮张毛绒丰厚、平整、富有光泽,板质足壮,富含油性,特别是冬至到大寒期间所产的毛皮品质最好。

二、宰杀取皮方法

獭兔贵在毛皮,通常以毛皮品质来衡量产品的商品价值,宰杀取皮技术的好坏往往会影响到毛皮的质量和收购等级。

1.宰前准备

为了保证兔皮和兔肉的品质,对候宰兔必须做好宰前检查、宰前饲养和宰前断食等工作。

(1)宰前检查。

进入屠宰场的候宰兔必须具有良好的健康体况。兽医检疫人员应首先了解候宰兔产地的疫病情况,并全部转入隔离舍饲养,作详细的临床检查和实验室诊断,经诊断确属健康的,即可转入饲养场进行宰前饲养,病兔或疑似病兔应转入隔离舍饲养。

(2)宰前饲养。

候宰兔经兽医检疫人员检查后可按产地、强弱等情况分群、分栏饲养,饲料应以精料为主,青绿饲料为辅,尤以大麦、麸皮、玉米、甘薯、南瓜等最为适宜。在宰前饲养中还必须限制獭兔运动,以保证休息,解除运输途中产生的疲劳和刺激,提高产品质量。

(3)宰前断食。

确定屠宰的兔子,宰前断食8小时,只供给充足的饮水。宰前断食不仅有利于屠宰操作,保证皮张质量,而且还可节省饲料,降低成本。

2.屠宰方法

屠宰獭兔的方法与屠宰家兔相同,可参考前文。

3.剥皮技术

处死后的獭兔应立即剥皮。手工剥皮一般先将獭兔左后肢用绳索拴起,倒挂在柱子上,用利刀切开跗关节周围的皮肤,沿大腿内侧通过肛门平行挑开,将四周毛皮向外剥开翻转,用退套法剥下毛皮,最后抽出前肢,剪除眼睛和嘴唇周围的结缔组织和软骨。在退套剥皮时应注意不要损伤毛皮,不要挑破腿肌或撕裂胸腹肌。

剥皮是一项繁重的劳动,现代化獭兔屠宰场多采用机械剥皮,如上海食品公司冻兔加工厂已试制成功链条式剥皮机,效率比手工作业提高5倍左右。中小型獭兔屠宰加工厂可采用半机械化剥皮法,即先用手工操作,从后肢膝关节处平行挑开剥至尾根,用双手紧握腹背部皮张,伸入链条式转盘槽内,随转盘转动顺势拉下兔皮。

4.放血方法

獭兔宰杀取皮要破除长期形成的先宰杀放血、后剥皮的传统方法,改为先处死、剥皮、后放血的新方法,以减少毛皮污染。目前,最常用的放血方法是颈部放血法,即将剥皮后的兔体侧挂在钩上,或由他人帮助提举后腿,割断颈部的血管和气管放血。根据操作实践,倒挂刺杀的放血时间以3~4分钟为宜,不能少于2分钟,以免放血不全,影响兔肉品质。放血充分的胴体,肉质细嫩,含水量少,容易贮存;放血不全的,肉质发红,含水量高,贮存困难。

5.胴体处理

处死、剥皮、放血后的胴体,立即剖腹净腔。先用利刀切开耻骨联合处,分离出泌尿生殖器官和直肠,然后沿腹中线切开腹腔,除留肾脏外取出全部内脏器官,在前颈椎处割下兔头,在跗关节处割下后肢,在腕关节处割下前肢,在第一尾椎骨处割下尾巴。最后用清水洗净胴体上的血迹和污物。

三、毛皮品质评定

1.兔皮的分级标准

(1)一般兔皮的商业分级标准。

特等皮:具有一等皮毛质,面积在1110平方厘米以上。

一等皮:毛绒丰厚、平顺,面积在800平方厘米以上。

二等皮:毛绒略空疏、平顺,面积在700平方厘米以上。

三等皮:毛绒空疏或欠平顺,面积在500平方厘米以上。

不符合等内皮要求者,列为等外皮,等外皮暂按一般家兔皮规格。

等外一:具有一、二等皮毛绒、面积,带有伤残缺点,但不超过全面积的30%;或具有一、二等皮毛绒,面积在444平方厘米以上;或毛绒略差于三等皮而无伤残者。

等外二:不符合等外一要求,但有一定制裘价值者均属之。

说明:①带轻微伤残或颈部及边肋空疏的,不算缺点,伤残严重的酌情降级。②量皮方法应从颈部缺口中间至尾根量其长度,选腰间中部位置量其宽度,长宽相乘,求出面积。③长毛兔皮,毛长在3.3厘米以上按家兔皮等外一算,不足3.3厘米按等外二算。

(2)獭兔皮的商业分级标准。

1982年,中国土畜产进出口总公司根据国外獭兔皮的商品标准并结合中国獭兔皮的生产情况,把獭兔皮暂分为甲、乙、丙三个正式等级。

甲级皮:绒毛丰密平齐,毛色纯正,色泽光润,无旋毛,板皮良好,皮板洁净,无伤残,全皮面积在1110平方厘米以上。

乙级皮:绒毛齐平,毛色纯正,色泽光润,无旋毛,绒毛略空疏或略短芒,板质良好,皮板洁净或具有甲级皮面积,在次要部位可带破洞2处,总面积不超过7平方厘米;或具有甲级皮质量,面积在944平方厘米以上。

丙级皮:板质较好,绒毛空疏或短芒,毛绒欠平齐,毛色纯正或具有甲、乙级皮面积,在次要部位可带破洞3处,总面积不超过10平方厘米;或具有甲、乙级皮质量,面积在777.8平方厘米以上。

不符合等内皮要求者,列为等外皮,等外皮暂按一般家兔皮规格。

说明:①量皮方法与一般兔皮相同。②品质退化(针毛突出平面)按等外皮算,针毛含量过多酌情降级。③严防烈日曝晒,严防油烧,严防受闷脱毛。油浸、软脱、剪毛等无商业价值。

2.兔皮的评定依据

衡量兔皮特别是獭兔皮品质好坏,主要依据是绒毛、色泽、板质、面积和伤残等。

(1)绒毛。

评定獭兔毛皮品质最重要的是绒毛的丰厚度、平整度和针毛含量。丰厚度是指单位面积内着生的绒毛数量,除受品种遗传因素影响外,还受营养、年龄和季节的影响。营养条件越好,毛绒越丰厚;青壮年兔比老龄兔丰厚;冬季皮比夏季皮丰厚;北方皮比南方皮丰厚。平整度是指绒毛长短均衡程度;如果针毛多而突出于毛面,就会失去獭兔毛皮固有的特色。影响平整度和针毛含量的主要因素有营养条件和取皮时间。营养条件越差,则针毛含量越多。未经换毛的毛皮,其针毛含量往往高于经换毛后的适龄毛皮。

(2)色泽。

对色泽的基本要求是符合品种色型特征,毛色纯正、色泽光亮。影响色泽纯正度的因素主要是遗传和年龄。颜色不同的獭兔杂交,其后代容易出现杂色;年龄不同,其色泽也有较大差异,一般以 5 月龄至周岁前后最为纯正而富有光泽。老龄兔和 4 月龄以前的青年兔毛皮色泽较淡而缺光。此外,管理较差、营养不良、疾病等因素均会影响毛皮的色泽。

(3)板质。

板质是指皮板质量。要求薄厚适中,质地坚韧,板面洁净,色泽鲜艳,被毛附着度牢固。青年兔适时取皮,板质一般都比较好,老龄兔板质比较粗糙,过厚。夏季取的皮皮板较薄,易破裂,绒毛也容易脱落。有的板质不好,是由于剥制与加工不当或晾晒、贮存与运输不当造成的。

(4)面积。

面积大小关系到皮张的利用价值,通常以原干板为标准,鲜皮、皱缩板在评定时应正确测量,酌情伸缩,撑拉过大的皮张一律降级或作次皮处理。

(5)伤残。

伤残缺陷直接影响到皮张的利用价值。鉴别伤残缺陷时,应区分软伤与硬伤,伤残处数的多少,面积大小,分散还是集中等,全面衡量影响皮张质量的程度。

3. 兔皮的评定方法

兔皮的评定方法主要通过看、抖、摸来评定兔皮品质。

(1)看。

一手捏住兔皮的头部,一手执其尾部,仔细观察其毛绒、色泽和板质等。一般先看毛面,后看板面。注意观察被毛的粗细、色泽、皮板、皮形是否符合标准,有无淤血、损伤、脱毛等现象。

(2)抖。

一手捏住兔皮的头部,另一手执其尾部,然后用捏住尾部的手上下轻轻抖动毛皮,观察被毛长短、平整度及绒毛附着度等。如果粗毛含量过多,均应降级处理;宰杀、剥制、加工过程中处理不当或春、秋季节脱换毛期剥制的兔皮,则会引起脱毛现象。经抖皮出现毛绒脱落即为脱毛皮,必须降级。

(3)摸。

用手指触摸皮毛,以检查被毛弹性、密度及有无旋毛,并用手指插入被毛,检查厚实程度。用嘴逆毛方向吹开被毛,使其形成漩涡中心,根据露出皮板面积大小评定密度,最好的密度为漩涡中心看不到皮板。一般臀部最密,背部次之。

四、原料皮的初步加工

刚从兔体上剥下的生皮叫鲜皮。鲜皮含有大量水分、蛋白质和脂肪,极适于各种微生物繁殖,如不及时进行加工处理,就很有可能腐败变质,影响毛皮品质。

1. 清理

剥下的生皮,常带有油脂、残肉和血污,不仅影响毛皮的整洁和贮存,而且容易造成油烧、霉烂、脱毛等伤残,降低使用价值,应及时清理。脱脂清理工作通常采用木制刮刀进行。清理中应注意以下三点。

(1)刮脂时应展平皮张,以免刮破皮板。

(2)刮脂时用力应均衡,不宜用力过猛,以免损伤皮板,切断毛根。

(3)刮脂应由臀部向头部顺序进行,如逆毛刮脂,易造成透毛、流针等伤残。

2. 消毒

在某些情况下,原料皮可能遭受各种病原微生物的污染,为了防止传染源的扩散和传播,在原料皮加工前,可用甲醛熏蒸消毒,或用 2% 盐酸和 15% 食盐溶液浸泡 2~3 天,则可达到消毒的目的。

3. 防腐

鲜皮防腐是毛皮初步加工的关键,防腐的目的在于促使生皮形成一种不利于细菌生长的环境。目前常用的防腐方法主要有干燥法、盐腌法和盐干法等 3 种。

(1)干燥法。即通过干燥使鲜皮中的含水量降至 12%~16%,以抑制细菌繁殖,达到防腐的目的。

干燥防腐的优点是操作简单,成本低,皮板洁净,便于贮藏和运输,主要缺点是皮板僵硬,容易折裂,难以浸软,且贮藏时易受虫蚀损失。

(2)盐腌法。即利用干燥食盐或盐水处理鲜皮,是防止生皮腐烂最普通、最可靠的方法。用盐量一般为皮重的 30%～50%,将其均匀撒布于皮面,然后板面对板面堆叠 1 周左右,使盐溶液逐渐渗入皮内,达到防腐的目的。

盐腌法防腐的毛皮,皮板多呈灰色,紧实而富有弹性,湿度均匀,适于长时间保存,不易遭受虫蚀。主要缺点是阴雨天容易回潮,用盐量较多,劳动强度较大。

(3)盐干法。

这是盐腌和干燥两种防腐法的结合,即先盐腌后干燥,使原料皮中的水分含量降至 20% 以下,鲜皮经盐腌,在干燥过程中盐液逐渐浓缩,细菌活动受到抑制,达到防腐的目的。

盐干皮的优点是便于贮藏和运输,遇潮湿天气不易迅速回潮和腐烂。主要缺点是干燥时皮内有盐粒形成,可能降低原料皮的质量。

生皮经脱脂、防腐处理后,虽然能耐贮藏,但若贮存保管不当,仍可能发生皮板变质、虫蚀等现象,降低原料皮的质量。因此,在贮存时要注意通风、隔热、防潮、防鼠、防虫,应经常翻垛检查,一般每月检查 2～3 次。

生皮质地僵硬,易折裂,怕水,有臭味,易腐烂、难保存,不美观,不宜直接使用,必须进行鞣制。兔皮经过鞣制,皮质柔软,抗潮防霉,坚固耐用,可以制裘。兔皮的鞣制方法很多,主要有铬鞣、明矾鞣、甲醛鞣、硝面鞣等,其鞣制工艺比较繁琐,需要一定的物质和技术条件,不适合于一般庭院养兔户加工生产。

◇ 任务实施

兔的宰杀及手工剥皮。

1. 实训材料准备

兔子 10 只,绳子 10 根,手术刀 10 把,手术盘等。

2. 人员准备

以 5 人为一个学习小组,每组选出一名组长,由组长分配组员的任务。

3. 操作步骤

(1)检查宰前准备情况(家兔的健康状况,是否宰前断食等)。

(2)使用颈部移位法处死家兔。

(3)先将处死后的家兔左后肢用绳索拴起,倒挂在柱子上,用利刀切开跗关节周围的皮肤,沿大腿内侧通过肛门平行挑开,将四周毛皮向外剥开翻转,用退套法剥下毛皮,最后抽出前肢,剪除眼睛和嘴唇周围的结缔组织和软骨。

(4)剥皮后的兔体由他人帮助提举后腿,割断颈部的血管和气管放血 4 分钟。

(5)处死、剥皮、放血后的胴体,立即剖腹净腔。最后用清水洗净胴体上的血迹和污物。

◇ 任务反思

(1)简述家兔鲜皮的成分特点。

(2)简述兔皮的评定方法。

(3)简述兔皮的初步加工程序。

◇ 学习评价

评价内容	自我评价	教师评价	总评
了解兔皮的特点			

续表

评价内容	自我评价	教师评价	总评
了解兔宰杀取皮的方法			
掌握兔毛皮的品质鉴定方法			
总计			

注:评分标准为 10 分制,10 分为优,7 分为良,5 分为有待提高。

任务 9.3　兔毛的加工利用

◇　**任务目标**

知识目标:

1. 了解兔毛的物理特性。

2. 掌握兔毛保管的要求。

技能目标:

掌握兔毛的合理采集。

兔毛保管与
包装

◇　**任务准备**

一、兔毛的类型

长毛兔的被毛由混型毛组成。根据兔毛纤维的形态学特点,一般可分为细毛、粗毛和两型毛。

1.细毛

细毛又称绒毛,是长毛兔被毛中最柔软纤细的毛纤维,呈波浪形弯曲,长度为 5～12 厘米,细度为 12～15 微米,占被毛总量的 85%～90%。兔毛纤维的质量,在很大程度上取决于细毛纤维的数量和质量,细毛在毛纺工业中价值很高。

2.粗毛

粗毛又称枪毛或针毛,是兔毛中纤维最长、最粗的一种,直、硬、光滑、无弯曲,长度为 10～17 厘米,细度为 35～120 微米,一般仅占被毛总量的 5%～10%,少数可达 15% 以上。粗毛耐磨性强,具有保护绒毛、防止结毡的作用。根据毛纺工业和兔毛市场的需要,目前粗毛率的高低已成为长毛兔生产中的一个重要性能指标,直接关系着长毛兔生产的经济效益。

3.两型毛

两型毛是指单根毛纤维上有两种纤维类型。纤维的上半段平直无卷曲,髓质层发达,具有粗毛特征,纤维的下半段则较细,有不规则的卷曲,只有单排髓细胞组成,具有细毛特征。在被毛中含量较少,一般仅占 1%～5%。两型毛因粗细交接处直径相差很大,极易断裂,毛纺价值较低。

二、兔毛的物理特征

1.细度

细度是指单根兔毛纤维横切面直径的大小,一般以微米为单位。据测定绒毛的细度为 7～30 微米,粗毛为30～120微米。商业上衡量兔毛的粗细一般是指一批毛中粗、细毛含量的多少。如果粗毛含量多,绒毛含量少,这批毛就较粗。相反,如果绒毛含量多,粗毛含量少,这批毛就较细。

2. 长度

兔毛的长度是指在自然状态下的长度和单根毛纤维拉直后卷曲消失但未延伸的长度。前者称为自然长度,后者称为伸直长度。在收购兔毛时一般只测自然长度。由于兔毛粗毛尖梢比绒毛尖稍长,测定兔毛长度一般是根据绒毛的主体长度来确定,不计算粗毛的长度。

兔毛的长度随采毛间隔时间长短和采毛方法不同而异。在一定时间内,间隔时间越长,兔毛就越长;手拉毛比刀剪毛的长度大。测定兔毛的质量时,一般把细度和长度相结合。在相同的条件下,兔毛愈长,产毛量愈高,纺织性能愈好,毛织品愈光滑。

3. 卷曲度

卷曲度是指兔毛单位长度上的卷曲数和大小。兔毛愈细,卷曲愈小,单位长度内的卷曲数愈多。兔毛的卷曲可分为正常弯曲、浅弯和平弯。正常弯曲是明显的半圆形弯曲。兔毛中多数绒毛都具有正常弯曲,其制品光亮而富有弹性,织品薄,品质优良。弯曲数最多的每厘米长度内有7～8个,毛根部弯曲数较多,愈向毛梢则愈少。浅弯和平弯的弯曲弧度大,粗毛多具有浅弯和平弯,每厘米内只有2～4个,具有浅弯和平弯的毛纤维品质较差。

4. 强度

强度又称拉力,即用强力仪器将单根兔毛纤维拉至断裂所用的力,用克表示。兔毛中绒毛纤维的拉力一般为2.8～3.0克,粗毛为9.9～11.0克。一般来说,直径大的兔毛纤维强度大。

5. 伸度

伸度又称断裂伸长率。即在外力作用下,将兔毛纤维拉至断裂时的长度与原伸直长度的比率。纤维越柔软,伸度越大。

6. 弹性

弹性是指兔毛受外力作用时产生变形,当外力消失后又恢复到原来的形状和大小的特性。恢复到原来形状的力叫回弹力。测定兔毛的弹性,可用手握紧一束兔毛,随即松开,如果兔毛能恢复到原来的体积,说明弹性好,否则说明弹性差。

7. 毡合性

毡合性是指兔毛纤维在一定温度、湿度和压力影响下,毛纤维形成毡合状态的特性。兔毛纤维的毡合性是比较强的,细毛含量越高,越容易发生毡合。经常抓捕的部位的毛纤维越容易结毡,所以在日常饲养管理中应尽量少抓捕,以防影响兔毛品质。

8. 吸湿性

吸湿性是指兔毛从空气中吸收和保持水分的能力。

9. 可塑性

可塑性是指兔毛能够在一定的湿度、温度条件下被赋予一定形状的能力。

10. 光泽与毛色

光泽和毛色是两个不同的概念,但二者有着密切的关系,一般把二者结合起来叫色泽。光泽是兔毛纤维对光线的一种反射性能;毛色则是指毛纤维的天然色彩。长毛兔主要以白色为主,此外也有其他杂色。白色又可分为洁白、纯白、次白等,以洁白为最优色泽。

三、兔毛的采集

采毛是长毛兔饲养过程中的成果收获。合理采毛不仅可促进兔毛生长,而且可明显提高兔毛质量。

1. 梳毛

梳毛的目的是防止兔毛缠结,提高兔毛质量,也是一种积少成多收集兔毛的方法。梳毛是养好长毛兔的一项经常性管理工作,一般仔兔断奶后即应开始梳毛,此后每隔10～15天梳理1次。被毛稀疏、排列松散、凌乱的个体容易结块，需经常梳理；被毛密度大、毛丛结构明显、排列紧密的个体被毛不易缠结，梳毛次数可适当减少。饲养良种长毛兔、增加被毛密度是防止兔毛缠结、减少梳毛次数的有力措施。

（1）梳毛方法。

梳毛一般采用金属梳或木梳。梳毛顺序是先颈后及两肩，再梳背部、体侧、臀部、尾部及后肢，然后提起两耳及颈部皮肤梳理前胸、腹部、大腿两侧，最后整理额、颊及耳毛。遇到结块毛时，可先用手指慢慢撕开后再梳理，如果确难撕开时，可剪除结块毛。

（2）注意事项。

梳毛是一项细致而费时的工作，特别是被毛稀疏、容易结块的长毛兔应坚持定期梳毛。长毛兔的皮肤较薄，尤其是靠近尾根周围的皮肤更薄，要防止撕裂皮肤。梳毛时应由上而下，右手持梳自顺毛方向插入，朝逆毛方向托起梳子。

2. 剪毛

剪毛是采毛的主要方法。目前有些地区已建立了"代客剪毛站"，专人剪毛，技术熟练，很受群众欢迎。

（1）剪毛次数。

剪毛次数一般以年剪 4～5 次为宜。根据兔毛生长规律，养毛期为 90 天的可获得特级毛，70～80 天的可获得一级毛，60 天的可获得二级毛。为满足长毛兔喜欢冬暖夏凉的习性，年剪 5 次的剪毛时间可安排在 3 月上旬（养毛期 80 天）、5 月中旬（养毛期 70 天）、9 月下旬（养毛期 60 天）、10 月上旬（养毛期 80 天）和 12 月中旬（养毛期 90 天）。

（2）剪毛方法。

剪毛一般采用专用剪毛剪，也可用理发剪或裁衣剪。技术熟练的剪毛员每 5～10 分钟可剪完 1 只兔子。剪毛顺序为背部中线→体侧→臀部→颈部→颌下→腹部→四肢→头部。剪下的兔毛应按长度、色泽及优劣程度分别装箱，毛丝方向最好一致。

（3）注意事项。

①剪毛时应贴紧皮肤，切忌提起兔毛剪，特别是皮肤皱褶处，以免剪破凸起的皮肤。

②防剪二刀毛（重剪毛）。如一刀剪下后留茬过高，不可修剪，以免因短毛而影响兔毛质量。

③剪腹部毛时要特别注意，切不可剪破母兔的乳头和公兔的阴囊，即将分娩的母兔可暂不剪胸毛和腹毛。

④剪毛宜选择在晴天、无风时进行，特别是冬季剪毛后要注意防寒保温，兔笼内应铺垫干草，以防感冒。

⑤患有疥癣、霉菌病及其他传染病的兔子，应单独剪毛，工具专用，防止疾病传播。凡有剪破皮肤的应用碘酊消毒，以防细菌感染。

3. 拔毛

拔毛是一种重要的采毛方法，已越来越受到人们的重视。

（1）拔毛优点。

①拔毛有利于提高优质毛比例。据试验，拔毛可使优质毛比例提高 40%～50%，粗毛率提高 8%～10%。

②拔毛可促进皮肤的代谢机能，促进毛囊发育，加速兔毛生长。据试验，拔毛可使产毛量提高 8%～12%。

③拔毛时可拔长留短，有利于兔体保温，留在兔身上的毛不易结块，而且还可防止蚊蝇叮咬。

（2）拔毛方法。

拔毛可分为拔长留短和全部拔光两种。前者适于寒冷或换毛季节，每隔 30～40 天拔毛 1 次；后者适于温暖季节，每隔 70～90 天拔毛 1 次。拔毛时应先用梳子梳理被毛，然后用左手固定兔子，用右手拇指将兔毛按压在食指上，均匀用力拔取一小撮一小撮的长毛，也可用拇指将长毛压在梳子上拔取小束长毛。

（3）注意事项。

①幼兔皮肤嫩薄，第一、二次采毛不宜采用拔毛法，否则易损伤皮肤，影响产毛量。

②妊娠哺乳母兔及配种期公兔不宜采用拔毛法，否则易引起流产、泌乳量下降及影响公兔的配种效果。

③拔毛适用于被毛密度较小的个体和品种，对被毛密度较大的兔子应以剪毛为主。养毛期短，拔毛费

力时不宜强行拔毛,以免损伤皮肤。

四、兔毛分级

1. 分级方法

兔毛分级,通常可采取"一看、二抖、三拉、四剔、五定"的方法。

(1)一看。

主要指目测,观察兔毛的品质指标(长、松、白、净)是否达到要求,毛型是否清晰(剪毛有明显剪口,拔毛呈束状型),有无杂质或掺假。观察兔毛的色泽及松散度,目测主体毛符合什么等级要求。

(2)二抖。

主要指手感,用手抖松兔毛,检测兔毛是否干燥。掺水做潮兔毛很难弹开,手摸时有潮湿、冷涩感觉;检查有无缠结毛或其他残次毛,是否掺有白色粉状物(石粉或尿素等)。

(3)三拉。

主要是拉松兔毛,确定缠结毛的缠结程度。略带缠结不呈毡状,容易撕开,撕开后不影响其品质;缠结毛虽呈毡状,但较轻微,稍用力即可撕开,对兔毛品质稍有影响;结块毛缠结严重,不易撕开,对兔毛品质有明显影响。

(4)四剔。

主要是剔除杂质、异色毛、各种残次毛以及不符合等级要求的缠结毛和不符合长度要求的兔毛。

(5)五定。

主要指通过上述方法,结合兔毛收购标准,合理确定等级。

2. 收购标准

我国现行商品兔毛的收购标准,一般可分为 4 个正式等级和 2 个等外级。

分级要点如下。

(1)优级毛。

①特征。色泽洁白,有光泽,毛型清晰,全松。

②长度。3.8~4.3 厘米或以上,平均 4.05 厘米以上。

③等级比重。按 2∶8 比例掌握,即 5.08~6.35 厘米的兔毛约占总量的 20%,3.81 厘米以上的约占 80%,严禁带入 2.54 厘米以下的短松毛、残次毛及杂毛。

(2)一级毛。

①特征。色泽洁白,毛型较清晰,全松。

②长度。3.1~3.8 厘米或以上,平均 3.35 厘米以上。

③等级比重。按 6∶4 比例掌握,即 3.8 厘米左右的主体毛应占 60% 以上,2.54~3.8 厘米的兔毛不超过 40%。严禁带入短次松毛、异色毛和硬块毛。

(3)二级毛。

①特征。色泽洁白,毛型略乱,较松。

②长度。2.5~3.1 厘米或以上,平均 2.75 厘米以上。

③等级比重。按 2∶8 比例掌握,即 3.1 厘米以上的毛应占 20% 以上,2.5~3.1 厘米的主体毛占 80% 以下。其中 2.54 厘米以下的兔毛不超过 10%,严禁带入黄梢毛、残次毛和硬块毛。

(4)三级毛。

①特征。色泽较白,毛型较乱,略松。

②长度。1.5~2.5 厘米或以上,平均 1.75 厘米以上。

③等级比重。按 4∶6 比例掌握,即 2.5 厘米以上的毛约占 40%,1.5~2.5 厘米的主体毛占 60% 左右。严禁带入黄梢毛、异色毛、残次毛和硬块毛。

(5)四级毛。

①特征。色泽较白,毛型凌乱,略松。

②长度。1.3～2.5 厘米,平均 1.75 厘米以下。

③等级比重。以拉松毛为主,2.5 厘米以上和色泽较白的全松毛占总量的 10% 左右。严禁带入二刀毛、异色毛和残次毛。

五、兔毛的保管

兔毛易缠结、受潮、遭虫蛀,日晒之后又易变脆。所以,兔毛的保管将直接影响商品兔毛的质量。

1. 防压

兔毛具有毡合性,在水湿、温热和压力的影响下,容易相互缠结毡合。因此,剪毛或收购后的兔毛,如果没有及时外运或销售,应装入专用的木柜或纸箱,避免重压。数量较大的兔场或采购站应由专仓保管,不宜多次翻动或用力揉搓,以免缠结;为保持兔毛的光洁度,最好用塑料布或油光纸衬垫内壁。

2. 防潮

兔毛的吸湿能力很强,阴雨、潮湿季节一定要注意防潮。如果兔毛吸湿返潮,有利于微生物的生长繁殖,会使兔毛变色、腐败甚至霉烂变质。所以,多雨潮湿季节,在密闭贮存兔毛的木柜或纸箱、墙角或地面应撒布石灰以吸收水气,降低室内湿度。

3. 防晒

兔毛长期处于日晒或高温条件下,其纤维中的角蛋白易氧化分解产生氨和硫化氢,使兔毛变色、变脆,降低品质。所以,兔毛切忌在阳光下曝晒,即使受潮或霉变时,也只能在阳光下晾晒 1～2 小时,然后在阴凉通风处晾干。

4. 防蛀

兔毛属天然蛋白质纤维,易受虫害,特别是吸湿受潮之后,容易发生虫蛀。所以,要定期检查,夏季一般 10～15 天检查 1 次,冬季 30～40 天检查 1 次。为防止虫蛀,可放置适量樟脑丸或其他防虫剂(用纱布袋装,放在木柜、纸箱的四角和中心),但切忌将防虫剂与兔毛直接混放接触。

此外,保管兔毛还应注意防鼠、防尘。尘土污染兔毛后很难除净,会明显影响兔毛色泽,降低其品质。

六、兔毛包装

为便于贮存和运输,对松散的兔毛必须进行合理的包装。

1. 布袋包装

用布袋或麻袋装毛缝口,外用绳子捆扎,每袋 30 千克,装毛应压紧。包装过松,经多次翻动,容易使兔毛纤维相互摩擦而产生缠结毛。

2. 纸箱包装

用清洁、干燥纸箱,内衬塑料袋或防潮纸,装毛加封,外用绳子捆扎。这种包装仅适用于收购兔毛数量不多的基层收购站作短途运输。

3. 打包包装

采用机械打包,外用专用包装布缝口,每件重 50～75 千克,包装上打印商品名、规格、重量、发货单位、发货时间等。这种包装适用于长途运输或出口。一般省级畜产公司将县级调运来的兔毛,经过分选、拼配、开松和除杂等加工程序后采用此种打包方式。

◇　**任务实施**

兔剪毛和评级。

1. 实训材料准备

兔子 10 只,梳子 10 把,毛剪 10 把,尺子 10 只。

2. 人员准备

以 5 人为一个学习小组,每组选出一名组长,由组长分配组员的任务,每名同学剪兔毛一撮。

3. 操作步骤

(1)顺毛进行梳毛。

(2)按背部中线→体侧→臀部→颈部→颌下→腹部→四肢→头部的顺序,同学们依次剪一撮毛。

(3)兔毛汇集。

(4)按兔毛的特征、长度和等级比重进行等级分类(见表9-4)。

表9-4 兔毛等级评定表

组别	特征	长度	等级比重	评级	备注
一组					
二组					
三组					
四组					
五组					

◇ **任务反思**

(1)简述兔毛的类型。

(2)简述兔毛的物理特性。

(3)简述兔拔毛的注意事项。

(4)简述兔毛的保管要点。

◇ **学习评价**

评价内容	自我评价	教师评价	总评
了解兔毛的物理特性			
掌握兔毛的合理采集			
掌握兔毛保管的要求			
总计			

注:评分标准为10分制,10分为优,7分为良,5分为有待提高。

任务9.4 副产品的利用

◇ **任务目标**

知识目标:

1. 了解兔脏器的利用。

2. 了解兔粪尿的利用。

◇ **任务准备**

一、脏器利用

兔的脏器食用价值很低,一经综合利用,其经济价值甚为可观,弃之十分可惜。

1. 兔肝利用

兔肝呈红褐色,位于腹腔前部(见图 9-1),重 40~80 克,占体重 3% 左右。兔肝在医药工业上可用以制肝浸膏、肝宁片和肝注射液等。现以制肝浸膏为例,简介其提取过程。

图 9-1 兔肝

(1)原料要求。

取新鲜或冷冻的健康兔肝,清除肌肉、脂肪及结缔组织,放入绞肉机中绞碎呈浆状。

(2)制作方法。

①浸渍。

绞碎后的肝浆置于蒸发锅内,加水半量,混合均匀,然后按原料重量加 0.1% 硫酸(用水稀释后加入),搅拌均匀,pH 值为 5~6,加热至 60~70 ℃,恒温 30 分钟,再迅速加热至 95 ℃,保温 15 分钟。

②过滤。

取加热的肝浆过滤,滤渣加水适量再作第二次过滤,将两次肝渣滤液离心分离,合并备用。

③浓缩。

取滤液进行 60~70 ℃蒸发浓缩或真空浓缩至膏状,按肝膏重加入 0.5% 苯甲酸作防腐剂,即得肝浸膏,出膏率为 5%~6%。

④配料。

目前常用制品为肝膏片。配料方法为:每 1 万片含肝浸膏 3 千克,淀粉适量,硬脂酸镁 27 克。肝浸膏加适量淀粉拌匀后,80 ℃干燥,粉碎成细粉,过 100 目筛,加适量 75% 乙醇为湿润剂,用 18 目筛整粒后,加入硬脂酸镁,拌匀压片包糖衣即得。

(3)成品性质与规格。

每片含肝浸膏 0.3 克,硬脂酸镁 2.7 毫克,易溶于水,不溶于醇,置空气中容易潮解。主要用于治疗人的慢性肝炎、肝硬化等症,也可作治疗贫血及营养不良的补剂。

2. 兔胰脏利用

兔的胰脏既是消化腺,又是内分泌腺,胰液中含有胰蛋白酶、胰脂肪酶、胰淀粉酶。利用胰脏可提取胰酶、胰岛素等。现以胰酶为例,简介其提取过程。

(1)原料要求。

取新鲜或冷冻的健康兔胰脏,除去脂肪及结缔组织。原料胰脏质量是提取胰酶的关键,采集的胰脏应在 3 小时内送入冷库,于−14 ℃以下冷藏;如立即投料,可不经冷冻阶段。冻胰在半融状态下应绞碎,制好的胰浆贮存温度应低于 4 ℃。

（2）提取方法。

根据胰脏中所含的蛋白水解酶都能被胰蛋白酶自身激活的原理，一般采用烯醇提取激活，继以浓醇低温沉淀，经脱脂、低温干燥后即得胰酶。将绞碎的胰浆在 5～10 ℃条件下放置 4～5 小时，按原料重量缓缓加入 1.2～1.5 倍、预冷至 0～10 ℃的 25%乙醇，搅拌均匀，在 0～10 ℃条件下提取 12 小时。然后用滤布吊滤，得胰乳。胰渣用 25%～30%乙醇继续浸提，吊滤后所得浸提液供下批投料浸提用。胰乳在 0～5 ℃条件下放置激活 24 小时。

①沉淀。

将已激活的胰乳，在搅拌下缓缓加入预冷至 5～10 ℃的乙醇中，使乙醇浓度达到 60%～70%，充分搅拌均匀，在 0～5 ℃条件下静置沉淀 18～24 小时。

②粗制。

虹吸除去上层醇液，下层沉淀物即为胰酶。将沉淀物灌袋吊滤，直至滤去大部分乙醇，最后压榨干燥即得粗品。将压干后的粗酶沉淀物经 12～14 目筛制成颗粒。

③脱脂。

将粗制胰酶颗粒，用 1.5～2 倍乙醚循环脱脂 2～3 次，每次浸泡 5～6 小时，至流出的乙醚用滤纸法试验无脂肪为止，在 40 ℃以下通风干燥。干燥后的胰酶颗粒用球磨粉碎成 80～100 目的细粉，即得胰酶原粉。

药用胰酶的常用制剂为复方胰酶片，每片含胰酶 0.25 克，碳酸氢钠 0.25 克。在胰酶的整个生产过程中，应避免使用铁器。溶媒也应避免混入重金属，如用铁桶盛装乙醇、乙醚时，应采取适当措施防止铁化合物混入，以免影响产品质量。

（3）成品性质。

胰酶通常含有胰蛋白酶、胰淀粉酶、胰脂、肪酶等，是一种混合酶。白色或淡黄色粉末状，有特殊肉臭味，微带吸湿性，其活力遇酸、碱、热即遭破坏。在水溶液中遇酸、热、重金属盐类、醇及单宁酸等即产生沉淀。

3. 兔胆利用

用兔胆提取胆汁酸，提取率可达 3%左右，而牛、羊胆的提取率只有 0.3%，所以兔胆是提取胆汁酸的良好原料。

（1）原料要求。

采用健康兔的新鲜胆汁。胆汁酸是各种胆酸类物质结合的总称，通常以肽链与甘氨酸、牛磺酸相结合的形式存在于动物胆汁中。

（2）提取方法。

①酸化。

取新鲜胆汁，加 3～4 倍量的澄清饱和石灰水，搅拌均匀，加热至沸，过滤后取滤液，趁热加盐酸酸化至刚果红试纸变蓝（即 pH 值为 3.5），静置 12～18 小时，取绿色黏膏状沉淀物（粗品），用水冲洗后真空干燥。

②皂化。

取上述粗品加 1.5 倍量的氢氧化钠，9 倍量的水，加热皂化 16 小时。冷却后静置分层，虹吸除去上部淡黄色液体，沉淀物补充少量水分使其溶解。然后用稀盐酸或硫酸（2∶1）酸化至试纸变蓝，取析出物过滤，水洗至近中性呈金黄色，真空干燥得粗品。

③精制。

取上述粗品，加 5 倍量的醋酸乙酯，活性炭 15%～20%，加热搅拌回流溶解，至冷过滤，滤渣再加 3 倍量醋酸乙酯回流、过滤。合并滤液，加 20%无水硫酸钠脱水。过滤后，将滤液浓缩至原体积的 1/5～1/3，置冷析晶，抽滤，结晶物以少量醋酸乙酰洗涤，真空干燥，即得精品。

（3）成品性质与规格。

本品为白色或乳白色粉末，味苦，无臭或微腥，易溶于乙醇和冰醋酸，微溶于丙酮、醋酸乙酯、乙醚或氯仿，难溶于水。胆汁酸的常用制品为胆酸片，每片含胆汁酸 0.1～0.2 克，糊精颗粒 0.22 克，硬脂酸镁 0.003 克。常作利胆药，有助于人体脂肪的消化与吸收，可用于胆汁缺乏、消化不良、胆囊炎等病的治疗。

4. 兔胃利用

兔胃属单室胃,位于腹腔前部,可分为贲门部、幽门部、胃底及胃体部,胃壁黏膜能分泌胃液,含有盐酸和胃蛋白酶原,在医药工业上常用兔胃提取胃膜素和胃蛋白酶等。

(1)原料要求。

兔胃多被废弃,很少利用,在屠宰数量较多的加工厂,可取健康兔的新鲜胃黏液,联产提取胃膜素和胃蛋白酶。

(2)提取方法。

目前生产胃膜素和胃蛋白酶,多采用联产工艺,提取胃膜素留下的母液,再经处理提取胃蛋白酶。

①消化。

取新鲜绞碎的胃黏膜、称重,按原料重量加水 60%,每千克绞碎胃黏膜加工业盐酸 35 毫升左右,调整至 pH 值为 2.5～3,保持温度 45～50 ℃,消化 3 小时,活化胃蛋白酶。

②脱脂。

取上述消化液,冷却至 30 ℃以下,按原料重量加氯仿 8%,搅拌均匀,在室温条件下静置 48 小时以上,目的是脱脂、分层。

③浓缩。

脱脂后的上清液装入减压浓缩罐中,于 35 ℃以下浓缩至原体积的 1/3 左右,呈饴糖状态时即得浓缩液,预冷至 5 ℃以下,下层残渣可回收氯仿。

④分离。

取冷却后的浓缩液,在搅拌下缓缓加入预冷至 5 ℃以下的丙酮,至比重为 0.97,即有白色胃膜素沉淀出现,在 5 ℃条件下静置 20 小时,即可提取胃膜素。剩余母液在搅拌下缓缓加入丙酮,至比重为 0.91,即有淡黄色胃蛋白酶析出,静置 12 小时,经 60～70 ℃真空干燥,即得胃蛋白酶原粉。

(3)成品性质与规格。

胃膜素为吸湿性很强的粉剂,加水拌匀呈很黏的胶质浆。我国生产的胃膜素多为散剂,有的制成胃膜素胶囊,在干燥条件下封口保存。药用胃蛋白酶为淡黄色粉末,有肉类的特殊气味及微酸味,吸湿性很强,易溶于水,难溶于乙醇、乙醚和氯仿等有机溶剂。

5. 兔肠利用

兔肠很长,其长度为体长的 10 倍左右,在医药工业上,兔肠可作为提取肝素的原料。

(1)原料要求。

肝素广泛分布于动物肠黏膜、肺、肝、血液中,在体内以蛋白质复合物的形式存在,取健康兔的新鲜肠黏膜为提取原料。

(2)提取方法。

肝素提取方法一般采用盐解→离子交换工艺或酶解→离子交换工艺,包括肝素蛋白质复合物的提取、分解和分离三步,现以盐解→离子交换工艺为例,介绍提取工艺流程。

①提取。

取新鲜肠黏膜投入反应锅内,按原料重量的 3%加入氯化钠,用氢氧化钠调节溶液 pH 值为 9,逐步升温至 50～55 ℃,保温 2 小时,继续升温至 95 ℃,持温 10 分钟,随即冷却。

②吸附。

将上述提取液用 30 目双层纱布过滤,待冷却至 50 ℃以下即加入 714 型强碱性 Cl-型树脂,树脂用量为提取液的 2%,搅拌 8 小时后静置 12 小时。

③洗涤。

虹吸除去上层液,收集树脂,用水冲洗至澄清、滤干。用 2 倍量 1.4 摩尔的氯化钠搅拌 2 小时,滤干。树脂再用 1 倍量 1.4 摩尔的氯化钠搅拌 2 小时,滤干。

④洗脱。

树脂再用 2 倍量 3 摩尔的氯化钠搅拌、洗脱 8 小时,滤干;再用 1 倍量 3 摩尔的氯化钠搅拌、洗脱 2 小时,滤干。

⑤沉淀。

合并滤液,加入等量 95％的乙醇,沉淀 12 小时,虹吸除去上清液,收集沉淀物,用丙酮脱水干燥,即得粗品。

⑥精制。

将粗品溶于 15 倍量的 1％氯化钠溶液中,加 6 摩尔盐酸调节溶液 pH 值为 1.5,过滤至清。随即用 5 摩尔氢氧化钠调节溶液 pH 值为 11,按 3％加入 30％过氧化氢,25 ℃放置,24 小时后再按 1％加入过氧化氢,调节溶液 pH 值为 11,静置 48 小时,过滤,用 6 摩尔盐酸调节溶液 pH 值为 6.5,加入等量的 95％乙醇沉淀。24 小时后虹吸除去上清液,用丙酮脱水干燥,即得肝素钠精品。

(3)成品性质与规格。

肝素为白色粉末,易溶于水,不溶于乙醇、丙酮等有机溶剂。常用制品为注射剂。为延缓作用,提高效果,目前生产长效肝素注射液一般封装于粉末安瓿中,临用前以注射用水溶解后供肌肉注射。

二、其他副产品利用

随着科学技术的迅速发展,兔血、兔骨、兔头、兔毛以及胎盘等重要副产品的潜在效能和特殊用途已逐渐被人们所认识,成为食品、医药和饲料工业的重要原料。

1. 兔血利用

兔血除少数地区有食用习惯之外,全国绝大部分地区还很少利用。其实,兔血含有很高的营养价值,可加工成多种产品,供食用、药用,也可作为畜禽的动物性饲料。

(1)兔血食用。

兔血营养丰富,蛋白质含量很高,微量元素丰富,可加工成血豆腐、血肠等营养食品。血豆腐系我国民间广泛食用的传统菜肴,但用兔血制作的还较少见。兔血豆腐的制作过程,大体为采血→搅拌(加食盐 3％)→装盘(血水比为 1∶3)→切块水煮(水温 90 ℃,蒸煮 15 分钟)→切块浸水→食用或销售。

血肠是北方居民的传统食品,具有加工简单、营养丰富、价廉物美等特点,制作过程大体为采血→搅拌、加水→加调料→灌肠→水煮→起锅冷却→食用或销售。调料配制可选用:大葱 1％,花椒 0.1％,鲜姜 0.5％,香油 0.5％,味精 0.1％,精盐 2％,捣碎、混匀即成。

(2)兔血饲料。

兔血可加工成普通血粉或发酵血粉,可作为畜禽的动物性饲料。

目前,国内生产的血粉饲料多以猪血或牛血为原料,在现代化肉兔屠宰加工厂或小型屠宰场,可以兔血为原料生产血粉饲料。其生产过程大体为采血→混合→发酵和干燥。先将收集的兔血用等量能量饲料混合,充分搅拌后,接种微生物发酵菌种,置混合血于发酵罐中,在 60 ℃条件下,发酵 72 小时,然后经热风灭菌干燥,使含水量由 80％降至 15％即成。据测定,兔血饲料含粗蛋白 49.5％,粗脂肪 4.5％,可溶性无氮物 35％,粗纤维 5％,粗灰分 4.9％。

(3)兔血医用。

兔血可提取多种生物药物和生化试剂,如医用血清、血清抗原、凝血酶、亮氨酸、蛋白胨等。

医用血清的生产过程大体为采血→恒温静置→无菌分装→离心→冷藏→过滤。先将采集的血液存放在三角烧瓶中,在 30 ℃的恒温箱中静置,等析出血清后关闭恒温箱开关,打开恒温箱门。8～12 小时后进行无菌分装(除净血块),然后离心 20 分钟(3000 转/分),离心后将上层血清倒入盐水瓶中(去除下层血球),放入冰箱或冷库(-4 ℃)。1 周后取出解冻,用滤纸过滤后,再用 EK 沉板除菌,分装待用。一般每只家兔可抽取动脉或心脏血液 100 毫升,提取血清 25 毫升。

2. 兔骨利用

家兔的全身骨骼可区分为中轴骨和附肢骨两部分。成年家兔的全身骨骼约占体重的 8％左右。兔骨经高温处理后,骨油可提取食用骨油或工业骨油,骨渣可提取骨粉、活性炭或过磷酸钙,骨汤则可提取工业骨胶或医用软骨素、骨浸膏或骨宁注射液等。现以软骨素为例,其提取过程大体为浸泡→提取→精制。

(1)浸泡。

采集健康家兔的软骨、胸骨、韧带等(不绞碎),加入 3 倍量的 2％氢氧化钠溶液浸泡,加以搅拌。浸泡时间随温度而定,在 25～30 ℃条件下浸泡 10～16 小时;在 15 ℃以下时,则需浸泡 40～48 小时。

(2)提取。

用双层纱布过滤浸泡液,滤液用盐酸调节 pH 值为 2.8～3,加氯化钠(原料量的 15％)和滑石粉(原料量的 3％),加热至 65 ℃冷却 3 小时后过滤,滤液用 20％氢氧化钠溶液调节 pH 值为 7～7.5,加入滑石粉(原料量的 3％),加热到 70 ℃后立即冷却,3 小时后过滤,滤清液中加入乙醇,边加边搅,使含醇量达 70％,沉淀 12 小时后倾去上清液,沉淀物抽滤,再用 95％乙醇洗涤 2 次,抽干,在 60 ℃下烘干,即为软骨素粗品。

(3)精制。

取上述粗品,溶解于新鲜蒸馏水中(液比为 1∶15),溶解后用氢氧化钠或盐酸调节 pH 值为 7～7.2,加入霉菌蛋白酶(用量为粗品量的 1.5％),在 40～45 ℃条件下搅拌 6 小时,中间每隔 2 小时加入 1 次甲苯防腐剂(100 克粗品用量为 3～5 毫升),水解完毕后加入活性炭(用量为粗晶量的 7.5％),加热至 90 ℃持温 15 分钟,冷却后放入冰箱或冷库,12 小时后过滤,滤液中加入氯化钠(粗品量的 30％),用 20％氢氧化钠溶液调节 pH 值为 7～7.5,加入 3 倍量的乙醇沉淀,2～3 小时后,倾去上清液,沉淀物用 95％乙醇洗涤两次,抽干,在 60 ℃的条件下干燥后,即为注射用原料。按中国药典,化验合格后,进行配液灌封。

软骨素注射液主要用于某些神经性头痛、神经痛、关节痛和动脉硬化症等,也可治疗链霉素引起的听觉障碍及肝炎等症。

3. 兔头利用

兔头食用价值很低,屠宰加工时多废弃,但兔头骨是提取蛋白胨的好原料,如能开发利用,其经济价值甚为可观。

(1)原料要求。采集健康、新鲜的兔头骨等,提取前先用清水漂洗 1～2 次,清除污物,然后用锤击碎备用。

(2)加工方法。

①蒸煮。

将清洗后的兔头及兔骨放入高压锅内,按 1∶1 加入开水,经高温蒸煮(逐渐升压至 245.16～294.19 千帕,然后排气 1 分钟,排除高压锅内剩余冷空气),再度升压至 294.19 千帕,根据原料情况,保持 4～5 小时。小型加工厂可采用普通铁锅熬煮,将洗净、击碎的头骨放入装有 50 ℃的热水锅中,先用大火熬煮,每隔 30 分钟翻动、搅拌 1 次,根据原料情况,熬煮时间为 6～8 小时。

②排油。

蒸煮结束时,产生油层和液层,一般可先排除液体表面漂浮的油层,排油时一定要控制流速,采用高压罐蒸煮时,如在排油过程中气压不足,则可再次升压至 196.13 千帕,排油完毕打开排气节门,将压力放至零,即可开口出料。小型加工厂采用人工舀油时,必须注意防止油液烫人,当油量稀少、舀油困难时,熬煮就可结束,开锅出料备用。

③消化。

骨汤放出后装入消化箱内,用冷水降温,待汤温降至 50 ℃左右时,按汤液 3％的用量加入消化酶,调节 pH 值为 8～9,然后在 45～50 ℃条件下消化 2 小时。前 1 小时搅拌 3 次,后 1 小时搅拌 2 次。测定消化过程是否完全,可取上清液 5 毫升,再加 0.1％硫酸铜 0.1 毫升,混合后如呈红色,则表明消化已经完全。

④中和。

消化完全的汤液,用 15％盐酸中和,调节 pH 值为 5～5.5(每千克汤液加盐酸 2 毫升左右),然后加热升温至 95～97 ℃,除去上浮杂质和泡沫,保温 30 分钟左右进行过滤。

⑤浓缩。

经消化、除杂后的骨汤即可装入浓缩锅内,进行蒸发浓缩。在浓缩过程中随时除去上浮泡沫、杂质,待浓缩至 11～13 波美度时,即得浓缩蛋白胨,如有喷雾干燥设备,可进行喷雾干燥,得粉剂蛋白胨。

(3)成品性质与用途。

蛋白胨为白色粉状物,易溶于水,受热不凝析,被硫酸铵饱和后不会在溶液中沉淀,主要用作微生物培养基用。

三、兔粪尿的利用

兔粪尿是一种优质高效的有机肥料。兔粪中含的氮、磷、钾比其他畜禽粪便都高,还含有多种微量元素和维生素。1 只成年兔 1 年大约可积肥 10 千克,10 只成年兔的排粪量相当于 1 头猪的排粪量。每 100 千克兔粪相当于 10.85 千克硫酸铵、10.90 千克过磷酸钙、1.79 千克硫酸钾的肥效。

兔粪尿能改良土壤团粒结构,提高土壤肥力,并具有杀虫灭菌、抗旱保墒等作用。施用兔粪尿的土壤,能减少蝼蛄、红蜘蛛、黏虫等害虫,在棉苗期施用稀兔粪尿能防治侵害棉苗的地老虎,用兔粪尿熏烟可杀死僵蚕菌,使蚕茧丰收。施用兔粪尿对各种作物都能起到增产作用。

兔粪尿中的尿素、氨态氮及钾、磷等都能被植物直接吸收利用,但其中未被消化吸收的蛋白质不能被植物直接利用,需经发酵腐熟后才能被吸收,所以必须对兔粪尿进行加工处理,以提高其肥效和利用率。

1. 堆积发酵

将兔粪尿和残剩草料一并堆积,边堆边加水,使其水分含量达到 50% 左右。堆成圆形,周围用泥封闭,任其发酵。经数周后,内部温度可达 50 ℃以上。待温度下降后,打开粪堆,再任其发酵一段时间,变为褐色,无臭味和酸味,手感质松软、不沾手,即已腐熟好。

2. 制成兔粪尿液

将收集到的兔粪尿中的杂草去掉,按 1∶7 加水入缸封闭(用塑料或泥土将缸口封住),夏秋季 3～4 天,冬春季 10～15 天即可发酵好,用麻袋或纱布滤去渣,即成兔粪尿液。使用时再加入 10 倍水稀释,装入喷雾器,施于农作物叶面上,每亩施用 5～10 千克,在大麦、小麦、水稻行穗期进行叶面喷施,可获得明显的增产效果。

3. 制成颗粒肥料

将兔粪尿中的饲草、杂质去掉,晒干后装入塑料袋,扎紧袋口待用。此种颗粒肥料易保存、肥力强,使用方便,可作穴肥施于果树、茶园、蔬菜。作基肥使用时,除肥效显著外,还具有抗旱保墒、杀虫灭菌等作用。

四、兔粪在养殖业中的应用

兔粪中,粗蛋白质含量为 9.2%,粗脂肪含量为 1.7%,无氮浸出物含量为 52%,总灰分含量为 8.2%,还含有烟酸、泛酸、维生素 B12 等。实践证明,兔粪是一种好饲料,用兔粪喂畜禽鱼类,能很好地被消化吸收和利用。

1. 兔粪喂猪

国内外用兔粪喂猪的报道很多,许多养兔户用兔粪喂猪,节省了精料,增加了经济收入。兔粪喂猪的方法有下列几种。

(1)用鲜兔粪直接喂猪。用大锅烧开水(按水粪 1∶2 比例加水),将去除杂质的新鲜兔粪放入锅内煮沸 5～10 分钟,再加入混合精饲料(兔粪占 30%～40%,精饲料占 60%～70%)继续煮沸 3～5 分钟,并将兔粪球搓开搅拌,使粪料混合均匀,成稠粥样。待温凉后即可饲喂,每天可喂 3～4 次。用兔粪喂猪,每年每头可节省 50～100 千克混合精料,喂母猪每年每头可节省混合精料 175 千克。

(2)发酵后喂猪。

①将收集到的新鲜兔粪去掉杂物,晒干砸碎装缸,每 10 千克干兔粪加 6～7 千克水、0.1～0.2 千克食盐,搅拌均匀,装缸八成满,然后将缸口用塑料薄膜密封发酵。发酵时间:夏季 2～3 天,春秋季 5～10 天,冬季 15～20 天。

②将收集到的新鲜兔粪去掉杂物,搓碎后拌入饲料(水草、菜叶、洋槐叶等),粪与青饲料按 3∶1 的比例。

再加入 0.5%～1.0% 食盐和适量清水,加水量以手攥紧不滴水,一松手又散开为度,然后装缸压实,在其上边再加上 2～3 厘米厚的麸皮、米糠等,以便保温。一般装八成满,最后将缸口用塑料薄膜或黏土封严发酵,夏季经 2～3 天,春秋季经 8～15 天即可发酵好。发酵后有酸香味,适口性好,猪喜吃。

③晒干粉碎后喂猪。此法比较简便。即将收集到的鲜兔粪去掉草和杂质,在阳光下晒干后粉碎,配合混合精料直接用来喂猪,粪料比可为 3：7。

2. 兔粪喂鸡

国内外关于兔粪喂鸡的报道很少。河北省藁城畜牧场用干兔粪代替 17.5% 玉米喂艾维因肉鸡,试验组与对照组无明显差异,说明兔粪可以代替部分玉米饲喂肉鸡。

3. 兔粪喂鱼

河北省涉县畜牧水产局曾用家兔屠宰的下脚料(包括兔粪及部分兔胃肠)喂鱼,大大提高了产量。其方法如下:将屠宰下脚料(包括胃肠道中的粪便)放入锅中,加水煮熟后再加入玉米面、麸皮、谷糠等,继续煮沸 5 分钟(下脚料占 60%、混合精料占 40% 左右),使之成为稠粥样。取出放在水泥地上再掺入一部分玉米面、麸皮、谷糠等组成的混合精料,晒干制成颗粒饲料喂鲤鱼,适口性好,生长快。经 90 天饲养,使鲤鱼产量增收 50% 左右。

◇ **任务反思**

(1)简述兔胰的利用价值。

(2)简述兔血的利用价值。

(3)简述兔粪尿在种植业中的利用价值。

◇ **学习评价**

评价内容	自我评价	教师评价	总评
了解兔脏器的利用			
了解兔粪尿的利用			
总计			

注:评分标准为 10 分制,10 分为优,7 分为良,5 分为有待提高。

项目 10　兔场的经营管理

◇　**项目导入**

　　本项目专门就如何经营养兔场进行探讨,希望对家兔生产经营管理的常识和家兔的特殊养殖形式作一些介绍。

　　本项目主要讲述了家兔的经营管理,主要学习内容有:(1)养兔经营策略及生产管理;(2)兔产品营销与提高效益。

任务 10.1　养兔经营决策及生产管理

◇　**任务目标**

　　知识目标:

　　1.了解建立良好的经营策略方法。

　　2.熟悉养兔生产管理主要环节。

　　技能目标:

　　会制订养兔生产计划。

◇　**任务准备**

　　兔场的效益取决于良好的饲养、生产、经营等管理措施。做好经营决策,搞好管理,有效控制并降低生产成本,抓好产品销售,是提高养兔经济效益的保证。

一、养兔经营决策

　　经营的核心是经营决策。养兔项目要根据家兔及其产品特点,通过市场调查,结合自身条件,进行可行性分析,确定发展规模,提高经济效益,制定最优经营决策方案,发展养兔生产。

　　1.养兔的可行性(论证)分析

　　经营或扩大养兔规模,要先做市场调查与可行性分析。首先应了解养兔生产目前处于什么阶段,生产是上升期还是下降期,是高潮还是低潮,兔产品(兔毛、兔肉、兔皮)价格如何,要对养兔产业的生产发展趋势有一个大概了解,然后决定是否经营和扩大规模。一般来讲,在低潮期后出现转机的时候入场比较理想,因为此时养兔的投入较低,以后生产形势会越来越好,养兔效益会提高。管理者要结合技术、资金实力来考虑发展的规模、速度及经营方式,做到心中有数、量力而行,以免盲目发展,造成不必要的损失。

(1)市场调查。

市场调查就是对有关家兔产品市场的历史、现状及其发展趋势等情况进行调研,分析家兔产品市场供求、营销、价格、竞争、效益与经营环境等方面的信息活动,为市场预测和企业决策提供重要依据。家兔产品的社会产量和价格因地域、季节、行情不同,变化幅度较大,常常导致生产不稳定。在从事经营或扩大养兔规模前,必须在认识家兔生产规律的基础上进行市场调查,掌握真实的市场行情和生产状况。对调查所取得的大量信息、资料和数据进行系统分析、研讨和预测,结合自身实际,决定是否经营、规模多大、效益如何等,并制定最优的经营管理方案。

(2)技术论证。

技术论证的目的是树立科学的养兔观念,建立现代化的经营管理模式,避免走弯路,降低经营成本。在经营兔场之前,应聘请具有专业理论知识和丰富实践经验的专家以及在养兔生产管理中取得成功的企业家等,就家兔生产所涉及的饲养管理、卫生防疫、选种选育、饲料生产、环境控制等进行全面技术论证,还要与在家兔产品市场流通中的商人进行沟通、交流,了解兔产品销售现状,掌握销售策略和技巧。在了解相关技术要求和生产标准的基础上,对照自我,完善技术,提高水平,加强管理,弥补不足。

(3)经济分析。

经济分析一般是指对阶段性的生产计划完成情况或预期情况进行检查,对家兔的收支进行核算评估,与所定目标相比是否有偏差,以改进经营管理,提高经济效益。经济分析可分为年度分析、季度分析和月度分析。经济分析要注意以下几点。①以市场调查为前提,了解家兔产品和饲料原料的市场行情,掌握第一手的动态信息。②对兔场的支出进行分析,主要包括饲料消耗费用、人工费、水电费、引种费、固定资产折旧费、防疫费、运输费、维修费、管理费和其他费用等。③要计算各项目支出及占总支出费用的比例,是否符合生产要求和资金使用计划。④对兔场的收入进行分析,根据兔场经营品种和规模大小确定销售方向及价格。⑤测算出收入额及最终效益,是否达到预期计划目标。

2. 生产形式与规模

我国家兔饲养历史悠久,品种众多,但长期以来,我国兔业生产因兔场规模、资金投入、技术和管理水平不同,呈现多种生产形式,有传统庭院散养、圈养、生态放养等。

兔场规模大小要根据投资力度、技术与管理水平、市场需要来决定。如果经营方向正确,规模适度,才可能实现资源与生产的最佳配置,取得最佳效益。长期以来,我国大部分地区的家兔生产一直以单户饲养为主,饲养规模小,生产周期长,生产率和商品率低,受市场波动冲击大,经济效益不明显,严重制约着生产的健康发展。随着农业产业结构的调整,养兔生产逐步向商品化、规模化、工厂化方向发展,产生了较好的经济效益。我国现阶段养兔生产的模式如下所述。

(1)公司＋基地＋农户的养殖模式。

这类以一个龙头企业为依托,基地为纽带,农户为基础,联合千家万户进行养兔生产,规模上万只甚至几十万只。基本运作模式是:龙头企业提供产前、产中、产后服务,解决兔农的种兔、技术、防疫、产品销售等问题,基地负责种兔的选育、育种的推广,技术服务,饲料、药品的供应,农户在基地指导下进行生产,做到饲料、饲养管理、防疫、出栏四统一,基本实现标准化生产。三方签订协议,自行生产,自负盈亏。

这类模式中的养兔户生产比较稳定,风险较小,效益明显,是今后发展的方向。如浙江省嵊州市畜产品总公司是浙江省重点农业龙头企业,建有万只笼位的华兴长毛兔良种场、长毛兔研究所、兔用颗粒饲料厂、兔毛收购部、兔毛加工厂、兔毛出口打包厂、长毛兔专业合作社,并与三千多户养兔户建立了紧密型的联合,与五万多户兔农建立了松散型联合。长毛兔存栏始终稳定在80万只以上,年收购销售兔毛1000多吨,销售种兔30多万只,年养兔效益超亿元,公司与农民效益十分显著。这种以企业与农户合作经营或合作社经营模式正日益成熟,是值得推荐的生产经营方式。

(2)种兔场。

饲养规模在600只以上,符合二级场要求,以繁育种兔为主。这类场要配备专业技术人员,兔舍等设施投入较大,产生的经济效果也较高。

(3)专业户及家庭养兔。

专业户及家庭养兔除少数自己留种外,大多为社会提供商品,因规模、技术的差别,产生的效益也不等。

在发展养兔生产中,我们应根据自身的实际情况来选择适宜的饲养规模和饲养方式。近年来,规模化和标准化养兔是市场经济调控下的必然现象,也是企业降低生产成本的有效手段。

管理是适应生产的需要而产生的,经营借助于管理来实现,离开了管理,经营活动就会产生紊乱,因此,生产管理是为实现经营目标在生产上所采取的措施,生产管理是否科学直接关系到养兔的经济效益。

二、养兔生产管理

生产管理是按照经营决策,对兔场各生产环节实施管理,包括生产计划、人员管理、生产监督等。

1. 生产计划

为充分发挥兔场的人力、物力资源,挖掘生产潜力,做到全年合理、安全、稳定生产和供应,必须制定切合实际的生产计划。生产计划按时间长短可分为年度计划、季度计划、月计划等多种方式。生产计划按种类可分为繁殖计划、设定合理的兔群结构、兔群周转计划、疫病防治计划、物资采购供应计划等。

(1)繁殖计划。根据家兔品种,性成熟时间,发情周期,妊娠、哺乳周期,市场行情,季节,笼位和饲料供应等,综合考虑兔群繁殖的时间和数量,制定一个详细的繁殖计划,设计生产流程。安排人员,按计划配种、摸胎、复配,准备产仔箱、接产、哺乳、护理,测定母兔繁殖性能,适时断奶等。制定繁殖计划要着重抓紧春秋两个季节,解决夏冬两季成活问题。尤其是獭兔,最好避免商品兔夏季上市,以提高经济效益。

繁殖计划实施过程中,要印制表格,如全年繁殖计划表、母兔繁殖性能测定记录表,以备生产中各原始数据的记录。日常工作中,要适时配种,精心饲养,减少空怀母兔,及时测定、记录各种数据。

(2)设计合理的兔群结构。种兔场大多数采用自繁自育,种用公母兔比例一般为1:8,种兔使用年限为3年,每年需要更新种兔。更新换代不是简单地以青年兔来代替老兔去满足维持原有兔群规模和生产水平的需要,而是一个以优良性状的兔来代替生产性能较低种兔的过程,也是兔群质量不断提高的过程。以兔群年龄结构来算,一般以1~2岁的壮年兔为主,一般的种兔2岁即可淘汰,优良种兔可达2.5岁,特别优秀的个体可以用至3岁。因此最佳兔群结构为:7~12月青年种兔占25%~35%,1~2岁壮年种兔占35%~50%,2~3岁老年种兔占25%~30%。后备种兔的数量应为每年淘汰公母兔数量的1~2倍。通过及时的更新,要使种群的阶梯结构逐渐完善,质量不断提高,平庸的种兔及时淘汰,优良种兔得以充分利用,形成良性循环,提高养殖效益。以一个规模为100只种兔的家庭兔场为例,公兔一般为10~12只,母兔88~90只,配种采用人工授精与本交相结合,按每只母兔年产5胎,每胎育成6只计算,年产断奶兔2400只左右。种兔每年更新1/3以上,更新比例越多,繁殖性能和生产性能就越高,所以每年需更新母兔30只以上,公兔4只以上,应培育后备兔80只以上,最好每年从上一级种兔场调剂2~3只种公兔来改良品种。

(3)兔群周转计划。兔群周转计划应根据年初兔群结构状况、上年繁殖情况、引进与淘汰的数量和时间、年内生产任务、更新比例、仔兔断奶时间、商品兔出栏时间与品质规格、投入产出比等制定。商品兔在一定范围周转越快,饲养周期越短,饲料消耗越低,兔舍和笼器具的利用率提高,单位成本减少,经济效益上升。

(4)疫病防治计划。为使兔场生产按计划顺利进行,确保疫病防治工作的正常开展,必须制定切实可行的卫生防疫制度和完善的消毒制度等。为便于管理,还可制定一个全年疫病防治计划。

制订家兔疫病防治计划一定要遵循"预防为主"的原则,确保安全生产。对于家兔传染病的免疫规程,除兔病毒性出血症(兔瘟)普遍防疫外,养殖者应根据生产实际需要有针对性地选择疫苗,制定防疫计划和免疫程序;防疫应根据不同品种、不同年龄明确疫苗品种、防疫时间、防疫量、防疫方法及不同防疫安排。除此之外,还要做好寄生虫的防治工作,特别是球虫病、疥癣、耳螨等常见病,易感染、传播快、死亡率高、难根除,且没有疫苗可防。生产中需根据发病的季节、环境、感染的年龄阶段制定防治计划,并通过平时的饲养管理和药物预防共同控制。

制定人员和车辆进出场制度,兔舍、兔笼具和场地定期消毒卫生制度,消毒用品管理制度,家兔及产品出入场检疫制度,病兔隔离和死兔处理制度等。

（5）物资采购供应计划。为确保生产有序地开展,必须根据年内生产任务制定物资供应计划。物资供应内容包括种兔、饲料、药品、设备等,可根据物资的数量、质量、品种、价格、货源、时间、库存量、需购量等具体内容制定。它涉及整个生产的运转过程。饲料采购最好能提前半个月完成,以防天气和节假日因素影响运输和采购。

2. 人员管理

（1）岗位设置。实行定岗定员,签订相应协议,分工负责,发挥各自所长;要做到分工不分家,发挥相互协作的团队精神。目前较普遍做法是根据家兔生产过程中兔群结构(如繁殖群、育种后备群、商品群)来确定岗位,安排兔舍。设置岗位责任制,责任到人。一个工时量的单元兔舍中所有工作任务均由责任人来负责,如饲喂、繁殖、防疫、卫生、消毒等。

现代化养兔生产中,根据专业体系分工有如下岗位:种公兔饲养员,人工授精员,种母兔饲养员,幼兔饲养员;防疫员,卫生员;饲料品质管理员,配料员,采样员,计算机管理员;采购员,销售员;水电工,机械维修工;财务,后勤服务人员,保卫人员。通常按养殖规模、经营方式、人员状况等合理定岗。

（2）定岗定责。生产管理中要充分调动所有员工的积极性,明确岗位工作职责。主要任务劳动定额,即给每个员工确定劳动额度,要求达到的质量标准和完成时间,责任到人。如规定一个饲养员饲养的种母兔数,年底必须上交合格的商品兔基数,以及物资、药品、水电费的使用情况。劳动定额要与按劳分配相结合,多劳多得,奖罚分明。

（3）岗位培训。饲养人员需要经常进行技术培训,使之更好地胜任岗位工作。有岗前培训、继续教育培训、脱产培训、全方面技术培训、专项技术培训、外出培训或本单位自己组织培训等。

（4）制定规章制度。兔场在生产中必须建立和健全适合本场实际情况的各种规章制度。通常包括职工守则、考勤制度、水电维持保养规程、饲养管理操作标准、卫生防疫消毒、仓库管理、安全保卫等各种规章制度,使全场每个人都有规可循,照章办事。

（5）合理作息。兔场应以家兔生活习性为依据安排作息时间。基本原则是:70%日粮安排在日落后添加;随时保证有清洁的饮水;每天早饲后清理粪便;摸胎在早晨饲喂前空腹进行;母仔分离管理方式,哺乳时间安排在母乳分泌较旺盛、乳汁积累较多的清晨;病兔的隔离治疗应在饲喂工作完成后进行,处理完后及时消毒;消毒应在最大限度发挥药物作用的时间进行,以中午为佳;小兔管理、编刺耳号、产仔箱摆放和疫苗的注射等应在大宗管理工作的间隙进行;档案整理应在每天晚上休息之前完成等。

（6）考核与奖惩。在岗位责任制的前提下,根据兔场相关的规章制度和年初签订岗位协议,对员工进行业务考核,根据实际工作业绩而给予奖励。考核内容包括制度遵守情况、家兔怀孕率、产仔率、断奶数及成活率、育成数及成活率、料重比、防疫费、生产物资的使用状况及家兔整体体质等情况。根据考核的结果,比较生产指标和实际完成任务来确定劳动报酬,做到按劳分配,多劳多得,有奖有罚,充分调动员工的积极性,挖掘每名员工的生产潜力。压缩非生产人员,减少劳动成本的支出,提高生产水平和劳动效率,增加经济效益。

3. 统计分析

数据统计处理是提高经营管理水平的一个重要环节,也是对员工进行业绩考核和兑现劳动报酬的依据。通常采用各级统计报表的方法。兔场常用的统计报表涉及母兔配种记录、母兔繁殖性能测定、断奶兔生长性能测定、后备种兔测定;家兔转群、出栏、存栏、死亡、淘汰;饲料消耗;卫生防疫、兽医诊断治疗;物品出入库等。

◇　**任务实施**

组织学生针对特定养兔场制定生产计划。

1. 人员准备

以 5 人一组,设立组长和副组长,对目标兔场的生产计划及生产运营情况进行讨论,提出改进建议。

2. 操作步骤

（1）教师或兔场生产管理人员指导学生对目标兔场主要产品的生产、经营、财务管理、销售市场及行业市场状况、发展前景等进行调查分析。

（2）由兔场生产主管介绍兔场生产计划、生产运营情况。

（3）各组根据兔场情况制定兔场生产计划，包括繁殖计划、兔群周转计划、疫病防治计划和物资供应计划。

◇ **任务反思**

（1）根据农户参与规模化、标准化养兔模式，进行经营决策。

（2）养兔生产管理包括哪些方面的内容？

◇ **任务评价**

评价内容	教师评价	学生自评	总评
团队合作情况			
繁殖计划			
兔群周转计划			
疫病防治计划			
物资供应计划			
总计			

注：评分标准为 10 分制，10 分为优，7 分为良，5 分为有待提高。

任务 10.2　家兔产品营销与提高效益

◇ **任务目标**

知识目标：

1. 了解家兔产品营销方案制定要考虑哪些方面。

2. 了解提高兔场经济效益的措施。

技能目标：

为兔场制定增收节支、提高经济效益的措施。

◇ **任务准备**

一、产品营销

家兔产品营销就是把生产出来的家兔产品（包括种兔、兔毛、兔皮、兔肉以及其他可以利用的东西）通过一定的渠道销售出去，以获取应有的经济效益，也就是将家兔产品通过市场交换变为商品，为消费者所利用的一种过程。开展家兔产品营销，一切要以满足市场消费需要为依据，以获得最佳经济效益为目的。在具体操作过程中须注意以下三点：①要重视信息,掌握市场动态以指导产销；②要重视产品质量,充分发挥潜在性能,不断进行创新；③要搞好服务,协作各方,拓展市场。通常要学会进行营销方案的制定及购销合同的签订。

1. 营销方案

(1)市场调研与分析。市场调研一定要力求真实,要对收集到的材料进行分析,及时提供兔产品的市场行情和最新动态。调研要有目的性、针对性、系统性,做到有的放矢,全面了解。其主要方法是实地调研,要查看企业内部购销资料,亲临养兔生产第一线与生产者交流,到交易现场直接咨询,也可以通过国家畜牧兽医部门、各级兔业协会、养殖专业书刊和科技报纸、农业院校和科研院所、展销交易会等多种渠道来了解,还可通过各种媒体及网络进行了解。

(2)销售预测。养兔业内人士需要对销售市场进行预测,它是对市场进行系统、客观、全面的调研后做出的推测,包括市场需求、市场潜在需求量等,以及注意加工企业的需求。

(3)市场定位。市场定位就是要确定企业及其产品在目标市场上所处的位置,或者说是确定企业及其产品在目标市场上与竞争者的相对位置。使经营者所提供的产品有一定的特色,适应特定顾客的需求和偏好,并与竞争对手的产品有所区别。这里就包含了企业定位和产品定位。任何养兔企业都不可能满足市场上所有的消费者的需求,只能满足一类或几类特定消费者的需求。对于兔产品市场而言,最主要的是根据家兔产品本身的特点精确定位。如兔肉的"五高五低"营养价值特点；兔毛具有纤维细柔、色泽柔和、吸湿性强的特点；獭兔皮的"短、细、密、平、美、牢"的特点,獭兔饲养场的产品的购买方一般是裘皮生产加工企业。由于许多产品特点为所有兔场共有,品质特色与诚信就成为产品定位与企业定位的重要因素。

(4)价格定位。价格由产品的生产成本、流通费用、利润和税金等构成,它是市场营销中最活跃的因素,也是企业可控因素中最难以确定的因素。在市场营销环境不断变化的条件下,企业必须重视产品的价格定位。养兔企业在考虑商品成本、市场需求和竞争状况三大因素的基础上确定其定价目标。家兔生产企业一般以获取利润为定价目标,或以提高市场占有率为定价目标,或以销量为定价目标,或以争取产品质量领先为定价目标,或以树立和维护经营者的形象为定价目标,或以应对市场竞争的需要为定价目标等。不同的生产经营者应根据自身的生产经营状况,综合考虑市场行情状态和当地同类产品的价格,权衡利弊,在不同的时期、不同的市场条件下,制定不同的定位目标。

产品定价不是一成不变的。价格定位后,产品投放市场,有可能与预期不太一致,或经过一段时期后不再适应市场发展需求,应及时进行价格调整,以重新定位。不管是涨是跌,首先要分析需要调整的原因,其次要把握市场动态,结合自身生产经营状况,抓住机遇,善于调整,但要防止出现市场波动。目前家兔产品价格很大程度上受到收购商的制约。

(5)销售形式。销售是把家兔产品从生产者传递到最终消费者手中的过程,在此过程中需要代理商、批发商、零售商等中间环节,故家兔产品有直接销售、间接销售两种形式。目前养兔场生产的产品需经过再次加工才能成为消费商品,因此大多兔场产品都销售给加工企业,只有部分兔肉可经过中间商销售给消费者,极少部分兔肉能够直接销售到消费者手中。养兔企业要根据自身情况来选择适合自己的销售形式。

(6)广告宣传。如何让消费者尽可能早地接受兔产品,避免出现信息滞后、流通不畅和增产不增收的结果,使家兔产品在品种、花色、地点和时间等方面做到产销对路,在现代化的市场经济中必须学会运用广告。广告宣传就是企业通过特定的传播媒体向需求者传递商品的品种、规格、质量、性能、特点、使用方法及信息的一种宣传方式,以此促进产品的销售。广告宣传具有真实性、针对性和独创性,并尽可能达到艺术性,以表现产品的主要特点和优势,把握消费者的心理和消费习惯,根据市场需求有目的地推销产品。

(7)售后服务。家兔产品的售后服务主要涉及养兔龙头企业及种兔场。为扩大种兔的销售,增加周边小规模养殖场的接受程度和满意度,以技术作保障扶持新养殖企业,在种兔销售过程中承诺售后的一些配套服务项目。售后服务首先把提供的服务内容交代清楚,最好能以书面形式加以确认,让客户放心。对客户提出的一些合理问题要及时给予解决,尽可能实行跟踪服务,如现场指导、技术培训、电话咨询等。

售后服务也是企业参与竞争的一种手段,能为企业树立良好的社会形象,带来更广的顾客群体,创造更多的经济效益。

2.购销合同

(1)合同。一般小规模养兔场不通过合同方式购销,规模化养兔企业在生产经营过程中需要签订的合同有购销合同、产品回收合同、技术合作协议等。购销合同内容应包括标的物、数量和质量、价款、履行的地点和方式、违约责任等条款。双方当事人依据法律就购销合同主要条款协商一致,签字、盖章,合同就成立。

(2)定金与保证。当事人一方可向对方给付定金。购销合同履行后,定金应当收回,或者抵作价款。给付定金的一方不履行合同的,无权请求返还定金。接受定金的一方不履行合同的应当双倍返还定金。

(3)违反购销合同的责任。供需双方不能履行合同,应按相关法律支付由此产生的费用,并偿付违约金、赔偿金。

(4)购销合同的执行。供货方必须对产品的质量和包装质量负责。产品质量的验收、检疫应根据国务院批准的有关规定执行,没有规定的由当事双方协商确定。

二、控制成本和提高效益

1.成本分析与核算

(1)成本。兔场成本包括生产成本和期间费用。生产成本包括直接费用(材料和人工费,如固定资产折旧、种兔摊销、员工工资与福利、饲料、药品、技术咨询与培训等)和间接费用(经营管理人员工资福利、维修费、易耗品、水电、办公、运输、检验、土地租金等)。期间费用包括销售、管理和财务费用。

(2)成本分析。它是兔场财务管理的重要依据,通过对兔场所有费用支出项目进行比较,找出影响成本变化的原因和解决方法,充分利用现有的资源进行生产,节约资金,降低成本。

固定成本是兔场必须按期支付的费用,如购置土地、兔场基本建设各租赁费用、机械设备和笼器具折旧、兔场管理费、基本工资等。随着产量的变化,生产单位兔产品的固定成本也会发生变化,但在一定时期内是不变的。控制可变成本,合理购置、使用、保修和管理器具,提高利用率和利用效果,是降低生产成本的主要途径。

可变成本是随着产量的增减而发生相应变化的费用,如饲料费、防疫费、水电费、临时工资等。可变成本有时同产量不是成比例变化的。控制可变成本主要考虑投入产出比。增加较小的成本,获得较大的效益,这种成本的增加是有价值的,而降低很小的成本引起较大幅度的效益损失是得不偿失的。

(3)生产成本计算。一是固定资产折旧费。固定资产每年折旧费用=固定资产投资总额/固定资产使用年限。二是种兔摊销费。种兔年摊销费=(种兔原值-种兔残值)/种兔使用年限。

(4)销售成本。指销售过程中所支出的费用与已经销售的兔产品所分担的生产成本之和。如某养兔场全年有繁殖母兔5000只,生产中共花费各种费用合计200万元,当年出售商品兔160000只,销售中用于运输、包装、差旅等费用计5万元,则兔产品销售成本为:200+5=205(万元);单位兔产品成本:205/160000=12.8125(元/只)。

(5)兔场成本核算。在进行兔场成本核算时,首先确定核算的对象(可以按年龄分为种兔、后备兔、幼兔、商品兔等群体对象),然后根据对象明确成本开支范围和核算的具体项目,计算各部分支出的费用,并全部归集,再计算总成本(直接费用、间接费用、期间费用之和),最后建立明细账和计算表,分析各个项目、各个时期开支情况和状况等。

①种兔成本核算。根据成本核算的要求和程序,计算出种兔群饲养的总成本,然后再计算种兔饲养日成本。

种兔饲养日成本=种兔群饲养总成本/种兔群饲养只日数

②商品兔成本核算。根据成本核算的要求和程序,计算出商品兔群饲养的总成本,然后再计算商品兔

饲养日成本和商品兔增重单位成本。

$$商品兔饲养日成本＝商品兔群饲养总成本/商品兔群饲养只日数$$
$$商品兔增重单位成本＝（商品兔群饲养总成本－副产品价值）/商品兔群增重量$$
$$商品兔群增重量＝该群期末存栏活重－期初结转、期内转入和购入的活重$$

2. 财务经费管理

兔场经费管理包括兔场发展资金，正常生产和周转的流动资金，抵抗市场变化的风险资金，固定资产维修、保养资金，生产成本和利润等。经费管理应在主管领导的监管下，按有关规定由财务人员管理。小规模的养兔场经费管理由主管领导兼任财务。

3. 增收节支提高经济效益

提高经济效益是养兔生产的核心问题，获取最大的经济效益是养兔场最终目标。一是提高生产水平，实现增收；二是减少饲养费用，节省开支；三是把握好市场，做好产品营销。具体来说要采取下几个方面的措施。

（1）饲养优良品种。不同品种或同一品种不用品系、兔群之间生产性能差异很大，饲养成本大致相同，产生效益却大有差别。因此，一定要注意品种质量的选择，培育优良的后代，充分发挥良种的潜能，进一步提高其生产性能。要到有资质、有种兔生产许可证的单位去引种。种兔场引种一定要到上一级种兔场或至少是同级种兔场引种，不要图低价而购买劣质种兔。本场留种兔时要选优汰劣，把本场最优秀的个体留作种用，扩大优良兔群。杂交兔本身生产性能较好，但不能留作种用。引种时应少量引进，逐步扩群，减少引种费用。

（2）推广现代科技生产技术，充分发挥生产潜力。科学的生产方法是提高养兔效益的重要一环。在生产上应科学饲养管理、合理搭配饲料、科学饲喂，达到提高繁殖率、提高仔兔成活率、预防疾病的效果。推广和应用颗粒饲料，提高饲料利用率，减少饲料浪费；采用新型笼舍笼具，减少投入，提高劳动效率。

（3）采用现代化、规模化生产。养兔企业要提高效益，必须跟上时代步伐。目前规模化的养兔场基本配备了全封闭管理技术、自动供水、自动供料、自动除粪、自动调温调湿、自动通风除臭等机械化设施，实现了生产效益的最大化。在提高生产效率方面已经在人工授精的基础上实现了"五同期"（即同期发情、同期配种、同期产仔、同期断奶、同期出栏）。即保证工厂化的周期生产，又降低了疾病发生的风险，值得大力推广。

（4）生产与市场相结合，保持适度生产规模。应及时把握好市场行情，依据兔场情况调整养殖规模，市场需要什么就生产什么，而不能无计划盲目生产。养兔生产有高潮与低潮，在低潮时应淘汰劣种，改良品种，提高品质，准备下一生产；高潮时要加强繁殖，多生产多出栏，使效益最大化。

（5）保证品质稳定市场。产品质量是企业的生命，要千方百计保证家兔产品具有较高的品质，同时在完善配套服务的基础上，不断拓宽销售市场，以增强市场的竞争能力，增加兔场的经济效益。

◇　**任务实施**

组织学生对养兔场生产、销售等相关统计表进行分析并制定增收节支措施。

1. 人员准备

以 5 人一组，设立组长和副组长，由学校开具介绍信到相关兔场进行实地调查。

2. 操作步骤

各组分散到校企合作相关单位所在多个养兔场进行实地调查，在兔场主管人员指导下，分析养兔场生产、销售成本，分析兔场产品销售收入；查找所在兔场不合理的成本费用及遗漏收入；查找所在兔场影响增收节支的关键技术与管理问题，提出改进建议；最后制定适合该兔场生产实际的增收节支、提高效益的整改措施，形成报告。

◇　**任务反思**

（1）良好的营销方案需要考虑哪些方面的工作？

（2）实现较高养兔经济效益的措施有哪些？

◇ 任务评价

评价内容	教师评价	学生自评	总评
生产、销售成本分析			
查找不合理成本费用及遗漏收入			
关键技术与查找管理问题			
增收节支整改措施			
形成报告			
总计			

注:评分标准为 10 分制,10 分为优,7 分为良,5 分为有待提高。

附录

参 考 文 献

［1］ 苏增华,马继红,董浩,等.人畜共患病防控系列报道(九)野兔热［J］.中国畜牧业,2014(23):40-41.

［2］ 夏纪伍.多孔镁合金填充材料在修复兔桡骨节段缺损的生物相容性实验研究［D］.安徽:安徽医科大学,2019.

［3］ 王壮,赵秀玲,陈静波.简述兔子的品种及经济价值［J］.中国养兔杂志,2021(3):45-48.

［4］ 庞有志,许永飞.白色獭兔蓝眼突变体的发现与遗传分析［J］.遗传,2013,35(6):786-792.

［5］ 许永飞.白色獭兔蓝眼突变体的遗传分析［D］.河南:河南科技大学,2012.

［6］ 汤兰兰.内窥镜下睫状体光凝术后的眼压及房水生成量的实验研究［D］.江西:南昌大学,2009.

［7］ 高晓峰.介绍四种皮肉兼用型兔种［J］.农村百事通,2010(18):42-43,81.

［8］ 刘友财.一例长毛兔葡萄球菌病的诊治［J］.特种经济动植物,2019,22(12):9.

［9］ 刘小兰,邓舜洲,单心怡,等.獭兔巴氏杆菌的分离鉴定及抑菌作用分析［J］.黑龙江畜牧兽医,2021(11):80-83＋87＋152-153.

［10］ 韦峰.兔腹泻性疾病的防治［J］.中国养兔杂志,2022(05):30-34.

［11］ 史玉颖,黄兵,孙海涛,等.一例兔大肠杆菌病的诊治及分析［J］.中国养兔杂志,2018(1):30-31,34.

［12］ 张恒,郭玉广,李芳,等.一例兔支气管败血波氏杆菌病的鉴别诊断［J］.黑龙江畜牧兽医,2017(4):193-196,293.

［13］ 肖璐,于吉锋,林毅,等.中国首例兔出血症病毒2型(RHDV2/b/GI.2)的鉴定及病理学观察［J］.中国畜牧兽医,2021,48(1):348-355.

［14］ 范志宇,陈萌萌,胡波,等.我国首株兔出血症病毒2型的致病性及病理学初步研究［J］.江苏农业科学,2020,48(11):143-147.

［15］ 武传余.家兔豆状囊尾蚴病和弓形虫病防治［J］.浙江畜牧兽医,2019,44(4):47-48.

［16］ 郭海宁,高宝荷,肖秋萍,等.伊维菌素治疗家兔螨虫病效果观察［J］.黑龙江畜牧兽医,2015(24):177-179,279.

［17］ 江欢.规模化肉兔生产技术要点［J］.中国养兔杂志,2019(2):35-37.

［18］ 王永康,李洪军,景开旺,等.重庆市肉兔产业关键技术研发集成与推广应用［J］.中国科技成果,2021,22(1):14-15.

［19］ 张晶,王永康,景开旺,等.微生态制剂在肉兔规模养殖中的应用［J］.中国养兔杂志,2021(2):43,46.

［20］ 荆战星,王永康,景开旺,等.伊拉配套系商品代母兔与父母代种兔系列后代生长性能对比试验［J］.中国养兔杂志,2020(5):7-8,11.

［21］ 沈代福.伊拉配套系兔推广应用介绍［J］.植物医生,2017,30(5):31.

［22］ 荆战星,王永康,景开旺,等.伊拉配套系父母代种兔与商品代母兔在同一环境下的繁殖生长性能测定分析［C］//第九届(2019)中国兔业发展大会论文集,2019:372-374.

［23］ 荆战星,张晶,尹华山,等.伊拉配套系曾祖代和祖代引进重庆后的繁殖性能测定分析［J］.中国养兔杂志,2019(3):10-12,22.

［24］ 谭千洪,王永康,沈代福.伊拉兔引种在重庆地区的生产性能测定与推广效益分析［J］.湖北畜牧兽医,2014,35(5):10-12.